城镇供水管网漏损控制

主　编　佟怿维　朱艳峰
副主编　陈蔚珊　鲍月全
参　编　邓　丰　许　晋　陈　粤　王雨夕
　　　　邵志明　柯福泽　董志山　杨锐斌
　　　　冯偲慜　李辰晨　吴潇勇　谭　琳
　　　　赵东阳　刘　超　宋文珺　杨　熙
　　　　夏　青　徐　航
主　审　齐轶昆　常　颖

北京理工大学出版社
BEIJING INSTITUTE OF TECHNOLOGY PRESS

内 容 提 要

  本书是按照教育部关于高等院校人才培养目标与教材建设的总体要求及有关国家规范、行业标准，为适应国家《关于加强城市地下市政基础设施建设的指导意见》〔建城（2020）111 号〕的政策和要求，满足城镇供水管网漏损控制与管理技术技能人才培养的需要而编写的。全书共分为 8 个项目，主要内容包括供水管网漏损控制工作认知、供水管网基础知识、管网漏损分析指标与计算方法、供水管网漏水声波探测、供水管网漏水非声波探测、供水管网压力调控、供水管网分区计量管理、供水管网漏损智能监测。

  本书结构合理、知识全面，可作为高等院校市政管网智能检测与维护、市政工程技术、给水排水工程技术等专业的教材，也可作为应用型本科、中等职业院校相关专业师生及供水管网漏损探测技术从业人员的培训用书。

图书在版编目（CIP）数据

城镇供水管网漏损控制 / 佟怿维，朱艳峰主编 .

北京：北京理工大学出版社，2025.1.

ISBN 978-7-5763-4863-7

Ⅰ . TU991.33

中国国家版本馆 CIP 数据核字第 2025HY8258 号

责任编辑：江　立　　　　　　文案编辑：江　立

责任校对：周瑞红　　　　　　责任印制：王美丽

出版发行 / 北京理工大学出版社有限责任公司

社　　　址 / 北京市丰台区四合庄路 6 号

邮　　　编 / 100070

电　　　话 / (010) 68914026（教材售后服务热线）

　　　　　　(010) 63726648（课件资源服务热线）

网　　　址 / http：//www.bitpress.com.cn

版 印 次 / 2025 年 1 月第 1 版第 1 次印刷

印　　　刷 / 河北鑫彩博图印刷有限公司

开　　　本 / 787 mm × 1092 mm　1/16

印　　　张 / 17.5

字　　　数 / 387 千字

定　　　价 / 89.00 元

前　言

　　水是生命、生产和生态的基础。城市供水系统主要采用自来水管道集中供水，改革开放以来，我国城市供水管道长度大幅增长，但供水管网漏损问题依然突出，不仅导致大量宝贵的水资源浪费、能源浪费，影响城市供水安全，还会损害城市基础设施，影响城市形象和居民生活质量。党的二十大报告指出，坚持人民城市人民建、人民城市为人民，提高城市规划、建设、治理水平，加快转变超大特大城市发展方式，实施城市更新行动，加强城市基础设施建设，打造宜居、韧性、智慧城市。控制和降低供水管网漏损已成为我国政府及供水企业面临的迫切任务。

　　本书遵循党的二十大政策导向，积极响应教育部关于教材建设的总体部署，严格遵循行业技术标准，针对城镇供水管网漏损控制与管理领域技术技能人才的实际需求，精心策划与编写。在充分考量职业院校学生的学习特性及本课程旨在达成的教育目标基础上，本书以职业需求为导向，紧密贴合岗位要求，着重培养学生的综合职业能力。

　　本书由北京市自来水集团有限责任公司管网管理分公司佟怿维、广州番禺职业技术学院朱艳峰担任主编；广州番禺职业技术学院陈蔚珊、上海城投水务（集团）有限公司鲍月全担任副主编；广州番禺职业技术学院邓丰，中国测绘学会地下管线专业委员会许晋，大连沃泰克国际贸易有限公司陈粤，北京富急探仪器设备有限公司王雨夕，厦门市政水务集团有限公司邵志明、柯福泽，广州市自来水有限公司董志山、杨锐斌，上海城投水务(集团)有限公司冯偲慜、李辰晨、吴潇勇、谭琳，深圳市博铭维技术股份有限公司赵东阳，广州市市政职业学院刘超，上海建设管理职业技术学院宋文珺，广州市花都自来水有限公司杨熙，毕节职业技术学院夏青、徐航参与编写。全书由北京市自来水集团有限责任公司齐轶昆、广州市水务投资集团有限公司常颖主审。

本书配套开发了教学课件、线上教学视频、课后习题参考答案、延伸阅读资料等相关教学资源，读者可通过访问链接或扫描二维码进行下载，期望能对读者更好地使用本书及理解和掌握相关知识有所帮助。

深圳拓安信物联股份有限公司、北京富急探仪器设备有限公司、北京博宇智图信息技术有限公司、大连沃泰克国际贸易有限公司等为本书提供了二维码所需的动画、图片、案例。中国测绘学会地下管线专业委员会秘书长李学军为本书体系的构建提供了具体指导。另外，本书引用了相关技术规程及标准、仪器操作规程、书籍、文献，在此谨向有关作者和单位表示衷心感谢！

由于编者水平有限，书中难免存在疏漏之处，敬请广大读者批评指正，以便不断修订完善。

编　者

目 录

供水管网漏损控制工作认知

🎯 思维导图

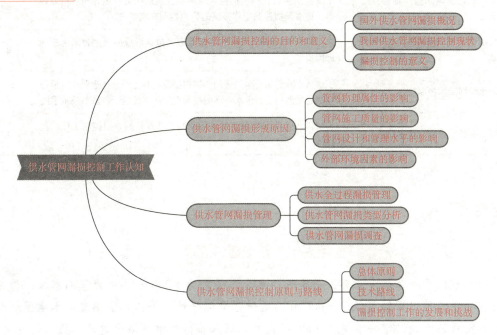

供水管网漏损控制工作认知

- 供水管网漏损控制的目的和意义
  - 国外供水管网漏损概况
  - 我国供水管网漏损控制现状
  - 漏损控制的意义
- 供水管网漏损形成原因
  - 管网物理属性的影响
  - 管网施工质量的影响
  - 管网设计和管理水平的影响
  - 外部环境因素的影响
- 供水管网漏损管理
  - 供水全过程漏损管理
  - 供水管网漏损类型分析
  - 供水管网漏损调查
- 供水管网漏损控制原则与路线
  - 总体原则
  - 技术路线
  - 漏损控制工作的发展和挑战

🎯 学习目标

在当前水资源日益紧缺的情况下，漏损控制成为优化用水管理的重要一环。有效的漏损控制工作不仅可以减少水资源浪费，提高供水效率，还可以降低企业供水成本，改善用水环境，实现经济效益和社会效益的统一。城市供水管网是城市的生命线，漏损控制工作者就是这条生命线的守护者。为了更好地开展供水管网漏水控制工作，从事漏损控制的相关人员需要了解供水管网漏损控制的目的和意义，熟悉供水管网漏损控制的成因，掌握供水管网漏损控制的工作原则和技术路线。

通过本项目的学习，达到以下目标。

1. 知识目标

了解我国供水管网漏损控制的现状，掌握供水管网漏损控制工作开展的重要性和现实意义；熟悉供水管网漏损产生的主要原因、供水管网漏损管理的理论与方法；了解供水管网漏损控制工作的技术路线。

2. 能力目标

能够对供水管网漏损的原因进行科学分析。

3. 素养目标

认识到开展供水管网漏损控制工作的重要性，树立对于漏损控制工作的事业心和责任感，能够遵循供水管网漏损控制的科学规律开展漏损控制工作，保障城市用水安全。

🎯 教学要求

知识要点	能力要求	权重/%
认识供水管网漏损控制的目的和意义	了解我国供水管网漏损控制的现状，包括相关政策导向、行业规定等；理解漏损控制工作开展的重要性和现实意义	25
影响供水管网漏损控制的主要因素	熟悉供水管网漏损产生的主要原因，包括形成漏损的技术因素和管理因素	40
供水管网漏损控制管理	了解从水源到用户全过程的漏损控制策略与方法；熟悉供水管道漏水控制的类型；了解供水管网漏损调查的基本流程、方法与技术手段	20
漏损控制的原则与技术路线	了解供水管网漏损控制的总体原则；掌握管网漏损控制工作的技术路线	15

📖 情境引入

绍兴水务新城建试点项目

绍兴市位于浙江省中北部，全市人均水资源量约为 1 200 m³。虽为江南水乡，但绍兴市北部多年人均水资源量低于 1 000 m³，远低于全国平均水平，属于中度缺水地区。面对水资源紧缺的问题，绍兴市早在 2000 年就开始深入推进节水型城市建设，投入大量资源，全面开展管网普查，加强信息系统建设，积极探索城市供水管网漏损控制有效办法，管网漏损率从 2000 年的 21% 降低至 2020 年的 4.56%，将供水管网漏损率连续多年控制在 5%以下，为全国供水管网漏损控制树立了标杆。

2020 年年底，国家七部委共同发布《关于加快推进新型城市基础设施建设的指导意见》（建改发〔2020〕73 号），绍兴市作为新型城市基础设施建设专项试点城市，以"新城建"对接"新基建"。多年来，通过对行业先进控制技术、信息技术、产业技术的深度融合，绍兴市积极推进供水业务资源数字化、控制智能化、决策智慧化、管理精准化等漏损控制工作的实施，形成了一套可复制、可推广的经验和成果。

1. 水务资源数字化

摸清管网家底，实现"一张图"监控，集中展现管网、站点、隐患点等分布情况。推行"分区计量、分区控压、分区预警"管理模式，实现供水量分区计量管理，精准分析管网漏损。引入物联网漏控应用，通过渗漏预警仪等智能终端监测，及时发现漏点，实现对事件上报、处置、现场监管、评估考核全过程的数字化管控，提高管网漏损治理的时效性。

2. 漏损控制智能化

在管网漏损控制方面，集噪声监测、压力管控、水质监测与智能冲洗、水量预警于一体的分区计量管理体系、渗漏预警体系等创新技术方法都取得了令人满意的实际效果。渗漏预警仪可以对管道进行全天候、不间断的监测，提高了漏点发现的及时性，能够第一时间发现重大隐患并给予及时预警，保障了供水安全。这种渗漏预警和人工定位相结合的检漏模式将在供水行业中得到应用和推广。

3. 漏损管理精准化

一是优化组织机构。建立并执行巡检"定点、定时、定人、定责"的分级管理制度，明确各部门至各员工管网漏损控制的职责任务。二是因地制宜地推行管网分级巡检和供水设施定期例检制度。加强水表管理，开展水表全面普查和营业稽查，进行计量合理性分析，实行"人员常驻、定期评估、远程服务"的托管模式及全过程参与日常管理。三是通过开展持续的漏损控制管理交流和技术培训，为合作单位培养专业自主的供水管网漏损控制管理技术团队。

古人云，成功之路中要有"天时、地利、人和"这三个要素。在一座城市的"地下保卫战"中，如果能做到"智慧、创新、人和"，相信城市地下管网将会节约更多宝贵的水资源。

资料来源：《给水排水》杂志关于绍兴水务新城建试点项目建设的最新成果暨《供水管网漏损控制与检漏技术指南》漏控新书的采访和介绍（2023 年）。

1.1　供水管网漏损控制的目的和意义

水是生命之源、生产之要、生态之基，是地球上所有生命得以发生、繁衍和延续的根源，充足、可靠的水资源供应是城市民用、商业和工业设施得以正常运转的保障，洁净、循环的水生态环境是人类健康和生态系统可持续发展的前提。随着全球人口增长、城市化进程的加快和消费模式的逐步转变，水资源和水生态双双遭到了严重破坏。水资源的枯竭、污染和生态环境的失衡成为制约全球可持续发展的重要因素。2010 年，联合国将享有清洁的饮用水和卫生设施认定为一项基本人权，然而这一权利的普及依然任重而道远。2023 年 3 月 22 日（世界水日），联合国教科文组织和联合国水机制共同发布最新一期《联合国世界水发展报告》，报告指出全球有 20 亿至 30 亿人面临缺水困境，预计全球面临缺水问题的城市人口翻倍，从 2016 年的 9.3 亿人增长到 2050 年的 17 亿～ 24 亿人。

当前，城市供水系统主要采用自来水管道集中供水，即由水源集中取水，经统一净化处理和消毒后，由输水管网送到用户的供水形式。在供水过程中，因各种原因造成的泄漏损失，导致到达用户的水量减少，称为供水管网漏损。在全球，每年因供水管网漏损造成大量的水资源浪费，大量经净水处理的水从管道中流失。城镇供水管网漏损是全球面临的一个严重问题，发展中国家由于缺乏充足的资金，供水基础设施的维护相对薄弱，供水管网漏损问题更为严重。一方面，城市向自然水资源索取的水量逐年增加；另一方面，城市水污染严重，可作为取水水源的水量逐年减少，城市供水系统的供需矛盾不断凸显。在经济层面上，供水管网漏损不但浪费了城市供水系统中取水、处理和输配的成本费用，还需要额外增加供水系统建设投资，用于增加供水量、提高部分地区的供水压力、对破损管道及管道配件设施等进行更新和维护。若埋地管道出现漏损且长时间未被发现，可能会对建筑物和路面交通安全产生影响，严重时会造成人员伤亡和物资损失，甚至影响城市的正常运转。

近年来，城市供水管网漏损控制和管理已经成为世界供水行业的重要课题，控制和降低供水管网漏损已经成为世界各国政府部门和供水企业的迫切任务。

1.1.1 国外供水管网漏损概况

考虑全球水资源短缺及供水管网漏损问题带来的一系列危害，世界各国及国际组织越来越重视供水管网漏损控制工作，开展供水管网漏损控制科学研究和技术开发，也取得了显著的成效。20 世纪 70 年代开始，以美国、日本、英国等为代表的一些发达国家通过成立研究管理机构、研制检漏设备等方式，成功推进了本国漏损控制工作的开展，日本（3.2%）和新加坡（5%）的漏损率代表了漏损控制的国际先进水平（表 1-1）。日本作为国际上管网漏损控制优秀的国家之一，漏损率从 1955 年的 20% 控制到 2007 年的 3.3%，在管理体制、管理手段、技术研发、人才培养方面为全球的漏损控制和管理提供了宝贵的经验。英国是实施区块化供水管网漏损控制和管理最早的一个国家，法国给水管网的总体漏损率约为 9.5%，也有着成熟的漏损管理体制。这些国家由于经济相对发达，拥有较为先进的供水系统管理和保护水平，其管网漏损问题一般较轻微。在全球范围内，由于各国经济发展水平、城市基础建设进程、水务管理重视程度等多个方面存在差异，不同国家和地区之间存在着不同程度的供水管网漏损问题。一些欠发达、低收入国家往往具有严重的供水管网漏损问题，与之对应的管网漏损率也较高。

在调查、研究西方发达国家管网漏损情况时，一般首先调查直接影响管网漏损水量的数据参数，即无收益水量（Non-Revenue Water，NRW）。无收益水量是指在供水输送过程中损失的水，是总供水量与售水量（收到水费的水量）的差值，即自来水公司所生产的水中，在到达消费者用水端之前就已经"流失"的部分，这一部分又被称为产销差水量。由于这些国家和地区对用水量具有严格的规定和管理制度，规定所有用水单位和居民用户的用水量都必须计量和收费，通过总供水量和售水量来计算无收益水量相对较容易。国际水协（IWA）将无收益水量细分为供水管网中的合法免费用水量和漏损水量。其中，管网漏损水量占总供水量的比率称为管网漏损率。

2006 年，世界银行对世界范围的城市饮用水供水系统的漏损状况进行了统计分析，在每年约 3 000 亿 m³ 的供水量中，管网漏损水量近 500 亿 m³。当前，全球纳入统计的国家和地区，无收益水量每年约有 1.26 万亿 m³，这些无收益水量每年在全球范围内共造成经济损失高达 390 亿美元。在日益加剧的水资源短缺和气候变化背景下，无收益水量的增长不仅带来了沉重的经济压力，更成为水务公司追求全面服务覆盖、稳定服务水平及合理价格目标道路上的严重阻碍。

表 1-1 全球部分城市漏损情况

地区	国家及城市		漏损率 /%	地区	国家及城市		漏损率 /%
欧洲	英国	爱丁堡	24	北美洲	美国	纽约	7
	瑞典	斯德哥尔摩	19		加拿大	多伦多	8
	西班牙	马德里	12	拉丁美洲	墨西哥	墨西哥城	44
	法国	巴黎	8		巴西	里约热内卢	32
	德国	柏林	4		智利	圣地亚哥	27
	荷兰	阿姆斯特丹	4	大洋洲	新西兰	惠灵顿	18
亚洲	越南	河内	30		澳大利亚	悉尼	6
	印度	孟买	27	非洲	赞比亚	卢萨卡	52
	阿联酋	迪拜	8		肯尼亚	内罗毕	41
	新加坡	新加坡	5		埃及	开罗	35
	日本	东京	3.2		南非	开普敦	17

注：根据各政府公报、新闻、科研文献等渠道摘录 2010—2016 年管网漏损数据汇总

由表 1-1 可见，全球国家和地区的管网漏损率存在较大差距，城市的漏损率现状与经济发展水平基本匹配。亚洲各国家之间存在的贫富差距较大，经济发展水平两极分化严重。日本和新加坡对节水工作比较重视，加上自身的地理条件限制和淡水资源匮乏等原因，对供水管网漏损管理格外严格，有着非常完善的漏损控制体系。印度、越南等发展中国家或欠发达国家城市的漏损水平则相对较低。欧洲各国的经济发展水平普遍较高，但欧洲城市中历史悠久的老城区漏损情况较为严重。老旧管网的存在是历史遗留问题，欧洲城市化在 18 世纪前就开始了，老城区管网普遍陈旧、破损，为了保护古建筑遗迹，对这些陈旧管道的检测、修补、翻新难度非常大，因此，爱丁堡、斯德哥尔摩等地区的漏损率相较欧洲其他城市高很多。大洋洲地广人稀，经济水平较为发达，城市基础建设水平也相对较高，管网漏损率普遍较低。美洲与亚洲有相似之处，贫富差距显著。美国和加拿大等北美国家无论在经济发展还是基础建设方面均较为领先，管网漏损率较低，而大部分拉丁美洲国家相对落后，漏损率显著增高，墨西哥城最高，达到 44%。非洲大部分国家和地区都处于经济欠发达状态，城市基础建设水平相对落后，各城市的漏损情况普遍较为严重，一半以上超过 30%。

1.1.2 我国供水管网漏损控制现状

改革开放以来，我国城市供水管道长度由 1978 年的 3.60 万 km 增加至 2023 年的 110.30 万 km，这一巨大的增长反映了我国城市基础设施建设的快速发展和城乡面貌的深刻变化。作为城市绿色发展和繁荣的重要基础设施，供水管网已经成为人们生产、生活和发展的重要组成部分，为城市经济增长、人民安定生活提供了坚实保障。然而，我国城市的供水管网漏损问题依然显著，与德国、日本、美国等发达国家 6%～8% 的漏损率相比，我国的漏损率仍有较大的改善空间。中华人民共和国住房和城乡建设部《中国城乡建设统计年鉴（2021）》

数据显示，2021 年全国城市和县城公共供水总量为 742.16 亿 m³，漏损水量为 94.08 亿 m³，综合漏损率为 12.68%，产销差率为 15.34%，漏损水量约为 600 个西湖的蓄水量，且不同城市地区的管网漏损差异性非常大。图 1-1 所示为住房和城乡建设部发布的 2021 年我国各省市供水管道长度和漏损率。管网漏损率大于 20% 的城市主要集中在我国东北地区，一些北方城市漏损率甚至高达 50%。与《城镇供水管网漏损控制及评定标准》（CJJ 92—2016）规定的我国供水管网漏损率一级标准 10%、二级标准 12% 相比差距甚远。

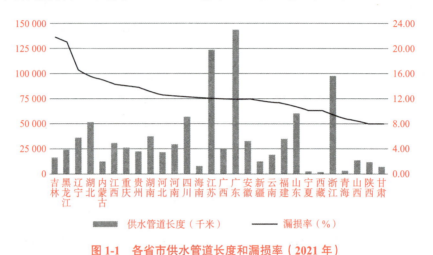

图 1-1　各省市供水管道长度和漏损率（2021 年）

数据来源：中华人民共和国住房和城乡建设部历年《中国城乡建设统计年鉴（2021）》。

在大量水资源因漏损问题被浪费的同时，我国又是一个水资源紧缺和存在大量水资源污染问题的国家，此外，我国还面临着用水量日益增长的局面。根据估计，世界年用水量约为 46 000 亿 m³，2023 年我国用水总量达 5 906.5 亿 m³（2023 年《中国水资源公报》发布），约占世界年用水量的 12.8%，同时，也占到了 2023 年全国水资源总量的 23%。

供水管网漏损问题成因多而复杂，包括供水管网的规划与设计、管网管材的性质、管网设施的老化与超负荷运行、管网科学管理的技术水平等。我国供水管网漏损率偏高的原因主要有以下三个方面。

（1）供水管网漏损控制领域的研究和技术应用起步较晚。长久以来，我国水资源是免费使用的，漏损造成的药耗、电耗浪费得不到足够的重视，漏损控制管理标准也没有上升到国家标准层面，造成漏损控制积极性相对较低。检测技术研究和应用起步晚，已有漏点未能完全进行检测和修复。

（2）我国不少地区的供水管道建设时间比较早，调查显示，我国于 20 世纪 60—70 年代建造的城市供水管网，水压偏低，仅为 0.2 MPa，直至 20 世纪 80 年代之后，水压才逐步提高至 0.4～0.6 MPa，管道修建时间长，质量标准低，受制于当时的设计施工水平，早期管网材质中混凝土管、灰口铸铁管、镀锌管比重较高，管材质量不佳。目前，我国很多城市的供水管道存在严重的老化问题，腐蚀现象严重，造成漏损率偏高。

（3）供水管网维护和管理不到位。现阶段漏损程度是多年来积累造成的，有很多方面的因素，包括管网的规划、设计、施工、验收、运行、维护等，存在规划和实际发展差距大，管道数据监管难、管网压力不均衡，管道接口易漏水、金属管道防腐工作不够、水表计量存在误差、信息化管理水平低，以及"偷盗水""人情水"等现象和问题。解决这些问题不是单靠一个环节的努力就能实现的，降低漏损率需要从提高供水管网管理水平、生产施工水平等方面因地制宜地开展工作。

面对水资源短缺、水资源污染及用水量增长带给城市供水的巨大压力，近年来，我国对于漏损体系的建设作出了很多努力，国家相继出台的政策指标加强了对水务行业漏损情况的管控。开展供水管网漏损控制，对缓解城市水资源供需矛盾、提高城市水资源利用效率具有重要的意义。2000年，党的第十五届五中全会通过的《中共中央关于制定国民经济和社会发展第十个五年计划的建议》，提出了节水工作和建设节水型社会的指导方针。2010年，国家发展和改革委员会印发《关于做好城市供水价格调整成本公开试点工作的指导意见》和《城市供水定价成本监审办法（试行）》的通知（发改价格〔2010〕2613号文件）明确指出，将供水定价机制与漏损率紧密关联，这意味着供水价格的制定不仅基于传统的运营成本，还考虑供水过程中的漏损情况。2015年国务院出台了《水污染防治行动计划》（简称"水十条"），明确提出，到2017年，全国公共供水管网漏损率控制在12%以内；到2020年，控制在10%以内。2017年，《城镇供水管网漏损控制及评定标准》（CJJ 92—2016）发布，规定城镇供水管网基本漏损率按两级评定：一级为10%；二级为12%。2021年，国家发展和改革委员会、住房和城乡建设部修订印发《城镇供水价格管理办法》和《城镇供水定价成本监审办法》（以下简称"两个《办法》"），建立了促进供水企业降本增效的激励约束机制。在管网漏损考核方面，设定了管网漏损率控制标准。供水企业超出规定标准的部分，不得计入供水定价成本；低于规定标准的，按规定标准计算。2022年，住房和城乡建设部、国家发展和改革委员会等部门印发《关于加强公共供水管网漏损控制的通知》（建办城〔2022〕2号），提出到2025年，全国城市公共供水管网漏损率要力争控制在9%以内。

在政策约束和激励下，各地供水企业采取了多种漏损控制措施，通过规范漏损控制管理体系、建立管网地理信息系统、强化管网巡查、加强抄表力度、普及卡式水表、增加资金投入、运用先进的技术、实施精细化管理等手段，使我国的漏损问题得到了一定的改善，各地水务公司积极探寻防漏损的方法及途径，逐步建立了适合我国管网特色的漏损管控技术与管理体系，管网漏损率呈现逐年下降的总体趋势（图1-2）。绍兴等地区漏损率稳定保持在5%以下，达到了国际先进的水平。

	2012	2013	2014	2015	2016	2017	2018	2019	2020	2021
全国城市漏损率/%	15.77	15.00	15.35	15.21	15.30	14.57	13.90	14.12	13.26	12.68

图1-2 2012—2021年中国城市平均供水管网漏损率（单位：%）

数据来源：中华人民共和国住房和城乡建设部历年《中国城乡建设统计年鉴》。

为实现漏损控制的常态化、长效化，国家遴选一批积极性高、示范效应好、预期成效佳的城市（县城），自 2022 年至 2025 年，在 50 个城市（县城）组织开展公共供水管网漏损治理试点建设工作，进一步总结和推广管网漏损控制的典型经验。

1.1.3　漏损控制的意义

城市供水管网漏损率是反映供水企业管理水平的一个重要标志。降低供水管网漏损率蕴藏着巨大的经济效益、环境效益和社会效益。推动供水管网漏损控制的实施，对于节约水资源、降低能耗、提高供水安全、推动城市供水高质量发展、减少水环境污染、减少公共环境危害、推迟或减少供水系统的建设投资、促进节能减排、实现可持续发展、提升城市形象等方面意义重大，具体体现在以下六个方面。

1. 节约有效的水资源

我国年均淡水资源总量为 2.8 万亿 m³，占全球水资源的 6%，名列世界第 6 位；由于人口总量基数大，我国年人均水资源量达 2 100 m³，约为世界平均水平的 1/4，是全球人均水资源贫乏的国家之一，具有水资源总量丰富但人均占有量少的特点。随着社会经济的快速发展，近年来城市用水量逐年快速攀升，城市发展所需水量与城市自然水资源所能供给水量之间的矛盾不断增大。人多水少、水资源时空分布不均，全国有近三分之二的城市不同程度缺水，水资源短缺已经成为制约我国城市发展的重要因素。与此不相匹配的是我国城市供水管网漏损情况普遍比较严重，而且长期未得到有效治理。

供水管网漏损控制是城市节水的必由之路。开展供水管网漏损控制可以有效降低供水管网的漏损率，提高水资源利用效率，从而减少对水资源的需求总量，对于缓解水资源供需矛盾、促进水资源的可持续利用具有重要的意义。

2024 年"世界水日""中国水周"系列节水宣传活动如图 1-3 所示。

图 1-3　2024 年"世界水日""中国水周"系列节水宣传活动

2. 节约工程投资

供水管网漏损问题不仅是一个水资源浪费的问题，更是一个复杂的系统工程，涉及经济效益、环境保护、资源节约等多个方面。为了弥补供水管网漏损导致大量水资源在供应过程中无法被有效利用而引起的供水不足，供水公司不得不增加供水系统建设投资，用于增加供水量、提高部分地区的供水压力，以及更换、维修破损管道及管道配件设施，极大地增加了供水企业的经济负担。降低供水管网的漏损可以从源头上减小水厂处理规模、供水管网及相应构筑物与设施规模，进一步还可以减少因漏损而导致的额外水资源需求，从而减少引水工程的投资，特别是在水资源紧张的地区，这一点尤为重要（图1-4）。

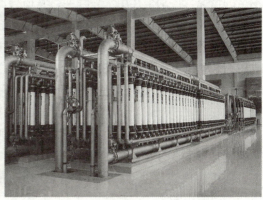

(a)　　　　　　　　　　　　　　　(b)

图 1-4　国内采用超滤膜处理先进工艺的最大规模水厂
(a) 广州市北部水厂概况；(b) 该水厂的超滤膜水处理车间

3. 节约能耗

城市给水系统通常由几个关键部分组成。首先是水源，它可以是地下水、地表水或其他形式的水资源，为城市提供稳定、可靠的原水供应。其次是输水管渠，这些管渠负责将原水从水源地输送到水厂。在水厂，原水会经过一系列的水质处理工艺，去除杂质、消毒杀菌，确保水质符合饮用标准。处理过的水经过加压后，通过配水管网被输送到千家万户和各用水单位。供水管网漏损控制对节约能耗具有显著影响，主要体现在以下五个方面。

（1）**减少泵站的运行时间和频率**。在供水系统中，水需要通过泵站从水源地抽取，并通过管网输送到用户。如果供水管网存在漏损，供水系统需要额外抽取和输送更多的水来满足实际需求。这会导致泵站和其他输水设施的能耗增加。通过减少漏损，可以直接减少泵站的运行时间和频率，从而降低能耗。

（2）**降低水处理的能耗**。自来水在进入管网前需要经过净化、过滤、消毒等处理过程，这些处理过程都需要消耗能源。如果漏损率较高，水处理厂需要处理更多的水量，以弥补管网中的损失。这不仅增加了水处理厂的能耗，还浪费了宝贵的水资源。漏损控制可以减少水处理厂处理水量的需求，进而节约药耗、电耗等方面的能耗。

（3）**减少加压泵站的能耗**。为了确保供水管网中各个区域的水压稳定，供水系统中通常会设置加压泵站。供水管网中的漏损会导致水压降低，进而需要更多的加压操作来维持正常供水。这种额外的加压过程会显著增加能耗。通过供水管网漏损控制可以减少不必要的加压需求，从而节约能源。

（4）**减少碳足迹和环境影响**。供水系统的能耗与碳排放直接相关，漏损导致的额外能耗会增加供水系统的碳足迹。

（5）**提高能源利用效率**。漏损控制能够优化供水系统的运行效率，使能源的使用更加精准有效。通过减少无效的能耗，整体系统的能源利用效率得到提高，资源配置也更加合理。

4. 保障城市供水安全

供水管网的漏损控制是保障城市供水安全的基础性工作。具体体现在以下六个方面。

（1）**确保供水稳定性**。漏损会导致供水管网中的水压不稳定，可能引发供水中断或供水不足的情况。特别是在用水高峰期，漏损会加剧水压波动，影响供水的连续性。漏损控制可以保持供水管网中的水压稳定，确保城市各区域居民和企业获得持续、稳定的供水服务。

（2）**防止水质污染**。管网漏损可能导致外部污染物进入供水系统，尤其是在管道破裂或压力较低时，污水或地下水可能倒灌入供水管道，从而污染自来水。这种情况会严重威胁公众健康。通过及时发现和修复漏损，可以有效防止外部污染物进入供水系统，保障供水水质安全。

（3）**提高应急响应能力**。在突发事件（如自然灾害、管道破裂等）中，漏损率高的供水系统更加脆弱，恢复供水的难度也更大。一个漏损率低的供水系统更加可靠，在紧急情况下可以更快地恢复供水，并减少供水中断的范围和时间。漏损控制有助于提升城市供水系统的应急响应能力，保障城市供水的安全性。

（4）**降低事故风险**。漏损不仅导致水资源浪费，还可能引发更严重的安全事故，如地下空洞、路面塌陷等，给城市基础设施和居民生活带来风险。及时检测和修复漏损能够防止这些潜在危险，降低事故发生的可能性，保障城市运行的安全。

（5）**提高管网运营效率**。有效的漏损控制可以优化管网的运营管理，使供水系统的运行更高效、更可靠。通过减少漏损，供水公司可以更好地掌握管网的运行状态，及时发现潜在的问题，避免突发事件导致的大规模供水安全隐患。

（6）**延长供水设施使用寿命**。漏损控制有助于减少管道和相关设施的腐蚀与损坏，延长供水设施的使用寿命。设施的稳定运行对城市供水安全至关重要，降低漏损率，能够避免或减少设施故障，降低因设备问题引发的供水安全风险。

5. 推动城市供水高质量发展

供水管网的漏损控制不仅对节约资源、降低成本具有显著作用，还通过提升技术水平、增强系统效率和服务质量，推动了城市供水的高质量发展。供水管网漏损控制作为一个综合性极强的系统工程，涵盖了从设施更新到分区计量，再到供水系统优化调度和供水物联网建立的全方位环节。例如，通过现代化的供水设施更新，以及引入新型管材和设备，无疑将大幅提升供水系统的性能与耐久性，从而为城市供水系统奠定坚实且可靠的物质基础。分区计量的实施，更是将供水管理推向了精细化与均衡化的新高度。通过对不同区域的用水量进行精准计量与监控，迅速识别并解决潜在的漏损问题，确保供水服务的均衡稳定，充分满足用户多样化的用水需求。供水管网漏损控制工作还推动了管网监测、检测与修复技术的创新及应用。此外，供水物联网的建立推动了供水服务的智能化转型。先进的传感器、物联网、大数据分析等技术的广泛应用，使供水系统能够实时监测与远程控制，及时发现和处理漏损问题，不仅有助于降低漏损率，还极大地提升了供水服务的及时性与准确性。因此，供水管网漏损控制对于推动城市供水系统的高质量发展具有至关重要的作用，不仅有助于构建高标准的供水设施体系与高水平的管理体系，还能够提升供水服务的智能化水平，为城市供水系统的可持续发展注入强大动力，并推动智慧城市建设和供水系统的现代化转型。

6. 提升城市形象

现代城市供水系统是城市基础设施的核心，更是保障城市居民生活、工业生产和环境生态用水需求的重要支撑，是城市基础设施高效、稳定运作的保障，也是城市文明与管理的直接体现。在国际社会中，一个城市的基础设施管理水平常常被用作衡量其现代化和国际化程度的重要标准。有效的漏损控制体现了城市在基础设施管理方面的成熟度和专业性。减少漏损可以确保供水的稳定性和水质的安全性，避免频繁的供水中断和水质问题。居民对供水服务的满意度提高，能够增强他们对城市的归属感和认同感，从而有助于形成和谐、幸福的社会氛围，提升城市整体形象。漏损控制是节约水资源、减少能源消耗的重要手段，这些措施符合环保和可持续发展的理念。一座注重资源保护和环境治理的城市，容易获得外界的认可与尊重，不仅有助于提升城市的声誉，还能为城市赢得更多的合作机会和资源支持，进一步提升城市在区域或国家层面的影响力。

1.2 供水管网漏损形成原因

供水管网漏损控制是保障供水安全的重要举措，科学溯源是必要前提。2023 年《全国地下管线事故统计分析报告》（由中国测绘学会地下管线专业委员会发布）数据显示，2023 年 1 月至 12 月，共收集到地下管线相关事故 1 964 起，其中，给水管道事故数量最多，共 1 074 起，占地下管线破坏事故总数的 54.68%（表 1-2）。其中，自身结构性隐患导致的事故数量 782 起，外力破坏导致的事故数量 200 起，环境因素导致的事故数量 70 起，管理缺陷导致的事故数量 5 起，原因不明的事故数量 17 起。供水管网事故与漏损控制之间有密切的关系，充分反映了供水管网运行管理中的复杂性。

表 1-2 各类地下管线破坏事故数量及伤亡情况表

序号	设施类型	事故数量 / 起	受伤人数 / 人	死亡人数 / 人
1	电力电缆	245	27	10
2	电信线缆	112	4	0
3	给水管道	1 074	0	0
4	排水管道	105	10	5
5	燃气管道	139	99	47
6	热力管道	269	1	0
7	长输管道	2	0	0
8	工业管道	1	0	0
9	井盖类设施	16	4	0
10	综合管廊	1	0	0
	总计	1 964	145	62

数据来源：中国测绘学会地下管线专业委员会（2023 年度《全国地下管线事故统计分析报告》）

城市供水系统漏损成因复杂，既有内部因素和外部因素，又有自然原因和人为原因。不同区域、不同管网的故障原因各异，而且各因素之间存在较为复杂的联系。总体来讲，漏损形成主要受到管网物理属性、管网施工质量、管网设计和管道安装水平、管网运行管理水平及外部环境因素等多个方面的综合影响。

1.2.1 管网物理属性的影响

管网物理属性主要是指供水管网中与管道几何尺寸、物理状态及力学性能相关的属性。其包括管材、管径、壁厚、管龄、接口类型、保护层，以及管道应力、应变等表征物理特征的参数。

1. 管材

供水管道是市政给水系统的重要组成部分，也是漏损控制工作的基础。管材选取不仅影响管网投资，也直接影响管网运行过程中的漏损情况，对供水管网漏损控制的影响至关重要。管材的选择直接影响管道的耐用性、抗漏性和整体系统的维护需求。

供水管网的管材可根据材质、性能、应用场景等进行不同的分类。根据材料属性主要可分为金属管材、塑料管材、复合管材等。我国目前市政供水管网常用的管道材质：金属管材的有灰口铸铁管、球墨铸铁管、钢管、镀锌管等；塑料管材的有聚氯乙烯管（PVC）、聚乙烯管（PE）、聚丙烯管（PP-R）、交联聚乙烯管（PEX）等；复合管材的有预应力和自应力钢筋混凝土管，以及铝塑复合管（PAP）、钢塑复合管、玻璃钢管（FRP），如图 1-5 所示。

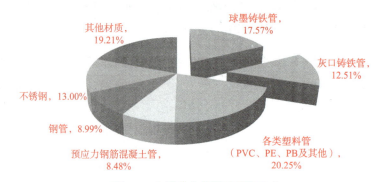

图 1-5　中国供水管网材质及占比

数据来源：中国城镇供水排水协会主编的《中国城镇水务行业年度发展报告（2021）》（蓝皮书）。

另外，有极少采用陶瓷与黏土管材、橡胶管材及其他新型管材的管道，如不饱和聚酯玻璃钢管、内衬水泥砂浆涂层管和环氧树脂涂层管。不同管道的物理力学性能决定了不同的管道特性，其连接方式、制造工艺、安装技术水平也导致了在漏损控制方面有不同的影响。

（1）耐腐蚀性。

1）**金属管材（如铸铁管、钢管）**。容易受到土壤中的化学物质或水中化学成分的腐蚀，导致管道逐渐变薄、穿孔，进而引发漏损。虽然可以通过内外防腐涂层或阴极保护技术延缓腐蚀，但是这些措施增加了管道的初始投资和维护成本，而且效果有限（图 1-6）。

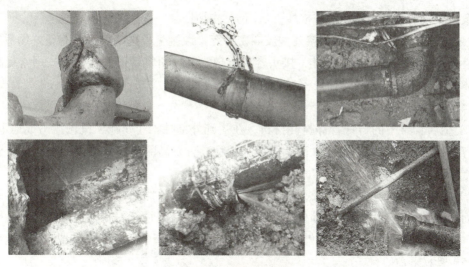

图1-6　金属管材漏损

2）**塑料管材**（如 PVC、PE、PP-R）。塑料管材对于大多数化学物质具有较好的耐腐蚀性，不易发生化学腐蚀，因而漏损风险较低。使用寿命通常较长，有助于降低漏损率（图1-7）。

图1-7　塑料管材漏损

（2）强度与耐压性。

1）金属管道通常具有较高的强度和耐压性，适用于高压输水系统。然而，如果材料老化或受到外部冲击，其抗裂性能可能下降，增加漏损风险。

2）塑料管材强度和耐压性较低，特别是在高压或机械冲击下，容易产生变形或破裂，从而导致漏损。某些非金属管材（如 PE 管）具有较好的弹性和抗震性能，能更好地吸收地震波动或水锤效应引起的应力，减少因外部压力变化引发的漏损。

（3）接头与密封性。

1）金属管道通常使用焊接、法兰等刚性连接方式，这种连接在施工中需要高精度，一旦出现密封失效，可能导致严重漏损。另外，金属管道受温度变化影响较大，热胀冷缩可能导致接头处的密封材料老化或损坏，从而引发漏损。

2）塑料管道常使用热熔焊接或橡胶圈密封等柔性接头，这些接头具有较好的适应性和密封性能，但如果施工质量不佳，接头容易出现渗漏。塑料管道的连接方式通常提供较好的整体密封性，减少了因连接处密封失效而导致的漏损。

（4）抗冲击性。

1）金属管材中的铸铁管等脆性材料，在受到外部冲击（如施工机械撞击或地下活动）时，容易发生脆性断裂，导致大范围漏损。钢管具有较高的抗冲击性，但在老化或腐蚀严重时，仍存在破裂风险。

2）一些塑料管道（如 PE 管、PP-R 管）具有较好的柔性和韧性，能够承受一定的外部冲击而不破裂，这有助于减少因外力引发的漏损。而且塑料管材在面对环境变化（如地质活动、冻融循环）时，其柔性能够更好地吸收应力，从而降低管道损坏和漏损的风险。

（5）管材寿命。

1）金属管道，特别是未经良好防腐处理的，寿命通常受到腐蚀影响，实际使用年限可能远低于设计寿命，容易在后期出现漏损问题。

2）塑料管材有较长的使用寿命。塑料管道不易腐蚀、抗老化性较强，能够有效减少因材料劣化引起的漏损。

（6）经济性与维护成本。

1）金属管道的初始投资和防腐处理费用较高，而且随着时间推移，维护成本也会增加。腐蚀、漏损的修复往往需要复杂的技术和设备。

2）塑料管道的维护成本较低，而且由于其较高的耐腐蚀性和长寿命，长期运行中的漏损和维护需求较少，降低了供水系统的总成本。

（7）水质影响。

1）金属管道腐蚀产物可能会进入水中影响水质，特别是铁锈，可能导致管道内部结垢，增加漏损风险和输水阻力。

2）塑料管道一般不会与水中的化学成分发生反应，也不易引发二次污染，有助于维持水质的稳定性和管道的长期密封性。

需要说明的是，柔性橡胶管主要用于短距离、特殊条件下的柔性连接，如泵站出水管道、减振系统等，这是因为其柔性好、耐腐蚀，但承压能力有限。不饱和聚酯玻璃钢管具有优异的耐腐蚀性、抗老化性和高强度，适用于输送高腐蚀性液体或特殊供水系统。环氧树脂涂层管适用于高标准供水系统。

📝 **案例引入**

案例 1：2008 年，云南某水司聘请的专业检漏公司在市区 180 km 的管网上共发现 39 个漏点，漏损水量高达 441.235 m³/h。

漏点主要集中在镀锌管上，占全部漏点的 66.7%，而漏损水量主要集中在铸铁管上，占全部漏损水量的 65.1%；镀锌管漏损水量占全部漏损水量的 28.9%。铸铁管断裂漏水的漏点占 71%，漏损水量占铸铁管漏损水量的 90% 以上。

案例 2：2010 年，江苏某水司聘请的专业检漏公司在 11 个镇区 676 km 的管网上共发现 128 个漏点，漏损水量高达 736.13 m³/h。

无论漏点还是漏损水量，都主要集中在镀锌管、铸铁管和塑料管上，钢管占全部漏点的 56.2%，铸铁管占全部漏点的 13.28%；钢管（镀锌）、铸铁管占全部漏点的 69.53%。钢管占全部漏损水量的 52.61%；铸铁管占全部漏损水量的 22.63%，钢管铸铁管占全部漏损水量的 75.25%。

2. 管龄

管龄对供水管网的漏损控制有显著的负面影响。每种管材都有一定的使用年限，随着管道老化，材料性能下降、腐蚀加剧、接头失效等问题逐渐增多，导致漏损风险显著增加，材料质量下降导致的爆管事件时有发生。

新管道刚开始投入使用的初期，对管道周边环境有一段自适应的过程，受管道质量和施工质量差异的影响，会产生较高的管道故障率。随着管道修护工作的展开，管道漏损率会下降并趋于稳定。根据美国、加拿大 308 家自来水公司爆管和漏损数据研究表明，管龄为 50 年左右的管道发生故障的概率会大大提升。目前，我国城市供水管网逾 110 万 km，许多城市老城区都存在供水设施陈旧、管网长期超限运行的问题，大多数灰口铸铁管和混凝土管处于管道 50 年使用年限的临界点。此外，我国于 1960—1980 年建造的城市供水管网，管材工作压力选用偏低，仅为 0.2 MPa，20 世纪 80 年代之后，供水管网水压逐步提高至 0.4～0.6 MPa，供水管道材料老化的同时，随着管网工作压力增大，也容易导致管道破损或接口漏水。管龄（管道使用年限）对供水管网漏损控制的主要影响见表 1-3。

表 1-3　管龄（管道使用年限）对供水管网漏损控制的主要影响

序号	类型	特征	具体影响	与管龄（管道使用年限）的相关关系
1	材料老化	金属管道内部和外部可能出现腐蚀、氧化等现象，导致管壁变薄、强度下降。 塑料管道在长时间暴露于紫外线、温度变化或水质中的化学物质时，材料可能发生脆化、变硬等老化现象；管道韧性下降	老化的金属管道易出现裂纹、孔洞，尤其在压力波动或地质活动时，可能导致管道破裂或泄漏； 塑料管道容易在外力作用下破裂或接头处密封失效，进而引发漏损	正相关
2	腐蚀加剧	金属管道受到土壤条件、湿度、化学成分及外部电化学条件等外部腐蚀的影响，会加速金属管道的劣化，导致点蚀或缝隙腐蚀、焊接部位腐蚀、金属溶解、管道承受内外压力的能力降低。 管道内部可能因水质中的化学物质（如氯离子、硫酸根离子等）加速腐蚀，导致管道内壁粗糙度增加，甚至出现孔洞	外部腐蚀会导致局部穿孔、在高应力和腐蚀性土壤中的应力腐蚀开裂、焊缝处漏损及长期慢性漏损。 内部腐蚀导致的腐蚀产物（如铁锈）在管道内形成沉积，导致流体流动受阻，增加内部压力，增大漏损风险	正相关

序号	类型	特征	具体影响	与管龄（管道使用年限）的相关关系
3	接头密封失效	管道接头处的密封材料（如橡胶圈、焊缝等）随着时间的推移逐渐老化、龟裂或变形、硬化或失去弹性，地质活动或地基沉降可能会导致管道接头处发生位移或松动	接头密封性降低，导致接头处渗漏，加速管道的外部腐蚀，进一步增加漏损的可能性	正相关
4	水锤效应加剧	随着管龄的增加，管道强度减弱、阀门和密封件老化、管壁腐蚀等老化因素会使水锤效应加剧，管道内形成的空气阱（空气被困在管道的某些位置）进一步放大水锤效应的冲击力	管道老化后脆性增加，对瞬间压力变化引起的冲击耐受性降低。水锤效应（因水流突然停止或启动引发的压力波动）导致管道破裂或裂缝、局部结构失稳的概率加大，进而发生漏损	正相关
5	管道内壁结垢	在水质硬度较高的地区，管道内壁容易形成水垢或沉积物	沉积物不仅减小了管道的有效通径，还可能导致局部压力升高，引发管道损伤。另外，结垢使管道内壁变得粗糙，不均匀的压力分布可能导致局部腐蚀加剧或管壁薄弱处的漏损	正相关
6	管道压力和管理难度加大	随着管龄的增加，供水系统敏感性增加，管道整体耐压性下降，使原本设计的运行压力可能超出管道的承受能力，增加了爆管或渗漏的风险	承压能力下降、压力波动加剧、阀门和调节装置老化、漏损率增加等使供水系统难以维持稳定的压力，管网的压力管理变得更加复杂，可能需要频繁调整压力，甚至分区供水来控制漏损	正相关
7	维修和更换成本增加	管道故障率上升，维修和维护的频率和成本大幅增加；频繁维修不仅影响供水的连续性，还可能导致二次破坏，增加漏损风险	在某些情况下，老化严重的管道需要进行全面更换，否则漏损问题难以有效控制。更换管道的工程复杂且成本高，对城市供水系统的正常运行带来较大挑战	正相关
8	漏损管理难度加大	管网中出现的漏点数量增多，传统的漏损检测和管理方法可能难以全面覆盖和及时修复，导致漏损率上升	老化管道的漏损检测和预防工作难度加大，需要先进的监测技术和管理措施，确保供水系统的稳定性和安全性	正相关

📝 案例引入

截至 2023 年 6 月，南京市共有供水管道约 1.81 万 km，其中管道直径为 75 mm 及以上的共有 1.32 万 km。按建设时间分，2000 年以前建设的占 24.3%，2000 年及之后建设的占 75.7%。在南京市直径为 75 mm 及以上的市政供水管道中，老旧管道共 672.8 km，占市政管道总长的 5.1%。其中，水泥管、石棉管、无防腐内衬的灰口铸铁管等落后材质管共 647.05 km，运行满 30 年存在安全隐患的其他管道共 25.75 km。供水管道因管道老化产生泄漏如图 1-8 所示。

图 1-8　供水管道因管道老化产生泄漏

3. 管径

管道流量、流速和管径是供水管网设计与运行的重要参数。在设计管网时，需要根据用户的用水需求和水源水量来计算管道流量和管径，以确保城市供水的充足和稳定。管径的大小是影响供水管网内部水力条件的重要因素，从而影响供水管网的漏损和运行。一般来说，较大的管径会导致管网中的水压较低，因为水流在管道中流动时，管径越大，流动阻力越小，从而水压损失较少。天津、绍兴、西安等地区对供水管网漏损情况的调查显示，小管径管道在整个管网中所占的比例较大，而且小管径管道更容易发生爆管，漏损率均远远高于大管径管道。其中，直径小于 200 mm 的管道故障率最高，管径在 $DN20$ 和 $DN200$ 之间的管道漏损水量占总漏损水量的 90% 以上。小管径管道漏损率高大致有以下三个方面的原因。

（1）小管径管道的管壁较薄，同样的使用条件下，腐蚀深度占比大于大管径管道，使用寿命也较短；在同样的水压和使用期限条件下，小管径管道比大管径管道漏损严重。

（2）小管径管道埋深一般较浅，承受外力对小管径管道的影响大，地面荷载突然变化（如过载重车辆经过引起道路的变形）容易造成管道破裂漏损。

（3）温度应力和水锤效应对小管径管道的影响较大。小口径管道受温度升降影响的伸缩性和受水锤影响的抗冲击能力均劣于大管径管道。

但是，较大管径的管道，如果出现泄漏，漏损水量往往会更大，即在大管径的管道中，即使存在同样数量的微小裂缝，漏损水量也会显著增加。而且，某些材料在较大管径时可能更容易受到压力变化或地面沉降的影响，从而增加漏损风险。此外，当管径较大时，施工难度也可能增加，尤其是在接头和弯头处，施工质量不佳可能导致接缝处漏水。另外，较大管径的管道通常埋设较深或处于难以接近的位置，增加了检测和维修的复杂性和成本。大管径管道（通常直径大于 300 mm）常见的破裂模式是纵向开裂，引起大管径管道破损的主要原因是管道腐蚀和内部水压变化。

4. 接口类型

管道接口类型很多，其质量和设计对供水管网的漏损有显著影响，是供水管网中的关键节点。主要影响因素如下所述。

（1）不同类型的接口（如法兰连接、焊接、螺纹连接、胶接等）对漏损的风险影响不同。例如，法兰连接如果螺栓紧固不均匀或密封垫片老化，容易产生泄漏；而焊接接口在施工时如果质量控制不严，也可能形成微小裂缝，导致漏水。

（2）接口密封材料的质量和耐久性直接影响接口的密封性能。使用不合适或低质量的密封材料会导致接口处的密封性下降，从而增加漏水风险。

（3）接口安装过程中的对接精度和施工操作对接口的密封性至关重要。如果管道在连接时未对准或接口未完全紧密连接，可能会形成缝隙，导致漏水。在施工完成后，通常需要进行压力测试，以确保接口处无泄漏。然而，如果压力测试不彻底或被忽视，可能无法及时发现潜在的漏损问题。

（4）管道所在的地质条件变化（如土壤松动、地面沉降等）导致不均匀沉降时，会对接口处产生额外的应力。管道接口处往往是应力的集中点，如果接口处无法承受这些外力，可能会导致接头处的破裂或松动，进而引发漏损。

（5）管道接口在不同季节或环境中的温度变化可能导致材料的热胀冷缩，从而影响接口的密封性，特别是在热膨胀系数差异较大的材料之间连接时。

（6）随着时间的推移，接口处的密封材料可能会老化或磨损，尤其是在接头长期暴露于高压水流或腐蚀性环境中时。这种老化会导致接口的密封性下降，增加漏损的风险。同时，接口的维护频率和难度也会影响漏损。例如，埋地管道的接口如果维护不及时，可能会因为不易发现的漏水问题而导致长期的漏损问题。

（7）接口处如果遭受外界冲击（如施工挖掘、交通振动等），容易导致接口处的松动或损坏，从而引发漏水问题。

5. 管道附属设施

除管道自身产生漏损外，管网中闸门井、水表井等附属设施的滴漏现象时有发生，如图1-9所示。

（1）**阀门问题**。首先，长期使用的阀门，特别是密封部件（如密封圈、填料）会逐渐老化或磨损，导致阀门无法完全关闭，出现滴漏或渗漏。其次，不当操作阀门，如过度用力或反复开关，可能损坏阀门，导致内部密封失效，从而引发漏损。最后，阀门本身可能因为制造缺陷或安装不当而出现泄漏，这种泄漏可能发生在阀杆、填料函或连接法兰处。

（2）**消火栓问题**。消火栓在使用或维护不当的情况下，可能会出现渗漏；或者消火栓被非法使用时，可能导致水资源浪费，形成不可控的漏损。

（3）**排气阀和排污阀问题**。排气阀用于排出管道中的空气，但如果排气阀密封不严，可能导致水从阀门泄漏，特别是在高压条件下。排污阀用于清除管道中的沉积物，但如果阀门密封不严或阀体损坏，可能导致水泄漏。

（4）**减压阀问题**。减压阀用于降低并稳定供水管道中的水压，如果减压阀失效，可能导致下游管道的水压过高，进而引发管道或其他附属设施的泄漏，或者如果减压阀安装不当或调节不正确，可能导致压力失控，增加系统的漏损风险。

（5）**流量计和压力表问题**。流量计和压力表的安装接口如果密封不良，可能导致微小但持续的渗漏，这种漏损可能不易被发现，但累积起来会对供水系统造成显著影响。另外，当流量计或压力表损坏时，可能导致错误的读数，从而影响系统漏损的判断和控制，间接造成漏水隐患。

（6）**其他附属设施问题**。附属设施之间的连接管或接头可能因设计不合理、安装不当或材料老化而产生漏损。在寒冷地区，如果防冻措施不到位，附属设施可能会因冻胀而损坏，导致漏水。

虽然附属设施的单位时间漏损水量有限，但是其设置在闸门井内，不易被及时发现，漏损持续时间长，使漏损水量积少成多（图1-9）。

图 1-9　管道附属设施漏水

1.2.2　管网施工质量的影响

供水管道的施工安装工艺，直接影响后期使用过程中供水管网的安全运行等级，施工安装工艺欠佳或不规范也是导致供水管网漏损率过高的重要原因之一。

（1）**管道连接问题**。由于供水管网的构成较为复杂且距离较长，管道接口的应用不可避免。接口施工作业时若未按要求进行处理，存在接口敲打不密实、橡胶圈就位不准确、接口承插不到位、水管接口角度偏转过多、焊接工艺不规范、焊缝质量不达标等工程质量问题，在高压或振动条件下，管道接口容易损坏或脱开，造成漏水。

（2）**管道埋深问题**。管道的埋置深度和方法如果不当，可能会导致管道受到外部压力（如地面荷载、车辆通过等）的损害，从而导致漏损。例如，埋置深度不足可能导致管道受冻或被压坏，而埋置过深又可能使维护和检测难度加大。

（3）**地基处理问题**。在供水管道施工时，特别是埋地铺设时，管道基础处理不当、管沟回填时的施工质量控制未按规范实施，尤其是管沟沟底不平整，会对水管产生一系列严重影响。例如，管道沉降或不均匀沉降较多，应力集中在管道的某些部位，支撑不均匀使管道部分区域承受过大的弯曲应力，管道在悬空处发生下沉或断裂等，都会导致接口损坏甚至管道折断，极易使管道在后续使用中出现漏损事故。夯土不实对大管径管道的影响更为严重，填土未分层夯实或管道两边密实度不均匀，增加了爆管的可能性；支墩土壤松动，引起支墩产生的位移较大，会增加相应管道的弯头或三通位移，尤其在接头刚性较强的地方，使接头处松动，造成漏水。

（4）**施工问题**。施工结束后，如果未按规定进行充分的压力测试，可能无法及时发现施工中遗留的问题，如微小的裂缝、接口不严等。这些问题在实际运行中会逐渐演变成明显的漏损。另外，如果压力测试操作不规范，如加压速度过快或测试压力不符合要求，可能导致管道或附属设施受损，增加漏损风险。

此外，施工过程中的人为因素也会使漏损的概率增加。例如，管道在施工时受到撞击、挤压等外力作用，可能导致微小裂缝，这些裂缝可能在使用过程中逐渐扩大，形成漏损；施工现场如果管理不善，如杂物混入管道、管道未及时封堵等，可能导致管道内部受污染或接口密封失效，从而引发漏水；施工完成后的验收工作如果不严格，可能遗漏一些细小的施工缺陷，这些缺陷在短期内可能不会表现为明显的漏损，但随着时间的推移，这些隐患可能逐渐演变成显著的漏损问题；在易发生冻害或地面沉降的地区，如果未采取适当的防护措施（如保温材料、柔性套管等），可能会导致管道因环境因素而受损，从而引发漏损；冬季管道试水后，没有及时将水排放干净，造成管道或零件冻裂漏水；在施工过程中，如果管道的防腐处理不到位，尤其是在酸性土壤或水质较差的地区，管道可能会因腐蚀而逐渐变薄或出现孔洞，导致漏损。

总体而言，供水管网施工问题主要体现在：管道基础不佳；管道覆土未夯实；支墩后土壤松动；接口质量差；用承口找弯度过多；管道防腐效果不好；其他人为因素；等等。为了减少因施工质量问题引起的漏损，必须确保施工过程中每个环节的质量控制，包括设计、材料选择、施工操作、防护措施、测试与验收等。严格的施工管理和高标准的施工操作是保障供水管网长期稳定运行、减少漏损的关键。

1.2.3 管网设计和管理水平的影响

管网设计和管理水平对供水管网漏损有着深远的影响。合理的设计和高效的管理可以大幅减少漏损，提高供水系统的效率和可靠性。

1. 管网规划设计

我国城市化进程展现了惊人的速度和巨大的成效，短时间内实现了令人瞩目的转变。随着城市发展的日新月异，供水需求持续增长，对供水管网提出了更高的挑战。

（1）供水管网的布局和结构设计直接影响水流的平衡和压力分布。如果设计不合理，可能会导致某些管段压力过高或过低，增加管道和附属设施的漏损风险。

（2）合理的供水分区设计有助于将大范围的管网划分为多个独立区域，方便监测和控制漏损。分区计量能够精确定位漏损位置，及时采取补救措施。

（3）设计中选择合适的管道材料至关重要。不同材料的耐腐蚀性、抗压性和使用寿命各异，选择不当可能导致管道在短期内出现老化、腐蚀或机械损伤，增加漏损风险。在设计时，材料的选择应考虑不同管道材质的膨胀系数和连接性能，避免因材料不匹配引发接头处的漏损。

（4）管径的选择对供水系统的压力和流速有直接影响。管径过小会导致水流速度过快，增加摩擦损失和压力波动，易引发管道损坏和漏损；管径过大则会导致水流速度过慢，容易沉积杂质，增加漏损和维护难度。

（5）在设计中，需要考虑供水系统中各节点的压力调节，确保压力均衡。设计不当的压力调节（如减压阀配置不合理）可能导致某些管段承受过高压力，增加漏损的可能性。

（6）合理配置阀门、流量计、压力表等附属设施，可以精确控制和监测供水系统的运行状态。设计不合理的配置可能导致某些区域无法有效监控，漏损问题难以及时发现。排气阀和排污阀在管网设计中的配置也非常重要。不合理的设计可能导致空气滞留在管道中，形成气锤现象，对管道和附属设施造成冲击，增加漏损风险。

（7）在设计时，应充分考虑当地的地质和水文条件，如地震、地面沉降、冻胀等因素，选择合适的管道材料和埋置深度，以减少环境因素对管道的影响。在寒冷地区，供水管网的设计应包括防冻措施；在高温或腐蚀性环境中，设计应考虑材料的耐热性和耐腐蚀性。

（8）在管网设计中，考虑到可能的突发事件（如管道破裂、自然灾害等），合理设计应急方案和快速关闭阀门的位置，有助于迅速控制漏损范围，减少水资源浪费。还应考虑未来管网维护的便利性，包括管道的布置、阀门的位置、检查井的设置等。如果维护不便，漏损问题可能会因为难以及时处理而被放大。

（9）现代供水系统设计应考虑大数据和信息化管理的集成，通过数据分析可以预测和预防漏损趋势，并快速定位问题点。缺乏有效的数据管理系统可能导致难以有效追踪和解决漏损问题。

第一，我国早期建设的管道，由于缺乏精确的用水量预测和水力计算，部分地区管道的**管径**选择不合理，导致水流速度过高或过低。水流速度过高容易引发水锤效应，增加管道破裂的风险；水流速度过低则容易堆积沉积物，增加管道堵塞和腐蚀的风险。第二，早期管网设计中，常采用树状**布局结构**，在城市扩展和人口增长的情况下，难以满足新的供水需求。这种布局方式容易导致供水不均，部分区域水压不足或过高，从而增加漏损和破损的风险。第三，早期供水管道多采用铸铁管、钢管、镀锌钢管或石棉水泥管，这些**材料**随着时间的推移容易出现老化、腐蚀、锈蚀等问题，导致管道强度下降，漏损风险增加。第四，早期供水管道**埋置深度**较浅，随着城市车辆的增多和车重的增加，这些管道承受了巨大的动荷载压力。这种过大的压力不仅导致接头容易漏水，甚至可能引发管道爆裂的严重问题。第五，早期供水系统设计时，对**附属**设施的布局和数量考虑不足，导致一些地区在发生故障或需要维护时，无法快速隔离或调节水流，增加了供水系统的漏损风险。第六，随着城市规模和用水需求的迅速扩大，我国供水压力也从最初的 0.2～0.3 MPa 提升至现在的 0.35～0.7 MPa。许多老旧管道的工作压力标准并未与时俱进，与当前的供水压力不匹配。这种不匹配不仅加剧了管道漏点的泄漏速度，还显著增加了漏点发生的频率，严重时甚至可能引发爆管事故。

2. 管网压力管理

管网剩余压力过高是导致漏损与爆管的重要原因。在实际运行中，管网压力的时空分布较为复杂，有效开展管网压力管理是漏损控制的一个重要环节。就某一处漏点而言，漏损水量与管网压力成正比。供水压力持续高压或压力的骤变，会增加管道故障的可能性，造成管网漏损。

（1）位于山地、山丘区的城市，大多采用多级加压管道系统，如果供水压力过大，局部压力长期过高，可能会导致管道损坏。特别是在城市中，一些老旧的供水管道可能因为使用时间过长，承受压力的能力下降，再加上管道或接口材料质量较差，当管网水压超过或临近管道的工作压力时，容易产生管道泄漏。

（2）城市用户需水量模式的周期性变化和管网运行压力管理均会产生管网在高压和低

压之间的波动，如果频率和幅值合适，周期性的压力荷载会加剧管道疲劳及破坏。对于已具有裂痕的供水管道，加载应力会加速裂纹的扩展，进而导致管道破裂。

（3）供水管网运行操作（如阀门或泵站的快速启闭）会引起瞬态压力的变化，通常称为"水锤"。水锤作用引起的压力波以远大于水体流动的速度在管道内传播时，会产生远大于管道能承受的荷载，若管道无法承受突然增加的水流压力，可能导致管道壁破裂或爆管。

3. 管理水平

管理水平对漏损产生影响是一个多维度的问题。当管理水平低下时，多种因素可能共同作用，导致漏损现象的增加。管理水平低对漏损形成的影响主要体现如下。

（1）管网中管道数量庞大，建设年代错综复杂。部分管道工程技术资料不完善、归档不及时、为供水企业开展管网巡查和养护造成困难。

（2）长期以来，缺少必要的管网维护、检漏及维修考核与激励的机制，存在管网维修不及时，管道及阀门等维护不到位、用户违章用水监察力度不足等问题。

（3）当前管网巡查多注重于地面设施，缺乏必要的技能和设备及时发现暗漏，常常是暗漏发展到明漏时才能被人们发现并进行抢修，漏损持续时间较长，漏损水量较大。独立计量区域管理、压力监控系统等管理技术还未能充分地发挥作用，检漏人员的业务能力、检漏设备的精确度等因素都会影响检漏的效果。

（4）计量管理不规范。包括由水表选型不合理造成的水量统计偏差；水表及流量计未按要求进行安装、检定、更换，计量器具超期服役产生表计误差；当前存在的原本应予以统计但未统计的用水量未纳入计量体系（例如，城市的环境保护和公共清洁用水、消防用水、绿化用水等城市公用事业领域的用水管理和管网日常维护过程中产生的水量等未纳入用水量统计）；"抄表到户"实施尚未全面落实，对纠正偷水、破坏水表等不良现象的宣传管理有待加强；抄表人员存在数据抄收错误、数据处理错误等问题。

1.2.4 外部环境因素的影响

外部环境因素对供水管网漏损的影响显著，涵盖地质条件、气候变化、地下水水位、施工扰动等多个方面。例如，季节变化带来的温度变化会使管道机械结构和伸缩接口发生变化，土的荷载或路面重载车辆反复作用会对管道造成破裂压力，这些都会造成漏损或爆管。此外，供水管道附近大型树木的根系可能侵入管道接口或破裂的管道段，进一步扩大破损范围。根系的生长会对管道施加压力，导致管道的变形和渗漏。当植物或树木死亡后，其根系可能逐渐腐烂，形成空洞或土壤松动，导致管道周围的支撑力下降，增加管道沉降或破裂的风险。另外，管道私接、不当施工等人为破坏因素同样会导致供水管网的漏损。

1. 气候条件

温度引起爆管的原因主要包括低温、高温和温度的大范围变化等，我国东北三省管道漏损率居高不下的一个重要因素是天气寒冷，供水管网受土质冻胀作用及管道热胀冷缩的影响，在冬季发生管道泄漏的次数远大于夏季。此外，相关研究表明，极端寒潮（对管道运维造成不利影响的寒潮最低温度基准在 −5 ℃左右）会对供水系统造成多方面严重的破坏，包括压力的降低、供水量的增加及管损事件的集中爆发，受土体温度传导过程的影响，寒潮对于供水系统的影响存在滞后效应。

地下水水位的升降会对埋设在地下的管道产生影响。持续降水可能导致地下水水位升高，对埋置深度较浅的管道产生浮力，导致管道上浮或移位，引发漏损。暴雨可能导致地表径流的增加，冲刷掩埋管道的土壤，暴露并削弱管道的防护，增加漏损的可能性。地下水水位下降则可能导致管道上方土壤的沉降，给管道施加额外压力，造成管道变形或破裂。

2. 地质条件

（1）管道周围土体的不均匀沉降。供水管道主要敷设在道路下面，既要承受一定的静荷载和动荷载，还要承受管道的自重和管中的水重。随着时间的增加，这些荷载会使管道产生一定量的沉降。据统计，在交通主干道、道路路口、交叉口及其附近的爆管事故发生次数较其他区域更多，这是因为管道长期经受重型车辆压迫或反复碾压、振荡，管道周围土体发生不均匀沉降导致管道发生位移，从而受到径向作用力的影响引发管道破裂、脱节和折断，造成大面积漏水。

（2）不同土壤类型对管道的腐蚀性和支撑力不同。酸性或碱性土壤对金属管道有较强的腐蚀性，容易导致管道外壁腐蚀，从而增加漏损风险。松软土壤（如黏土、砂土）的承载能力较低，可能导致管道发生沉降或位移，引发接口处的渗漏或管道破裂。

（3）地震、地面沉降、裂缝等地质活动的影响。这些地质活动可能导致管道破裂或严重变形，造成大范围的漏损。尤其是在地震活跃区，管道设计若未充分考虑抗震措施，地质活动可能对供水管网造成严重破坏。

（4）在工业区或土壤中含有较高化学物质的区域（如盐分、酸性物质），供水管道可能遭受更快的腐蚀。地下污水管道的泄漏或工业废液的渗漏也会加速供水管道的腐蚀过程，特别是金属管道，容易导致局部穿孔和漏水。

3. 其他工程影响

近年来，随着城市的飞速发展，基本建设项目迅速增加，不同工程项目的交叉和同时建设更加频繁，由其他工程引发的管道破坏急剧增加。其他工程施工对供水管网漏损的破坏可能源于多个方面。其中，不规范施工、安全措施不到位是引起城市供水管网漏损的一个重要原因。

例如，在道路施工、地铁建设等施工过程中疏忽大意或野蛮施工，易挖裂管道。此外，在施工现场挖掘机、压路机等重型机器的来回碾压，机器动作产生的振动，土方开挖等，都可能导致管道发生位移、变形或直接破坏。施工材料堆放等也都可能对未采取保护措施的埋地管道造成伤害，从而导致管道变形、开裂或接头松动和爆管，引发管网漏损。

1.3　供水管网漏损管理

1.3.1　供水全过程漏损管理

供水管网漏损是世界各国普遍面临的难题。供水管网漏损管理的要素就是供水企业供水量与售水量之间的差量管理（产销差水量管理，又称为无收益水量管理）。水厂出厂的水在管网输送中存在泄漏，没有全部被终端贸易表用户使用，同时，并非所有到达最终用户的水都被计量收费，计量器具也存在着误差。

供水全过程漏损管理是确保供水系统高效运行和减少水资源浪费的重要措施，涵盖了原水提升、净化工艺、泵站压力控制、管线漏点探测、管线维修、表计管理、终端用户抄表收费、居民用户的滴漏和马桶漏水等环节，是一个贯穿供水企业产、供、销全过程的管理，漏损指标体现了供水企业的经营水平和管理水平。供水全过程漏损管理如图1-10所示。

原水提升泵站	**原水泵站管理措施**	
	可变频的压力管理，季节性降温、水温冷胀时防范措施，防止缓闭式逆止阀不动作，泵站流速骤变水锤防护，防止地下水井群井泵底阀回水。	
净化站	**净水工艺管理措施**	
	净水构筑物池体泄漏修补方法，工艺间反冲洗水的回收，清水池溢流，pH值对管网电解腐蚀，清水池容积法出厂流量计校验和提升、入厂、出厂三台流量计对比。	
送水泵站	**送水泵站管理措施**	
	可变频的压力管理，季节性降温、水温冷胀时防范措施，防止缓闭式逆止阀、排气阀不动作。	
输配水管网	**输配水管网管理措施**	
	主动漏控：原因分析、对症下药。施工管理：选择好的管材与施工技术，确定管网改造的优先级效，维修、快速维修、保证质量。	
表观与商业损失	**表观漏损管理措施**	
	增加计费计量用水量。水表管理：水表选型口径恰当、水表安装正确、维持水表良好运行。抄表管理：人工抄表准确、远传表抄表准确和数据传输正常。数据管理：数据质量探查、分析过滤错误；打击非法用水；监督与稽查。流程管理：规范用水秩序；客观准确地统计免费用水量。	
	水表误差管理措施	
	以单个水表每秒出5滴水计量为例，该水表每小时漏水量为6.3 L，每天漏水量为151.2 L，每月（按30天计算）漏水量4.54 m³，每年漏水量54.48 m³，管网中有数以万计的水表数量，管网损失水量大。此外，任何水表的误差都不是常数±2%，这仅是水表出厂时在常用流量点的标定值；所有类型的水表和流量计运行过程中，经过水表的实际流量不同，计量误差也不同；对于大流量误差变化小，对于小流量误差变化大。	

图1-10 供水全过程漏损管理

压力调控是降低产销差率的最有效手段。首先，城区管网送水泵站可变频调速。早、中、晚供水高峰压力适当增高，其他时间压力稍微降低，夜间压力再低一点。春、夏、秋、冬季节不同，压力也不同。合理的出厂压力值既保证用水不利点的用水压力（必要时区域增压），又有效地降低出厂水的平均压力。管线地势高的管段要增设增压设备，地势低的管段要设置减压阀，确保管段间的压力平衡，既可减少爆管事故，又可减少供水量。其次，提升售水量，查处违章用水，水表抄收应收尽收。

供水管网改造是降低漏损率的基础措施之一。通过实施供水管网改造工程，改造老旧的供水管网，采用更先进的材料和技术，可以提高管网的耐用性和可靠性，减少因管道老化、材质不佳等原因导致的漏损问题，使供水管网处于良好的运行状态。

表务管理即水表的管理和维护，是供水系统中不可或缺的一个环节，它直接关系到供水系统的效率和准确性。表务管理漏损控制围绕选用水表、安装水表、换表、抄表和检表等一系列的环节，通过智能表的应用、数据收集与分析、违章用水行为的管理、分区计量管理和信息化建设等方面，可有效控制漏损水量，是提高水资源利用效率、保障供水安全的重要手段。

此外，积极建立与控制漏损率相关的长效管理机制，加强检漏队伍建设，不断探索检漏新举措，提高施工质量，加强管网运行管理，构建供水数字化信息系统，集数据采集、数据处理分析、漏水探查、水表核查、管道探测、用户调查、压力调控、维修处理、系统维护于一体进行动态管理，可为降低管网漏损率提供有力保障。

1.3.2 供水管网漏损类型分析

1. 供水管道漏水的类型

供水管道漏水的类型可以划分为多种，主要包括背景漏失、明漏、暗漏。根据漏水形式可进一步细分为喷雾型漏水、集束型漏水、断裂型漏水等。

（1）**背景漏失**是指管道系统中普遍存在的微小渗漏问题，通常是由管道接口、连接处或材料本身的微小缺陷引起的，不易被察觉，以时间和水量的积累方式表现。

（2）**明漏**是指明显可见的漏水现象，通常水流量较大，漏点明显，如水管破裂、接头松动或损坏等，需要立即修复，以防止进一步的水损和浪费。

（3）**暗漏**是指在管道系统中无法直接观察到的漏水问题，通常发生在管道壁和接口之间，或者在地下管道系统中，可能由管道老化、腐蚀、材料疲劳、施工缺陷等引起。

根据泄漏位置划分，供水管道泄漏又可分为管道本体泄漏、接头泄漏、阀门泄漏、设备泄漏，见表1-4。

表 1-4 供水管道泄漏的类型

序号	分类依据	类型	特征
1	按漏水形式分类	喷雾型漏水	管道由于腐蚀或不均匀受力产生细小的裂缝，形成喷雾状水流，产生细微的"呲呲"声
		集束型漏水	管道破损处为较大的孔洞（漏眼），由腐蚀或外力破坏引起，水流形式为集束状喷射，水流向上喷射时发出清脆的"呲呲"声，水流向下喷射时发出沉闷的"呲呲"声
		断裂型漏水	包括环状断裂和完全断开两种情况，由基础不均匀沉降造成管道受力后横向断裂或管道完全断开，水流形式分别为瀑布状喷射和无明显特征
2	按泄漏位置分类	管道本体泄漏	发生在管道的任何部位，通常由于管道材质老化、腐蚀、机械损伤等原因导致
		接头泄漏	发生在管道接头或连接处，可能由于密封失效、接头松动或安装不当引起
		阀门泄漏	发生在阀门处，通常由于阀门密封件损坏或阀门本身的老化和腐蚀引起
		设备泄漏	发生在与管道相连的设备（如泵、过滤器、储水罐等）处，通常由于设备故障或连接部位密封失效引起

2. 供水管道漏损组分分析

（1）供水管网背景漏失。背景漏失是由很多个单独看都很小的漏点组成的。在 0.21 MPa 的管网压力下，漏点直径在 2.0 mm 左右的漏损就属于背景漏失。经验表明，当单个漏点的漏损水量低于 0.25 m³/h 时，一般的检漏设备就很难检测到。背景漏失是一个持续的过程，漏点很小但很多，不能通过主动漏损检测发现。背景漏失主要发生在管道的接头、密封性差的管件，以及金属管道中微小腐蚀的漏孔。例如，镀锌管经过多年使用生锈，锈斑布满整条管网，锈蚀处又有针孔大小的众多漏点，在我国东北部分地区称为筛子管。在这种情况下，不可检测的微小流量漏水持续时间很长，而且大量存在，因此其漏损水量是巨大的。特别是对于管理良好的系统，背景漏失通常是总漏失水量中的主要组成部分。

目前，供水企业主要是通过控制系统压力来减少背景漏失。通过更换管件的方法也可以降低背景漏失漏损水量，但这种方法工程量大、人力成本和设施成本都比较高，降低了可行性。类似筛子管的修漏成本远远大于漏水成本，只能更换新管网。

（2）供水管网明漏、暗漏。

1）**明漏**是指管道系统中由于破损、腐蚀、老化等原因导致的水流外泄现象。这种漏水通常可以通过肉眼观察到，即不需要采用专业设备探测就可以发现的漏失，常见的表现形式包括地面冒水、突发性爆管等。明漏多具有较大的瞬时流量，导致受影响区域的供水压力明显下降，影响周围的供水，一般供水公司都很重视，特别是爆管事件。

2）**暗漏**是指由于管道破损、接头松动或其他原因引起的水流外泄，这种泄漏通常难以通过肉眼直接观察到，只能依靠检漏人员的技术和检漏设备才能正确找到漏点位置。当这些漏点被发现时，它们可能刚出现几天，也可能已经持续了好几年。供水管网中 90% 以上的漏水形式都是暗漏，暗漏漏损水量约占总漏失水量的 55%。暗漏是否发生取决于管网系统的压力、运行情况及管道材质状况等因素。暗漏是比较复杂的漏失，比较隐蔽。暗漏水不能反映到地面，一般是由流水通道经沙土层渗透至地下，通过污水井、电缆沟、暖气沟管网附近的河流、排雨渠等流走，有时漏点附近路面硬化，水从其他地方冒了出来。如果出现水压异常、用户水费异常增加、地面和建筑物的湿度变化、局部植物异常生长、地面塌陷、地下水水位上升、异常水流声等，均可能是暗漏的表现。有时在地下管道井中发现清洁的水或水压突然变化的情况，才可能察觉出管道有漏点，然后查找漏点维修。

📝 案例引入

已知某水司 DN75 管网总长为 321 km，管网平均压力为 0.405 MPa。研究期 12 个月内公司共处理 1 236 项漏损维修单，其中明漏点 1 388 个，干管 404 个漏点（估计明漏从接到热线电话到管网止水时间 6 h）；暗漏点 181 个，干管 81 个漏点。暗漏半年巡检一次，通过计算得出干管明漏漏损水量为 23 561 m³，暗漏漏损水量为 1 700 611 m³，支管明漏漏损水量为 7 675 m³，暗漏漏损水量为 559 872 m³，合计漏损水量为 2 291 719 m³（表1-5）。据以上计算结果，该水司在 0.405 MPa 平均水压下，一年内修复的明漏、暗漏漏损水量为 229.17 万 m³。按 6 个月 180 d 漏损水量支付费用，共支付商业查漏公司暗漏漏损水量 8 515 552 m³。

表 1-5 漏损水量估算

漏水位置	明漏漏损水量	暗漏漏损水量
干管	$240×40.5÷1\,000=9.72$ [m³/（h·每个漏点·平均压力）]； $9.72×404×6=23\,561$（m³）	$120×40.5÷1\,000=4.86$ [m³/（h·每个漏点·平均压力）]； $4.86×81×24×180=1\,700\,611$（m³）
支管	$32×40.5÷1\,000≈1.3$ [m³/（h·每个漏点·平均压力）]； $1.3×（1\,388-404）×6≈7\,675$（m³）	$32×40.5÷1\,000=1.3$ [m³/（h·每个漏点·平均压力）]； $1.3×100×24×180≈561\,600$（m³）
合计	31 236 m³	2 262 211 m³
总计	$31\,236+2\,262\,211=2\,293\,447$（m³）	

1.3.3　供水管网漏损调查

1. 低压区调查

供水低压区调查可以帮助评估供水管网的整体状态，是基础调查工作中的重中之重。造成管网水压低的原因是多方面的，包括管线用水超负荷，附近主管道上管道连接，开口处变径管件冲水杂物堵塞，老旧管网内部锈蚀严重，过水断面变小，配水管径过细，阀门脱落或未完全打开，单向阀内弹簧锈死卡住，管网发生暗漏，劣质管材、管件、黑皮管锈蚀严重，塑料管过度热熔黏结等。识别具体的原因需要进行详细的检查和分析，这对于及时查找发现和修复漏水问题、减少水资源浪费至关重要。

2. 计量调查

供水管网计量调查是对供水系统中的水量进行精确测量和监控的一项重要工作。如果出厂水量与用户贸易计量不正确，或两者计量精度下降，难以作出确切的评价。出厂水流量计标定宜采用清水池容积法；电磁流量计采用电参数法；计量区考核表宜采用便携式流量计对比法；大管径贸易表宜采用校验鉴定法；分户水表一般采用抽样检定法。

3. 管网漏失状况调查

管网漏失状况调查是评估供水管网系统中水量损失情况的一项关键工作。其主要目的是识别和定位漏点，评估漏水的严重程度，采取有效措施减少水资源浪费。输水管漏水测定通过夜间最小流量计算，可分为直接测定法和间接测定法两种。直接测定法测定时要关闭所有进入用户给水管上的阀门；间接测定法原则上不关闭用户给水管阀门。直接测定法的结果是单位时间内该区配水管与用户给水管之间的漏损水量；间接测定法的结果为配水管与用户给水管的漏损水量。

4. 用水量数据分析

用水量数据的同比和环比分析可以帮助识别异常用水情况，从而推断出可能的漏点。同比分析是指将当前时间段（如本月、今年）的用水量与上年同期的用水量进行比较，分析用水量的变化；环比分析是指将当前时间段（如本月、今年）的用水量与上一个时间段（如上月、去年）进行比较，分析用水量的变化。结合同比和环比分析，可以对用水量进行综合评估，从不同时间尺度上识别漏损问题。同比分析提供了长期趋势；环比分析则提供了短期变化，两者相结合可以更全面地监控用水情况。

1.4 供水管网漏损控制原则与路线

1.4.1 总体原则

为实施规范、科学的漏损管理，推动良性的漏损控制策略，需要规划行之有效的总体技术路线。

1. 规划引领，分步实施

供水管网漏损控制是一个长期的过程，应分别进行诊断分析和水量平衡分析。通过诊断分析，了解和评估问题所在，制订适用于供水企业自身的、科学合理的漏损控制总体目标、阶段目标和行动计划；通过水量平衡分析，结合供水企业实际情况，明确漏损的组分及经济价值，确定最优的漏损控制目标和绩效评价体系，并设计不同阶段的合理控制措施，系统推进，分步实施，逐步实现供水管网漏损管理控制的总体目标。

2. 因地制宜，构建体系

供水管网漏损控制涉及技术支撑、管理政策、资金投入和效益的综合评价，各环节应紧密相联，建立预防性、系统性、动态性和可持续性的漏损控制管理体系，统筹管网建设和分区建设、计量器具管理、压力管理、漏损控制信息化系统建设等，逐步构建完善的管网漏损控制管理体系。

3. 落实责任，强化监督

设计漏损管理动态绩效考核体系，成立漏损管理工作组，从供水企业层面监管漏损控制行动计划的执行情况，定期开展绩效指标的动态评价和考核，积极推进多部门合作，建立激励机制，强化监督考核。

4. 长效管理，注重实效

供水管网漏损控制并非一蹴而就，供水企业应对漏损探测与修复、管网改造、计量器具更换等进行经济评估，寻求漏损控制成本与效益之间的经济平衡，综合考虑短期和长期的经济水平，在此基础上加强分区计量、压力管理和营业收费管理，建立精准、高效、安全的管网漏损控制长效管理机制，建立可持续的良性漏损控制管理模式。

1.4.2 技术路线

供水管网漏损包含多方面的内容，也非均匀地分布在管网的不同区域。因此，在管网漏损控制技术路线中，首先要进行漏损评估，目的是确定管网漏损中各部分构成所占的比例，并进行漏损严重性评估；在此基础上，分别针对漏失水量、计量损失水量与其他损失水量制订合理的控制措施。其中，在漏损水量控制部分，应根据漏损评估的结果，开展漏损检测工作，并进一步进行管网维护更新或压力调控。在技术层面上，供水管网漏损控制主要包括漏损评估、漏损检测、压力调控、管网维护与更新、计量损失控制与其他损失控制等内容。为了使供水管网漏损控制工作更加高效地开展，应辅以管理体制的改进，通过漏损责任落实、绩效考核与奖惩机制的制定等措施，提高漏损控制人员的积极性。

1. 漏损评估

漏损评估的主要方法是进行供水管网的水量平衡分析，选取合适的管网漏损评价指标对现状漏损状况进行评估，摸清现状。首先结合当地情况，收集分析和审查供水基础资料。对系统供水量、营业收费数据、压力数据、漏水维修统计数据、GIS 资料、计量器具资产情况等信息进行收集和分析，审查数据来源、精度和准确性。当数据缺失或数据不可信时，应当进行必要的数据测试。根据收集到的供水资料，进行水量平衡分析，建立能表现供水管网现状漏损详细情况的水量平衡表，对漏损水量的各组分进行定量计算，确定漏水减少量和收益增加的潜力。

2. 漏损检测

漏损检测是漏损控制的基本措施。应有计划地开展漏损检测，通过管网破损规律分析，确定管网漏损的高发区域，从而有针对性地开展漏损检测；同时，应根据管材、管道敷设环境等，确定适宜的漏损检测技术。推动供水企业在完成供水管网信息化的基础上，实施智能化改造，在供水管网建设、改造过程中可同步敷设有关传感器，建立基于物联网的供水漏损控制智能化管理平台。

3. 压力调控

管网破损数量及破损点的漏损水量均与管网压力密切相关，因此压力调控可以有效地控制管网漏损水量。尤其是对于检漏仪器难以发现的背景漏失，管网压力调控是除管网更新改造外唯一有效的措施。进一步推进供水管网压力调控工程，根据管网的拓扑结构、管网压力分布等确定适宜的压力调控方案，采取分级分区的压力调控措施，统筹布局供水管网区域集中调蓄加压设施，切实提高调控水平。

4. 管网维护与更新

管网维护是降低供水漏损率、保证管网正常发挥作用的重要措施；管网更新改造是彻底解决漏损问题的措施。在更新前，应根据管网漏损评估结果进行管网是否更新管道的决定。在更新过程中，应注意采用先进的更新改造技术，同时必须保障管网水质。积极推进供水管网改造工程的实施，结合城市更新、老旧小区改造、二次供水设施改造和一户一表改造等，对超过使用年限、材质落后或受损失修的供水管网进行更新改造，确保建设质量。

5. 计量损失控制

计量损失是管网漏损的重要组成部分。其中，计量表具的误差控制是计量损失控制的核心，应研究表具的计量性能变化，加强计量器具的管理，减少计量损失。推动供水管网分区计量工程。在管线建设改造、设备安装及分区计量系统建设中，积极推广采用先进的流量计量设备、阀门、水压水质监测设备和数据采集与传输装置，逐步实现供水管网网格化、精细化管理。实施"一户一表"改造，完善市政、绿化、消防、环卫等用水计量体系。

6. 其他损失控制

其他损失主要是管理因素导致的损失。供水企业应加强管理，减少非技术性损失，完善供水管网管理制度。建立从科研、规划、投资、建设到运行、管理、养护的一体化机制，完善制度，提高运行维护管理水平。由于管网通常较为复杂庞大，分区管理可以提高管网的精细化管理水平，为上述漏损控制措施的具体实施提供更精细化的载体，从而提高漏损控制效率。此外，信息化管理是实现供水管网科学高效管理与优化运行的现代科学技术，供水企业应加强管网信息化管理，通过对管网运行管理中各种信息化系统的整合与升级，提高管网漏损控制效率。管网漏损率与该种漏损水平下参考选用的供水管网漏损控制技术可参考表1-6。

表1-6 管网漏损率与该种漏损水平下参考选用的供水管网漏损控制技术选择

漏损控制技术	管网漏损率			
	10% 以下	10% ~ 20%	20% ~ 30%	30% 以上
漏失检测与监测	1	1	1	1
分区管理	2	2	3*	3*
管网压力管理	3	5		
管网更新			5	3
大用户水表核查		4	3	2
管网漏损评估		5	5	
管网信息化完善		3	2	
漏损控制管理体系建立			4	4
非法用水稽查			3	2

"*"：建议先开展小区DMA的建设。

数据来源：陶涛，尹大强，信昆仑.供水管网漏损控制关键技术及应用示范［M］.北京：中国建筑工业出版社，2022

1.4.3 漏损控制工作的发展和挑战

漏损控制是供水系统管理的关键领域，随着技术的不断发展和需求的变化，未来漏损控制将面临一些新的发展趋势和挑战。漏损控制在智能化技术、可持续发展和新材料应用等方面将有更多的发展机遇，面临的挑战也不容忽视。对我国大部分城市而言，一方面是居高不下的漏损率；另一方面是漏控要求的不断提高，漏损控制达标是一项艰巨的任务。很多企业已经意识到，单纯依靠粗放式漏损控制方法（如被动降漏等）已经满足不了新形势下漏损控制的要求，除采用听声法、相关分析法、气体示踪法、管道带压内检测等管道漏水检测技术确定管道漏点位置外，分区计量管理、压力调控管理等技术管理手段作为漏损控制精细化方法正逐步被推广应用。

通过技术创新、合作与经验共享，漏损控制可以持续改进和提高，实现供水系统的可靠性、高效性和可持续发展。建章立制，健全检漏标准体系建设，明确网格化管理范围，要定性、定量分解任务，任务细化到日。建立人员、工种健全的检漏事项管理团队，进行检漏工作管理。采取外委合作或引进改革机制，建立股份制检漏公司，按照市场机制推进检漏工作进展。利用先进的检漏设备，逐步建立对重要管网漏水实时远程监控管理模式，突出重点管网、老化管网的实时有效监测。加强检漏队伍建设，提高检漏工作效能，缩短检漏周期。努力实现重点管网实时监控，其他管网定期普查，降低管网漏损率，减少管网事故及次生灾害的发生。建立激励机制，加强考核，提高检漏人员的主观能动性。

1. 趋势

（1）可持续发展和资源节约是漏损控制的重要目标。随着全球水资源的短缺和环境保护的需求提高，漏损控制需要更加注重节约用水和减少浪费。通过采用节水设备、优化供水管网设计和推广水资源管理的理念，可以实现更加可持续的供水系统运营，并减少水资源的浪费。

（2）新材料和新技术的应用有助于优化漏损控制的效果。例如，采用先进的管道材料和防腐技术可以有效延长供水管网的寿命，减少管道老化和漏损的发生。机器学习、数据挖掘和预测模型等技术的应用，可以帮助预测和识别潜在的漏点，提前采取措施进行维修和修复，从而降低漏损风险。利用先进的检漏设备，逐步建立对重要管网漏水实时远程监控的管理模式，可以实现对重点管网、老旧管网的有效监测。

（3）健全检漏标准体系建设是漏损控制工作的机制保障。建立人员工种健全的检漏管理队伍，明确漏控的网格化管理范围，并按照市场机制推进检漏工作进展，有助于提高检漏工作效能，缩短检漏周期，降低管网漏损率，减少管网事故及次生灾害的发生。

（4）压力调控是降低背景漏失的有效方法。分区计量的作用是在一个特定的区域内利用流量确定出漏损水平，从而确定出规模较小、不同区域的各自漏损程度，将一系列漏损控制措施有针对性地应用于高漏损率区域。技术上分区计量的关键点有两个：一是确定区域内漏损程度；二是确定新漏点的发生。物理漏损可分为明漏、暗漏和背景漏失。背景漏失占据物理漏损的绝大部分，并且不易被检测发现，在国际水协推荐的降低物理漏损的措施中，相比管道更新维护这种投资大［按照美国给水工程协会（American Water Works Association，AWWA）计算，在美国每年约有 20 万次供水干管泄漏事故，若每次泄漏都通过管道修复处理，预计之后的 10 年总共需要花费 1 万亿美元］、周期长、管道维修挖潜空间小的措施，压力管理可以全局、全方位地降低物理漏损，是国际上公认的经济有效的方法。压力管理实施时资金投入相对少，漏损控制范围全局有效，压力优化调度不但不浪费能耗，还能有效降低供水电耗，在英国、美国、巴西、马来西亚、澳大利亚、新西兰等国家有较多的工程实例，我国北京、深圳、绍兴等多个地区正在应用这种措施降低物理漏损。

（5）智能化技术将成为漏损控制的重要趋势。随着物联网、大数据和人工智能等技术的应用，供水系统可以实现实时监测、远程控制和智能分析。通过智能传感器、数据分析算法和远程监控系统，可以准确地检测漏点，实时监测供水系统的状态，并及时采取措施修复漏水问题。这将大大提高漏损控制的效率和精度。智慧管网是智慧水务建设的重要组成部分，一系列供水管网信息化系统被提上日程，包括供水管网地理信息系统、管网在线监控系统、营收系统、水力模型系统、管网分区管理系统、压力控制系统等。这些系统的建设与应用，将为供水管网漏损控制的精细化实施提供多维度数据支持，有利于实现漏损的精准分析、控制与评估，是供水管网漏损实现数字化、智能化、精细化管理的契机。

2. 挑战

供水系统庞大而复杂。老旧管网的改造、检测技术的局限、数据管理的挑战、压力管理的复杂性、分区计量实施面临的难度及外部环境和政策的影响等，仍是当前管网漏损控制工作面临的主要挑战。

漏损控制是一项系统性的工作，为了应对这些挑战，供水企业需要持续创新和改进技术，提升管理水平，并在政策支持下，逐步推进管网现代化和智能化改造。此外，要推动漏损控制工作高效运转，关键在人。加强人才队伍建设，培养创新复合型人才，是提升供水系统管理水平和实现供水系统智能化改造的必由之路。供水企业应注重人才引进和培养，建立完善的培训体系，提升员工的专业技能和创新能力。同时，加强与国际先进企业的交流与合作，引进先进技术和管理经验，不断提升自身的竞争力。

政府、供水企业和用户之间的紧密合作是保障漏损控制工作顺利推进的重要前提。政府应加强对供水企业的监管和指导，确保供水系统的安全、稳定和高效运行。供水企业应积极与用户沟通，了解用户需求，及时解决用户反映的问题，提高用户满意度。同时，用户也应增强节水意识，合理使用水资源，共同推动供水系统的优化升级和可持续发展。只有政府、供水企业和用户共同努力，加强合作与创新，才能推动供水系统的优化升级和智能化改造，实现供水事业的可持续发展。

复习思考

一、填空题

1. 2022 年，住房和城乡建设部、国家发展和改革委员会等部门印发《关于加强公共供水管网漏损控制的通知》(建办城〔2022〕2 号)，明确提出全国城市公共供水管网漏损率力争控制在 _____% 以内的目标。

2. 城市供水管网漏损形成受到 _____、_____、_____ 和 _____ 等因素的综合影响。

3. 供水管网的管材根据材料属性主要分为 _____、_____、混凝土管材和 _____ 等。

4. 在设计供水管网时，考虑到水压损失和流动阻力的关系，通常认为管径越大，水压损失越 _____（少 / 多）。

5. 管道接口的质量和设计对管网的漏损有显著影响，其中接口密封材料的 _____ 和 _____，以及接口安装过程中的对接精度和施工操作，都是决定接口密封性能的关键因素。

6. 管道埋深不当可能导致管道受 _____（如地面荷载、车辆通过等）的损害，从而引发漏损。

7. 合理的供水管网布局和结构设计有助于保持水流的平衡和压力的均匀分布，从而有效减少因 _____ 过高或过低导致的漏损风险。

二、选择题

1. 关于小管径管道漏损率高的原因，以下选项不是主要原因的是（ ）。

A. 管壁较薄，腐蚀深度占比大　　　　　B. 埋置较深，承受外力小

C. 温度应力和水锤效应影响较大　　　　D. 使用寿命相对较短

2. 以下选项不是导致阀门问题引发管网漏损的主要原因的是（ ）。

A. 密封部件（如密封圈、填料）老化或磨损

B. 阀门制造过程中的轻微瑕疵

C. 阀门被非法拆卸用于其他用途

D. 不当操作阀门，如过度用力或反复开关

3. （　　）附属设施的问题，如果处理不当，最可能直接导致供水管道中的水压异常升高，进而增加系统漏损风险。

A. 流量计和压力表安装接口密封不良　　　B. 消火栓被非法使用

C. 减压阀失效或安装不当　　　D. 排气阀密封不严

4. 在供水管道施工过程中，以下选项中的措施不是为了减少漏损风险的是（　　）。

A. 严格进行压力测试

B. 使用低质量的密封材料

C. 确保管道基础处理得当

D. 加强施工现场管理，防止杂物混入管道

5. 下列选项不是管网压力管理中的重要环节的是（　　）。

A. 控制管网剩余压力　　　B. 频繁更换管道材料

C. 监测管网压力波动　　　D. 预防水锤现象

6. 地质条件对供水管网漏损有显著影响，以下选项不属于地质条件对管道漏损的影响的是（　　）。

A. 管道周围土体的不均匀沉降　　　B. 地下水水位的变化

C. 管道材料的热胀冷缩　　　D. 地震、地面沉降等地质活动

7. 供水单位应建立管网漏点检测管理制度，确定检漏方式、检测周期和考核机制，检测周期不应超过（　　）个月。

A. 12　　　　　　B. 24　　　　　　C. 36　　　　　　D. 18

8. 对于供水管道漏水探测，为获得理想探测效果，应遵循的基本原则是（　　）。

A. 不需要任何资料，直接选择听漏仪探测

B. 复杂条件下，采取两种及以上方法综合探测

C. 探测发现漏点异常，直接采取开挖方式验证确认

D. 快速探测，尽早完成探测任务

9. 根据管网管理模式和检漏习惯，检漏方法可分为（　　）两大类。

A. 听声法检漏、相关检漏仪法检漏　　　C. 城市检漏、镇乡检漏

B. 被动检漏、主动检漏　　　D. 收费水量检漏、无收益水量检漏

三、判断题

1. 铸铁管易受到土壤中的化学物质或水中化学成分的腐蚀，导致管道逐渐变薄、穿孔，进而引发漏损。　　　（　　）

2. 塑料管道一般不会与水中的化学成分发生反应，不容易引发二次污染，有助于维持水质的稳定性和管道的长期密封性。　　　（　　）

3. 虽然小管径管道在整个管网中所占的比例较大，但是小管径管道的漏损率仍低于大管径管道。　　　（　　）

4. 大管径管道虽然漏损时单次量可能较大，但是因其结构坚固，通常比小管径管道具

有更低的故障率和漏损率。 （　　）

5. 管道所在的地质条件变化（如土壤松动、地面沉降等）导致发生不均匀沉降时，会对接口处产生额外的应力。 （　　）

6. 不同季节或环境中的温度变化对管道接口的密封性没有影响，因为现代材料技术已经能够完全消除热胀冷缩对接口密封性的影响。 （　　）

7. 管道接口质量差是导致供水管网漏损的主要原因之一，因此在施工中应特别注意接口的密封性和承插到位情况。 （　　）

8. 管道埋设深度越深，越能防止外部压力对管道的损害，从而减少漏损风险。（　　）

9. 合理的供水分区设计有助于精确定位漏损位置，及时采取补救措施，从而减少漏损水量。 （　　）

10. 供水单位应建立应急抢修机制，组建专业抢修队伍，合理设置抢修站点，按规定对漏水管线及时进行止水和修复。 （　　）

11. 主动检漏法就是当居民或自来水公司巡查人员发现漏水后，检漏人员进行漏水调查并发现漏点的一种常用检漏方法。 （　　）

四、问答题

1. 阐述管网漏损控制对于城市供水和节约水资源的重要性。结合实际案例，说明管网漏损控制的重要性和必要性。

2. 简述供水管网漏损控制的技术路线。

3. 论述供水管网漏损控制工作面临的挑战。

项目 2

供水管网基础知识

🎯 **思维导图**

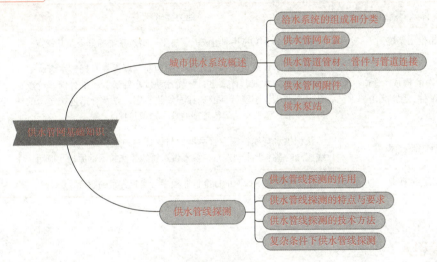

供水管网基础知识

城市供水系统概述
- 给水系统的组成和分类
- 供水管网布置
- 供水管道管材、管件与管道连接
- 供水管网附件
- 供水泵站

供水管线探测
- 供水管线探测的作用
- 供水管线探测的特点与要求
- 供水管线探测的技术方法
- 复杂条件下供水管线探测

🎯 **学习目标**

城市供水系统是城市命脉的基础设施生命线工程的组成部分，其基础知识涵盖广泛。给水系统由各组成部分完成了从取水到配水的全过程，分类明确。供水管网布置需确保水源安全、高效地输送至千家万户。供水管道作为系统的骨架，其选材、管件配置及连接方式均经过精心设计与严格测试，以保障水质安全与传输效率。同时，供水泵站作为动力核心，驱动整个系统稳定运转。面对管网漏损挑战，需要采取综合管理措施，结合先进的探测技术，精准定位并快速修复漏点，确保供水系统持续、高效、安全地为城市生产、生活提供可靠支持。

通过本项目的学习，达到以下目标。

1. 知识目标

熟悉城市供水系统的核心知识体系，包括给水系统的基本构成、各部分在系统中的作用、常用供水管道材料的性能及其特点、供水管道附属设施的作用、供水管网形式、供水泵站运行管理要点，以及供水管网漏水类型及漏损组分的概念；了解漏损调查的内容、供水管线探测的作用、探测作业要求及作业内容，为后续专业知识的学习和实践应用奠定坚实的理论基础。

2. 能力目标

掌握不同管材的漏损表现形式，识别常用管件、阀门及管道连接，掌握其漏损特点，具备分析供水管网结构、评估管道性能及预测潜在漏损风险的基础能力，初步具备根据管线探测要求，编制管网漏水探测方案并进行管线探测作业、成果报告撰写的能力。

3. 素养目标

增强对供水系统重要性的认识，培养严谨的科学态度和责任感，学会从全局角度考虑供水系统的可持续性与环保性，提升个人职业素养和社会责任感。

教学要求

知识要点	能力要求	权重 /%
认识城市供水系统	熟悉给水系统的基本组成；了解不同给水系统的分类及其特点	15
供水管网的构成（管道、管件、管网附件、泵站等）	熟悉给水系统内部各组成部分的功能与联系；掌握供水管网的不同布置方式及其优缺点；掌握各种供水管道管材的性能、特点及适用范围；了解管件的选择与安装原则，以及管道连接技术的基本要求；熟悉泵站运行管理的基本知识与技能	50
供水管线探测技术	认识供水管线探测在管网维护与管理中的重要性；了解供水管线探测的基本要求与规范；熟悉供水管线探测技术的原理与应用	20
管网漏水探测作业	了解管网漏水探测的标准作业程序与实施方案的制订	15

情境引入

×市居民小口径水表安装对计量误差的影响

×市居民用户使用 DN15 旋翼式多流束水表，其标称量程为 30～3 000 L/h，实际量程为 15～3 000 L/h。在当地水务集团的售水量构成中，居民消费用水量占总水量的 15% 左右，水表数占总水表数的 85%。其特点是数量占比大、水量占比小。

通常的居民用水量消耗在洗衣服、冲马桶、洗澡、洗菜、浇花等方面。以 A 和 B 两个小区为例，进行 ×市居民小口径水表计量误差分析。A 小区共有 343 个用户，其中居民用户 313 户；B 小区共有 2 513 个用户，其中居民用户 2 435 户。通过对 A 小区和 B 小区两个小区的 79 个样本进行实测，得到经标准表误差修正后的平均用水消费数据。居民样本用户的平均日消费水量为 518 L/（户·d），折算为平均月度消费水量为 15.8 m³/（户·月）。×市水务集团的居民水表能保证居民用水量的 89%～92% 得到准确计量。基本满足目前居民水价水平下对水量计量的需求。

由于水表安装条件的限制，为方便水表抄读，很多居民水表在安装时水平倾斜了一定角度。为定量分析水表安装角度的影响，在 1 500 L/h、120 L/h、30 L/h 和 14 L/h 四个关键流点对不同安装角度的水表的误差进行残差（安装水表与水平安装水表误差值之间的差值）分析。结果表明，在常用流量处，安装角度对水表误差的影响不大，即使安装角度倾斜到45°，与水平安装水表的差别也不足 −0.5%。在分界流量处，各种安装条件水表与水平安装水表误差之间的残差随安装倾角增加逐渐增大。但即便如此，各倾斜流量点处的误差仍处于可控范围之内。而到了最小流量处，各种安装条件水表与水平安装水表误差之间的残差显著增加，达到了 −10% 左右。在 1/2 最小流量点处，上述残差达到 −30% 以上。由此可以得出结论，安装角度对水表产生的误差有比较大的负面影响，这种影响在小流量处尤其明显。

通过水表误差分析发现，旋翼式多流束水表倾斜安装引起误差偏负的原因与水表结构有关。要保证对通过水表的水量进行精确计量，需要各个部件精确定位。质量好的旋翼式多流束水表，无论是叶轮盒上部内孔与顶尖之间还是叶轮上端的轴与下部的叶轮衬套孔之间，均要求具有良好的同轴度，而这只有在水表水平安装时才能得到保证。如果水表倾斜安装，上述要求就无法得到满足，会造成顶尖和叶轮轴之间、叶轮轴和叶轮盒之间的摩擦力增大，导致叶轮在小流量时难以驱动，表现为误差偏负，而在流量较大时，影响相对较小。倾斜安装水表计量效率综合分析见表 2-1。

表 2-1　倾斜安装水表计量效率综合分析

项目	真实水量 / (L·h⁻¹)	0°	15°	30°	45°
计量水量 / (L·h⁻¹)	518	503	481	478	469
计量误差 /%	0	−2.93	−7.15	−7.74	−9.93

按 × 市居民综合水价 2.71 元 /m³ 进行计算，倾斜安装水表每年会造成水费流失约 710 万元。考虑模型误差及数据近似处理等的最不利影响，至少造成的水费流失为 300 万元以上。

居民水表倾斜安装造成的水损是可控的。保证居民水表水平安装，可以有效地提高供水回收率。因为水表倾斜主要是为了方便水表抄读，所以有必要修改现行的水表安装规范，增加水表之间的距离，以方便水表的读取和计费工作。

资料来源：李爽，徐强．城镇供水管网漏损控制技术应用手册［M］．北京：中国建筑工业出版社，2022．

2.1　城市供水系统概述

2.1.1　给水系统的组成和分类

城市给水系统是城市公用事业的组成部分，是为人们生活、生产、市政和消防提供用水设施的总称。其功能是向各种不同类别的用户供应满足不同需求的水量和水质。

1. 组成

城市给水系统由取水、输水、水质处理、配水等设施以一定的方式组合而成。具体如下。

（1）**取水构筑物**。取水构筑物是指用于从天然水体（如河流、湖泊、水库、地下水等）中取水的工程设施。所取水的水质必须符合有关水源水质标准，取水水量必须满足供水对象的需要量。水源的水文条件、地质条件、环境因素和施工条件等直接影响取水工程的投资。取水构筑物有可能邻近水厂，也有可能远离水厂，需要独立进行运行管理。

（2）**水处理构筑物**。水处理构筑物是将所取得的原水采用物理、化学、生物等方法进行经济、有效的处理后，使之满足用户对用水水质要求的各种构筑物，通常将这些构筑物集中设置在净水厂内。

（3）**泵站**。泵站是指安装水泵机组和附属设施、用于提升水的建筑物及配套设施的总称。其任务是将水提升到一定的压力或高度，使之满足水处理构筑物运行和向用户供水的需要。按其功能可分为抽取原水的一级泵站、输送清水的二级泵站、设于管网中的增压泵站及调节水量的调蓄泵站。

（4）**输水管渠和配水管网**。输水管渠是将原水送到水厂或将清水送到给水区域的管道或渠道，一般不沿线供水。配水管网是建造在城市供水区域内向用户配水的管道系统，由主干管、干管、支管、连接管、分配管等构成，其任务是将清水输送和分配到供水区域内的各个用户。配水管网中还需要安装消火栓、阀门（闸阀、排气阀、泄水阀等）和检测仪表（压力、流量、水质检测仪等）等附属设施，以保证消防供水和满足生产调度、故障处理、维护保养等管理需要。

（5）**调节（调蓄）构筑物**。调节（调蓄）构筑物包括各种类型的蓄水构筑物，如高地水池、水塔、清水池等，用以储存和调节水量。高地水池和水塔兼有保证水压的作用，大城市通常不用水塔，中、小城市或企业为了储备水量和保证水压，常设置水塔。

2. 分类

城市给水系统分类方式多种多样，根据水源性质的不同可分为**地表水给水（江河、湖泊、水库、海洋等）系统和地下水给水（潜水、承压水、泉水等）系统**，如图 2-1、图 2-2 所示。一般情况下，从取水构筑物到二级泵站都属于水厂范围，当水源远离城市时，需要由输水管渠将水源水引到水厂。

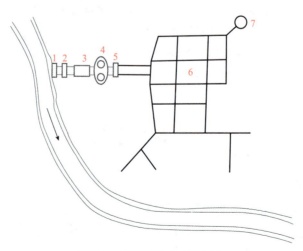

图 2-1　地表水给水系统示意

1—取水构筑物；2——级泵站；3—水处理构筑物；4—清水池；5—二级泵站；6—配水管网；7—调节构筑物

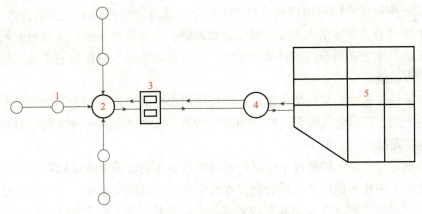

图 2-2　地下水给水系统示意

1—管井群；2—集水池；3—泵站；4—水塔；5—配水管网

给水系统根据供水能力提供方式的不同可分为重力给水系统（又称自流式给水系统）、压力给水系统（又称水泵给水系统）和两者结合的混合给水系统（又称重力—压力给水系统），如图 2-3 ～图 2-5 所示。

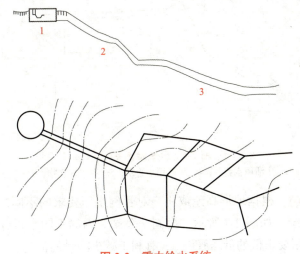

图 2-3　重力给水系统

1—清水池；2—输水管；3—配水管网

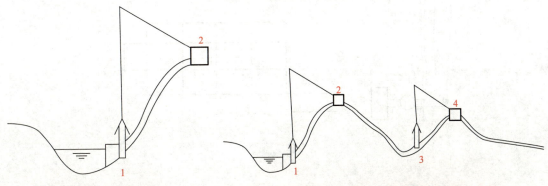

图 2-4　压力给水系统

1—泵站；2—高地水池

图 2-5　重力—压力给水系统相结合的输水系统

1、3—泵站；2、4—高地水池

给水系统按照供水的使用目的可分为生活给水系统、生产给水系统和消防给水系统；按照服务范围可分为区域给水系统、城镇给水系统、工业给水系统和建筑给水系统等；按照给水系统的供水方式可分为统一给水系统、分质给水系统、分压给水系统、分区给水系统和区域给水系统。

（1）统一给水系统。采用统一供水系统提供用水区域内所有用户的各种用水，包括生活用水、生产用水、消防用水等。图2-1和图2-2所示系统即统一给水系统，目前绝大多数城市采用这一系统。

（2）分质给水系统。按照供水区域内不同用户各自的水质要求或同一个用户有不同的用水水质要求，采用不同供水水质分别供水的系统。在城市供水中，工业用水量往往占一定的比例，但是工业用水的水质和水压要求具有特殊性。图2-6中虚线表示地表水经简单处理后，供工业生产使用；实线表示地下水经消毒后供生活使用。

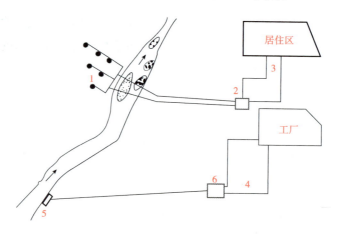

图 2-6　分质给水系统

1—管井；2—泵站；3—生活用水管网；4—生产用水管网；5—取水构筑物；6—工业用水处理构筑物

（3）分压给水系统。根据地形高差或用户对管网水压要求的不同，采用不同供水压力分系统供水的给水系统，如图2-7所示。由同一泵站3内的不同水泵分别供水到水压要求高的高压管网4和水压要求低的低压管网5，有利于减少能量的消耗。

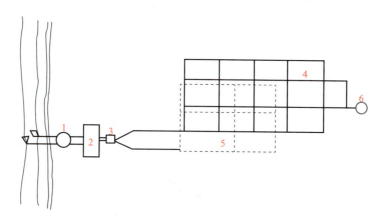

图 2-7　分压给水系统

1—取水构筑物；2—水处理构筑物；3—泵站；4—高压管网；5—低压管网；6—水塔

（4）**分区给水系统**。在不同区域采用相对独立的供水系统，可采用同一水源的给水系统，也可采用完全相互独立的供水系统分别供给不同的区域。分区给水系统可分为并联分区给水系统和串联分区给水系统，如图 2-8、图 2-9 所示。

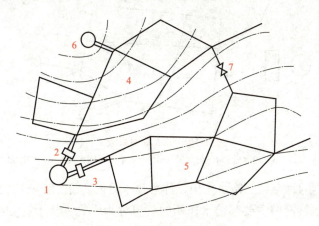

图 2-8　并联分区给水系统

1—清水池；2—高压泵站；3—低压泵站；4—高压管网；5—低压管网；6—水塔；7—连通阀门

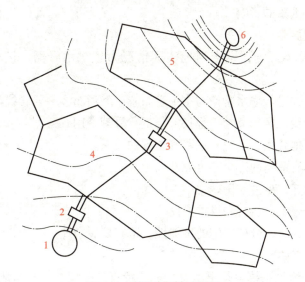

图 2-9　串联分区给水系统

1—清水池；2—供水泵站；3—加压泵站；4—低压管网；5—高压管网；6—水塔

（5）**区域给水系统**。在一个较大的地域范围内，统一取用一个水质较好、水量较充沛的水源，组成一个跨越地域界限、向多个城镇和乡村统一供水的系统。

2.1.2　供水管网布置

供水管网是指给水系统中向用户输水和配水的管道系统。《城镇供水管网运行、维护及安全技术规程》（CJJ 207—2013）定义城镇供水管网为城镇供水单位供水区域范围内自出厂干管至用户进水管之间的公共供水管道及其附属设施和设备，又称为市政供水管网。其包括配水管网、加压泵站、水塔、水池和管网附属设施等，如图 2-10 所示。

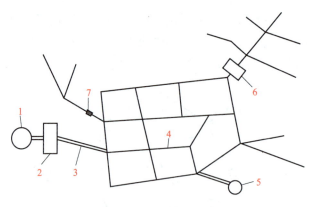

图 2-10　供水管网系统

1—清水池；2—供水泵站；3—输水管；4—配水管网；5—水塔（高地水池）；6—加压泵站；7—减压设施

从水源地到水厂的管渠只起输水作用，称为输水管网（输水管渠）；自水厂出来的管道称为配水管网。配水管网中主要起输水作用的管道称为干管，从干管分出起配水作用的管道称为支管，从支管接通用户的称为用户支管。城市供水管网的布置主要受水源地地形、城市地形、城市道路、用户位置及分布情况、水源及调节构筑物的位置、城市障碍物情况、用户对供水的要求等因素的影响。

1. 供水管网布置原则

（1）按照城市总体规划，结合当地实际情况布置供水管网，进行多方案技术经济比较。

（2）主次明确，先进行输水管渠与主干管布置，然后布置一般管线与设施。

（3）尽量缩短管线长度，节约工程投资与运行管理费用。

（4）协调好与其他管道、电缆和道路等工程的关系。

（5）保证供水具有适当的安全、可靠性。

（6）尽量减少拆迁，少占农田。

（7）输水管渠的施工、运行和维护方便。

（8）近远期结合，考虑分期实施的可能性，留有发展余地。

2. 输水管渠布置形式

输水管渠在整个给水系统中是很重要的。其特点是距离长，与当地交通路线等的交叉较多。供水不允许间断时，输水管渠一般设置两条。常常在平行的输水管之间设置连接管，并设置必要的阀门，以避免输水管渠局部破坏时输水量不能满足最低供水要求，同时缩小事故检修时的断水范围，如图 2-11 所示。

输水管渠的输水方式可分为两类：第一类是压力输水管渠。当水源低于给水区域，如取用江河水时，需要采用泵站加压输水，根据地形高差、管线长度和水管承压能力等情况，有时需要在途中设置多级加压泵站。第二类是无压输水管渠。水源位置高于给水区域，如取用水库水、山泉水时，可用重力管渠输水。远距离输水时，一般采用加压和重力输水两者相结合的形式。

3. 配水管网基本形式

配水管网是担任输送沿线流量，并将水送到分配管以至用户的管系。在复杂的自来水管网网络中，配水管网构成城区供水网络的核心部分。配水管网的布置一般为枝状和环状两种基本形式。前者干管和支管分明，形成树枝状；后者管道纵横相互接通形成环状。配水管网遍布整个给水区域，一般敷设在城市道路下，就近为两侧的用户配水。因此，配水管网的形状一般随城市路网的形状而定。

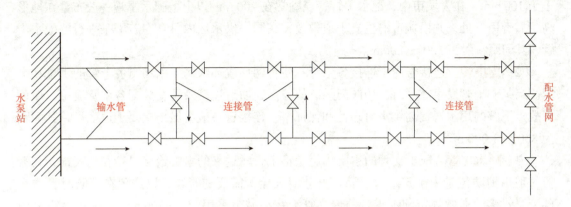

图 2-11　两条输水管上连接管的位置

（1）**枝状管网**。枝状管网是因从二级泵站或水塔到用户的管线布置类似树枝状而得名，其干管和支管分明，管径由泵站或水塔到用户逐渐减小，如图 2-12（a）所示。枝状管网各管道间只有唯一的通道相连，当管网中任一管段损坏时，其后的所有管线均会断水。在管网末端，因用水量小、水流速度缓慢甚至停滞不动，水质容易变坏。其特点是管线短、管网布置简单、投资少、供水可靠性差。

（2）**环状管网**。管网中的各干管间设置了连接管，管道纵横相互接通，形成环状。环状管网中管道间的连接有多条通路，某一点的用水可以从多条途径获得，当管网中某一管段损坏时，可以关闭附近的阀门使其与其他的管段隔开，然后进行检修，水可以从另外的管线绕过该管段继续向下游用户供水，使断水的范围减至最小，从而提高了管网供水的可靠性和保证率；同时，还可以大大减轻因水锤作用而产生的危害。其特点是管线长、管网布置复杂、投资多，如图 2-12（b）所示。

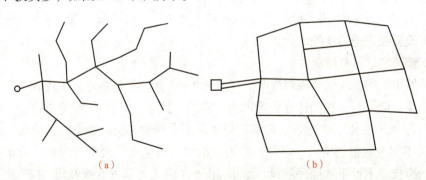

图 2-12　配水管网基本形式
（a）枝状管网；（b）环状管网

4. 配水管网的组成
　　配水管网由各种大小不同的管段组成，无论是枝状管网还是环状管网，按管段的功能均可划分为配水干管、连接管、配水支管和接户管。在配水管网中，由于各管线所起的作用各不相同，其管径也各不相同。

（1）配水干管。配水干管的主要作用是输水至城市各用水地区，同时也为沿线用户供水。配水干管管径较大，一般在100 mm以上。但在某些中小城镇，配水干管的管径也会小于100 mm。在大城市中，配水干管管径则常在200 mm以上。配水干管一般布置在地形高、靠近用户处，并沿城市的主要干道敷设，在同一供水区内可存在若干条平行的配水干管，其间距一般为500～800 m。

（2）连接管。连接管用于连接各干管，使管网形成环状网，以均衡各干管的水量和水压。当某一干管发生故障时，用阀门隔离故障点，通过连接管重新分配各干管流量，保证事故点下游的用水，提高供水可靠性和保证率。连接管一般沿城市次要干道敷设，其间距为800～1 000 m。

（3）配水支管。配水支管的主要作用是将干管输送来的水配给接户管和消火栓，其管径一般由消防流量来确定。为了满足安装消火栓所需要的管径，以避免在消防时管线水压下降过多，通常规定配水支管的最小管径在小城市采用75～100 mm；中等城市采用100～150 mm；大城市采用150～200 mm。配水支管敷设在供水区域的道路下。在供水区域内一般均匀布置，通常采用的是环状管线，同时与不同方向的干管连接。当采用枝状管网时，配水支管不会过长，以免管线末端用户水压不足或水质变坏。

（4）接户管。接户管是连接配水支管与用户的管道，将配水支管中的水输送、分配给用户，供用户使用。用户可以是一个企事业单位，也可以是一座独立的建筑。一般每一用户有一条接户管，但重要用户可有两条或数条，并从不同的方向接入，以增加供水的可靠性。

为了保证管网正常供水和便于维修管理，在管网的适当位置一般会设置阀门、消火栓、排气阀、泄水阀等附属设备。

（5）阀门。阀门是控制水流、调节流量和水压的设备。一般干管上每隔500～1 000 m设有一个阀门，并设于连接管的下游；干管与支管相接处，一般在支管上设置阀门，以便在支管检修时不影响干管供水。干管和支管上消火栓的连接管上均设有阀门；配水管网上两个阀门之间独立管段内消火栓的数量一般不超过5个。排气阀一般设置在管道的高处；泄水阀一般设置在管道的低处。

5. 供水管道的敷设与埋深

根据《城市工程管线综合规划规范》（GB 50289—2016）的规定，工程管线从道路红线向道路中心线方向平行布置的次序宜为电力、通信、给水（配水）、燃气（配气）、热力、燃气（输气）、给水（输水）、再生水、污水、雨水。当工程管线交叉敷设时，管线自地表面向下的排列顺序宜为通信、电力、燃气、热力、给水、再生水、雨水、污水。给水、再生水和排水管线应按自上而下的顺序敷设。给水（配水）管道与其他管线及建（构）筑物的最小水平净距见表2-2。

给水（配水）管道相互交叉时，最小垂直净距为0.15 m。给水（配水）管道与污水管道、雨水管道或输送有毒液体的管道交叉时，给水（配水）管道敷设在上面，最小垂直净距为0.4 m，而且接口不重叠；当给水（配水）管道必须敷设在下面时，采用钢管或钢套管，钢套管伸出交叉管的长度，每端不得小于 3.0 m，而且套管两端应用防水材料封闭并保证 0.4 m 的最小垂直净距。

表 2-2　给水（配水）管道与其他管线及建（构）筑物的最小水平净距　　　　　m

名称			与给水（配水）管道的最小水平净距	
			$DN \leqslant 200$ mm	$DN > 200$ mm
建筑物			1.0	3.0
污水、雨水排水管			1.0	1.5
燃气管	中低压	$P \leqslant 0.4$ MPa	0.5	
	高压	0.4 MPa $< P \leqslant 0.8$ MPa	1.0	
		0.8 MPa $< P \leqslant 1.6$ MPa	1.5	
热力管道			1.5	
电力电缆			0.5	
电信电缆			1.0	
乔木（中心）			1.5	
灌木				
地上柱、杆	通信照明 <10 kV		0.5	
	高压铁塔基础边		3.0	
道路侧石边缘			1.5	
铁路钢轨（或坡脚）			5.0	

　　供水管网埋深是指管道埋置处从地表面到管道管顶的垂直距离。首先，地质条件是影响埋深的重要因素，包括土壤的类型、厚度、湿度等。其次，气候条件（如温度、降水等）也会影响管道埋深的设计。此外，还要考虑地面荷载、地下水情况、管道材料及管道输送的介质等因素。为保护埋地管道免受地面设施及车辆等的损害，需要满足一定的技术要求和安全规范。《城市工程管线综合规划规范》（GB 50289—2016）规定，管顶最小覆土深度，应根据管材强度、外部荷载、土壤冰冻深度和土壤性质等条件，结合当地的埋管经验来确定。给水管线在非机动车道（含人行道）的最小覆土深度为 0.6 m，机动车道最小覆土深度为 0.7 m。聚乙烯给水管线机动车道下的覆土深度不宜小于 1.00 m。过河、过铁路的供水管线最小覆土深度一般不小于 1.2 m，除特殊情况外，设计要求将管网顶部埋置于当地最大冻土层 100 mm 以下。除满足上述条件外，应由技术经济比较确定适宜的埋深。

2.1.3　供水管道管材、管件与管道连接

　　供水管网由一系列水管和配件连接而成。水管为工厂现成产品，运输到施工工地后进

行埋管和接口。在管网中的专用设备和配件包括阀门、消火栓、通气阀、放空阀、冲洗排水阀、压阀、调流阀、水锤消除器、检修人孔、伸缩器、存渣斗、测流测压设备等。

1. 供水管道材料

目前，供水管网中使用的管材可分为金属管、塑料管和复合管。常用的材料有铸铁管、钢管和预应力混凝土管。小口径可用白铁管和塑料管，金属管要注意防腐蚀。

（1）**金属管**。金属管包括铸铁管、镀锌钢管、铜管、不锈钢管等，如图 2-13～图 2-16 所示。

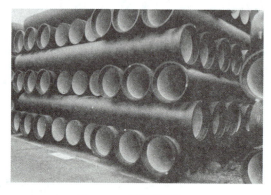

图 2-13　球墨铸铁管

图 2-14　热浸镀锌钢管

图 2-15　无缝紫铜管

图 2-16　薄壁不锈钢管

铸铁管按材质不同可分为灰口铸铁管和球墨铸铁管，其区别是铸铁中的碳元素（石墨）存在的形态。灰口铸铁管中石墨的形状是片状的，因此强度和韧性都会差一些；球墨铸铁管中石墨的形状是球状的，对基体的割裂作用小，所以强度和韧性都会好很多。

灰口铸铁管有较强的耐腐蚀性，接装方便、价格低，但质地较脆，抗冲击和抗振能力较差，质量较大，多用于直径大于 100 mm 的埋地管。铸铁管管径通常为 $DN100 \sim DN600$，且经常发生接口漏水、水管断裂和爆管事故，已趋于淘汰。球墨铸铁管被称为离心球墨铸铁管，为铁素体加上少量的珠光体，使其具有力学性能良好、防腐性能优异、延展性能好、密封效果好、安装简易等特点，广泛用于对市政企业给水、输气、输油等工作。球墨铸铁管与灰口铸铁管相比，质量较轻、能承受较高的压力、强度大、韧性好、管壁薄，但价格较高。在中低压管网中，球墨铸铁管有运行安全可靠、破损率低、施工维修便捷、防腐性能优异等优点，可有效降低管网漏损率和管网维修费用，因而具有很高的性价比。为防止管道损坏带来的经济损失，今后以球墨铸铁管代替灰口铸铁管已成必然趋势。球墨铸铁管的缺点表现：在高压管网抗压能力低，一般不使用；管体相对笨重，所以在安装时必须动用机械；如果打压测试后出现漏水情况，则必须将所有管道全部挖出，再将管道吊起至可以放进卡箍的高度，安装上卡箍以阻止漏水。

铸铁管按接口形式不同可分为柔性接口、法兰接口、自锚式接口、刚性接口等。其中，柔性接口铸铁管用橡胶圈密封；法兰接口铸铁管用法兰固定，内垫橡胶法兰垫片密封；刚性接口铸铁管一般承口较大，直管插入后，用石棉水泥或膨胀水泥密封，实际应用较多，但在使用一定年限后接口易受气候、地形变化而发生变形或破损，此工艺现已基本淘汰。同时，铸铁管特别是灰口铸铁管本身含磷、硫成分，具有热脆性，受拉应力影响，一旦外力作用不均匀，就可能导致环向、纵向断裂，造成漏水。球墨铸铁管出厂时已涂防锈沥青，多用于室外、生产、消防、埋地等环境，当给水管管径大于150 mm，或者生活给水管道埋地敷设、管径大于75 mm 时使用。球墨铸铁管的防腐处理主要采用水泥砂浆内衬加特殊涂层。该方法适用于输送供水管道，可以提高内衬的耐腐蚀能力。

钢管可分为有缝钢管（焊接钢管）DN 和无缝钢管 DX。早期使用的有缝钢管可分为非镀锌钢管（黑铁管）、镀锌钢管（白铁管）。相较于普通钢管，镀锌钢管的耐腐蚀能力更强，使用寿命更长。其中，热镀锌工艺优于电热镀锌工艺。钢管的特点是耐高压、耐振动、质量较轻、单管的长度大、接口方便，但承受外部荷载的稳定性差，耐腐蚀性差，管壁内外都需要采取防腐措施，并且造价较高。在供水管网中，钢管通常只用在管径大和水压高处，以及因地质、地形条件限制或穿越铁路、河谷和地震地区。普通钢管用于非生活用水管道或一般工业供水管道等，无缝钢管用于高压情况。

钢管常见的连接方式有焊接、卡箍沟槽连接或法兰连接，也可直接用标准铸铁配件连接。从漏损统计资料来看，钢管漏水主要表现为焊接接口锈蚀、焊缝脱焊和管体腐蚀穿孔。镀锌钢管口径小、管壁薄，镀锌防腐性能较差，在运输、安装等过程中，镀锌层易脱落，而且自来水中的余氯具有氧化性，加快了管道腐蚀，使用3～5年的管体往往就会腐蚀穿孔或丝口腐烂断裂。从近年来的漏损资料来看，镀锌钢管漏点数占所有漏点数的百分比普遍较高，这一数据也表明了镀锌钢管的防腐性能不强。

铜管具有耐腐蚀、可消菌等优点，是水管中的上等品；缺点是导热快、价格高，国内应用较少。铜管主要用于中高档高层建筑中的冷、热供水。

铜管接口的方式有卡套、焊接和自锁卡簧式等连接方式。卡套使用时间长了存在老化漏水的问题，现场焊接接口的焊缝气体保护难以达标，容易造成焊缝易生锈，直接降低管道的使用寿命。

不锈钢管主要为薄壁不锈钢管，具有强度高、耐腐蚀性能强、韧性好、抗振动冲击和抗振性能优、低温不变脆、供水过程中可确保水质的纯净、经久耐用、价格也比铜管低很多等优点，是首选的供水管道材料。

不锈钢管接口的方式有卡压式、扩环式、焊接式、自锁式。卡压式施工便捷，具有较强的密封性，但不可以拆卸；扩环式可拆卸，但密封性能不是很好，而且配件的成本比较高；焊接式操作难度比较大，而且容易生锈，会缩短管道的寿命；自锁式安装简单，但密封性能不好。

（2）**塑料管**。塑料管具有强度高、表面光滑、不易结垢、水头损失小、耐腐蚀、质量轻、加工和接口方便、价格较低等优点，随着镀锌钢管被逐步淘汰，推广新型塑料给水管材已提到议事日程。目前，在小区供水中，塑料管的应用已越来越多。但是塑料管材的强度较低，膨胀系数较大，用作长距离输水管时，需要考虑温度补偿措施，例如，安装伸缩节和活络接口。

塑料管主要有聚氯乙烯（PVC）管［包括氯化聚氯乙烯（CPVC）管和硬聚氯乙烯（PVC-U）管］、聚乙烯（PE）管［包括高密度聚乙烯（HDPE）管、交联聚乙烯（PEX）管］、聚丙烯（PP）管、聚丁烯（PB）管、丙烯腈 – 丁二烯 – 苯乙烯（ABS）管等。在西方国家，塑料管材主要应用于管径在 200 ～ 400 mm 的范围，尤其在管径为 200 mm 时，塑料管材占绝大多数。聚乙烯管由于优异的环保性能，近年来在欧洲的应用得到快速发展，有些地区应用 PE 管的数量已超过 PVC-U 管。在我国，目前 PE 管是许多城市供水管网中管径为 $DN200$ 和 $DN200$ 以下管道系统的首选管材。PVC 管道是国内最早推广使用的塑料管，但含有铅等重金属，卫生性能稍差一些，目前国家禁止使用对人体有害的含有铅盐稳定剂的 PVC 管，但是加钙锌稳定剂的 PVC 管卫生性能仍然符合国家卫生标准。作为城市供水管材，硬聚氯乙烯塑料（PVC-U）管的应用历史最长，而且由于其强度高、刚性大、价格低，目前仍被广泛使用。聚乙烯（PE）管只含有碳、氢两种元素，卫生性能好、强度高、耐高温、耐腐蚀、无毒、耐磨，是替代普通水管的理想管材。

塑料管道的连接方式主要包括热熔连接、电熔连接、机械连接等。连接处腐蚀、密封性能不足可导致供水管道连接处漏水，此外，在长期使用过程中，普遍存在塑料管道因紫外线、化学物质等因素导致的老化，增加了管网漏损的风险。

（3）**复合管**。复合管主要有预应力和自应力钢筋混凝土复合管、钢塑复合管、铝塑复合管（PAP）、铜塑复合管等。钢塑复合管有衬塑（不宜现场切制）与涂塑之分；铝塑复合管内外壁为聚乙烯；铜塑复合管外覆硬质塑料。各种复合管如图 2-17 ～图 2-21 所示。

图 2-17 预应力混凝土复合管

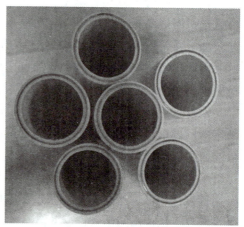

图 2-18 钢塑复合管

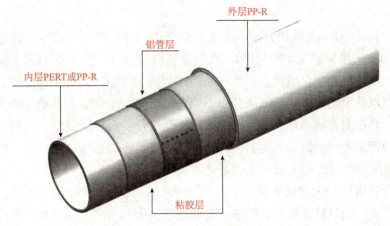

图 2-19 铝塑复合管

图 2-20 聚乙烯（PE）供水管

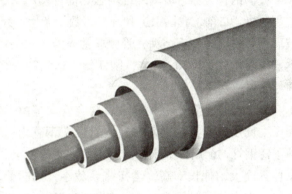

图 2-21 硬聚氯乙烯（PVC-U）供水管

　　预应力钢筋混凝土复合管分普通和加套筒两种，其特点是造价低、抗振性能强、管壁光滑、水力条件好、耐腐蚀、爆管发生概率低，但质量大，不便于运输和安装。目前，这种非金属管材在我国应用较广泛，主要用于大口径的输水管线。预应力钢筋混凝土复合管在设置阀门、弯管、排气、放水等装置处，需要采用铜管配件。钢板套间加强混凝土复合管（称为 PCCP 管）是管芯中间夹有一层 1.5 mm 左右的薄钢，然后在环向施加一层或二层预应力钢丝，这种管材集中了钢管和预应力钢筋混凝土管的优点，但钢含量只有钢管的1/3，价格与灰口铸铁管相近，近年来在大型输水工程项目中得到应用。自应力管是用自应力混凝土配置一定数量的钢筋制成的，制管工艺简单，成本低，但由于容易出现二次膨胀及横向断裂，目前主要用于小型供水系统。

　　钢塑复合管又可分为衬塑和内涂两种。衬塑复合管外层是镀锌钢管，内层是聚氯乙烯管或聚乙烯管，中间用胶水黏结，通过高温蒸汽加温后制作而成；内涂复合管外层同样是镀锌钢管，在镀锌钢管内壁涂装高附着力、防腐、食品级卫生型的聚乙烯粉末涂料或环氧树脂涂料，管壁光滑、质量轻、热损失小、耐腐蚀性强、安装工艺成熟、使用寿命长，但对低温的适应性较差，价格相对较高，容易出现破损或泄漏。常见的钢塑复合管有钢衬聚丙烯复合管（GSF.PP）、钢衬聚氯乙烯复合管（GSF.PVC）、钢衬聚乙烯复合管（GSF.PE）、钢衬聚四氟乙烯复合管（GSF.F4）。钢塑复合管的连接方式是螺纹连接，原则上不允许焊接。

铝塑复合管（PAP）是以铝合金为骨架，铝管内、外层都有一定厚度的塑料管，塑料管与铝管层间有一层粘胶层（亲和层），使铝和塑料结合成一体不能剥离，因此，铝塑复合管结合了金属特性和非金属优点，质轻、耐用且施工方便，具有可弯曲性，拥有金属管坚固耐压和塑料管耐酸碱腐蚀的两大特点。铝塑复合管的生产现有共挤复合式和分步嵌合式两种工艺。共挤复合式是内外塑（含热熔胶）及铝管一次挤压成型，一般适用于口径在32 mm 以下的管道；分步嵌合式由挤内塑管、挤内胶、裹覆铝管、挤外胶、挤外塑管分步工艺构成，适用于口径在 32 mm 以上的管道。

铜塑复合管内层为无缝纯紫铜管，外层为 PP-R，具有高强度、耐腐蚀、防爆裂等优点。相比铜水管，铜塑复合管具有价格、安装优势；较 PP-R 管，铜塑复合管更节能环保、健康，但易老化、易破裂，不适用于高温、高压环境。

玻璃钢管全称为玻璃纤维增强热固性塑料管，是一种新型管材，在国外已有几十年的应用历史。目前，我国引进和开发了数十条生产线，并已在北京、大庆和深圳等地区采用。玻璃钢管耐腐蚀、不结垢，管内非常光滑、水头损失小，质量轻，只有同规格钢管的 1/4、钢筋混凝土管的 1/10 ~ 1/5，因此便于运输和安装；但其价格高，与钢管接近，可在强腐蚀性土壤中采用。

不锈钢复合管是一种双金属复合管，是由不锈钢和碳素结构钢两种金属材料采用无损压力同步复合而成的新材料。管道在钢管内壁衬薄壁不锈钢管，内外层紧密接合达到纯不锈钢管的耐腐蚀效果，具有良好的力学性能，抗压强度、抗弯强度与抗冲击性强，抗拉伸强度大，伸长率高，热膨胀系数小，同时兼具不锈钢耐腐蚀、耐磨的特点，尤其适合二次供水加压管网和供水立管安装使用。根据我国多家供水企业的漏损统计资料，不锈钢复合管产生的漏点大多不是由于管道本身腐蚀或开裂，而是由于接口施工工艺不到位。

在城镇供水管网中常用的管材为钢管、球墨铸铁管、预应力钢筋混凝土管、预应力钢筒混凝土（PCCP）管、PE 管、PVC-U 管等。供水管材的基本选择原则如下。

（1）供水管道应选用耐腐蚀和安装连接方便的管材。

（2）埋地管材应具有承受荷载的能力。

（3）室外明敷一般不宜采用塑料管。

（4）在环境温度大于 60 ℃或因热源辐射使管壁温度高于 60 ℃时，不得采用 PVC-U 管。

（5）冷水系统常用塑料管、复合管、薄壁不锈钢管。

（6）热水系统常用热浸镀锌钢管、薄壁不锈钢管、塑料管，复合管。

（7）自动喷水灭火系统常用热浸镀锌钢管。

（8）埋地供水管道常用塑料管、铸铁管。

2. 供水管道管件

管件是指管道系统中管路连接部分的成型零件，用于管道连接时接头延长、改向、分支、变径、密封、支撑等，属于管道配件，如接头弯头、三通、法兰、异径管等。抢修专用的管件包括管箍、三通、专为修复钢管焊缝处开焊设计的管件、防止预应力混凝土管接口漏水的内胀圈等。各类管件如图 2-22 ~图 2-30 所示。

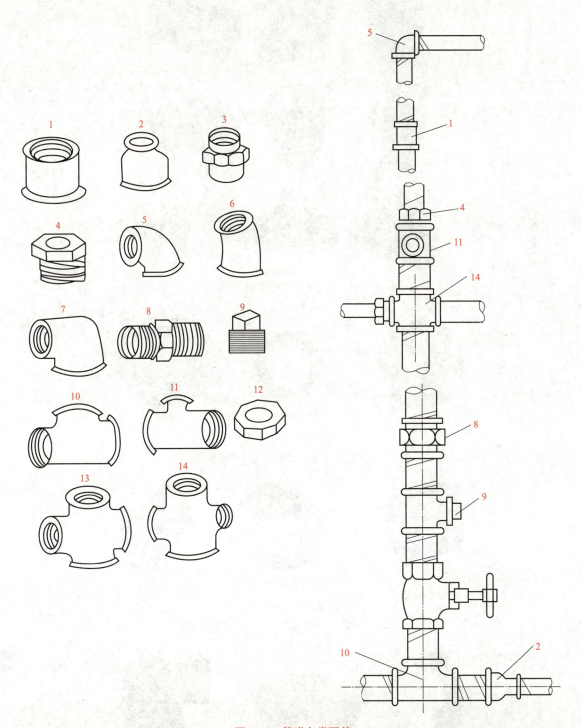

图 2-22　管道各类配件

1—管箍；2—异径管箍；3—活接头；4—补心；5—90° 弯头；6—45° 弯头；7—异径弯头；8—外螺纹接头；9—堵头；
10—等径三通；11—异径三通；12—根螺母；13—等径四通；14—异径四通

图 2-23　管道配件

（a）　　　　　　　　（b）　　　　　　　　（c）

图 2-24　碰头管件

（a）活接头；（b）根螺母；（c）法兰盘

（a）　　　　　　　　（b）　　　　　　　　（c）

图 2-25　延长管件

（a）管箍（内螺纹）；（b）直通管箍；（c）内管箍（对丝）

（a）　　　　　　　　（b）　　　　　　　　（c）

图 2-26　改向管件

（a）45°弯头；（b）90°弯头；（c）90°异径弯头

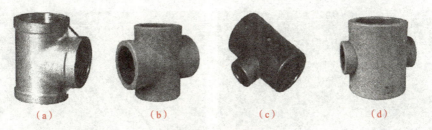

图 2-27　分支管件

(a) 等径三通；(b) 等径四通；(c) 异径三通；(d) 异径四通

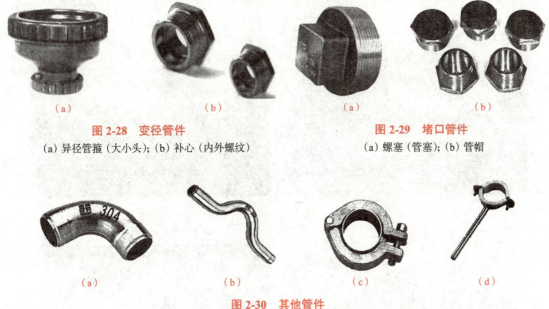

图 2-28　变径管件

(a) 异径管箍（大小头）；(b) 补心（内外螺纹）

图 2-29　堵口管件

(a) 螺塞（管塞）；(b) 管帽

图 2-30　其他管件

(a) 弯管；(b) 过桥弯；(c) 卡箍；(d) 支架

3. 管道连接

　　管道连接有焊接、螺纹连接、法兰连接、承插连接（铸铁管有大头和小头，大头叫作承口，小头叫作插口，承口与插口的连接方式叫作承插连接；PVC管的两头都是插口，配件为承口）、粘接、热熔连接、卡套连接、卡压连接、卡箍连接等方式。焊接适用于钢管、铜管；螺纹连接适用于钢管、塑料管；法兰连接适用于钢管、铸铁管、塑料管等；承插连接适用于铸铁管、塑料管；热熔连接适用于 PP-R 管、PB 管；卡套连接适用于 PAP 管、铜管；卡压连接适用于不锈钢管、铜管；卡箍连接适用于钢管。管道连接如图 2-31 ～图 2-37 所示。

图 2-31　螺纹连接

图 2-32　法兰连接

图 2-33　焊接

（a）

（b）

图 2-34　承插连接

（a）T形胶圈接口；（b）螺纹接口

图 2-35　卡套连接

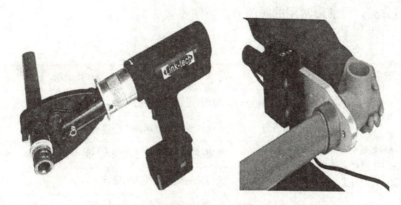

图 2-36　卡压连接

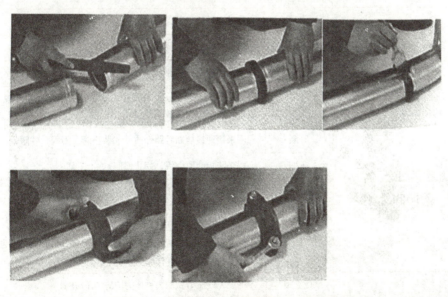

图 2-37　卡箍连接

2.1.4　供水管网附件

供水管网除水管、管件、管道连接件外，还设置了各种附件，以保证管网的正常工作。

管网附件主要是指调节水量和水压、判断水流、改变水流方向的阀门及管道上安装的仪表，包括水表、压力表、真空表、温度计等。

1. 阀门

阀门的用途广泛，种类繁多，阀门的分类难度也在不断地增加。阀门是根据现场实际工况进行分类的，部分由厂家自行选型。根据不同的用途和作用原理，阀门总体分为两类：第一类为自动阀门，是依靠介质（液体、气体）本身的能力而自行动作的阀门，如止回阀、安全阀、调节阀、疏水阀、减压阀等；第二类为驱动阀门，是借助手动、电动、液动、气动来操纵动作的阀门，如蝶阀、球阀、闸阀、截止阀、节流阀、旋塞阀等。

（1）阀门分类。目前最常用的阀门分类方法见表2-3。

表2-3　阀门分类

序号	分类依据	类型	特征或作用说明
1	按结构特征分类（根据关闭件相对于阀座移动的方向分类）	截止型	关闭件沿着阀座中心移动
		闸门型	关闭件沿着垂直阀座中心移动
		旋塞和球型	关闭件是柱塞或球，围绕本身的中心线旋转
		旋启型	关闭件围绕阀座外的轴旋转
		蝶型	关闭件的圆盘围绕阀座的轴旋转
		滑阀型	关闭件在垂直于通道的方向滑动
2	按驱动方式分类	电动	借助电动机或其他电气装置来驱动
		液动	借助水、油等来驱动
		气动	借助压缩空气来驱动
		手动	借助手轮、手柄、杠杆或链轮等，用人力驱动传动较大力矩，装有涡轮、齿轮等减速装置
3	按用途分类	开断	用来接通或切断管路介质，如截止阀、闸阀、球阀、蝶阀等
		止回	用来防止介质倒流，如止回阀
		调节	用来调节介质的压力和流量，如调节阀、减压阀
		分配	用来改变介质流向、分配介质，如三通旋塞、分配阀、滑阀等
		安全	在介质压力超过规定值时，用来排放多余的介质，保证管路系统及设备安全，如安全阀、事故阀
4	按阀门的公称压力分类	真空阀	小于大气压力，即公称压力 $PN < 0.1$ MPa
		低压阀	公称压力 $PN \leq 1.6$ MPa
		中压阀	公称压力 PN 为 $2.5 \sim 6.4$ MPa
		高压阀	公称压力 PN 为 $10.0 \sim 80.0$ MPa
		超高压阀	公称压力 $PN \geq 100.0$ MPa

序号	分类依据	类型	特征或作用说明
5	按阀门的工作温度分类	常温阀门	适用的介质温度为 –40 ～ 425 ℃
		高温阀门	适用的介质温度为 425 ～ 600 ℃
		超高温阀门	适用的介质温度为 600 ℃以上
		低温阀门	适用的介质温度为 –150 ～ –40 ℃
		超低温阀门	适用的介质温度低于 –150 ℃
6	按阀门的公称通径分类	微型阀门	公称通径 DN 为 1 ～ 10 mm
		小口径阀门	公称通径 DN<40 mm
		中口径阀门	公称通径 DN 为 50 ～ 300 mm
		大口径阀门	公称通径 DN 为 350 ～ 1 200 mm
		特大口径阀门	公称通径 DN>1 400 mm
7	按阀门的连接方式分类	法兰阀门	阀体带有法兰，采用法兰连接
		螺纹阀门	阀体带有内螺纹或外螺纹
		焊接阀门	阀体带有焊口，采用焊接
		夹箍阀门	阀体带有夹口，采用夹箍连接
		卡套阀门	采用卡套与管道连接

（2）常见的阀门。

1）闸阀。闸阀也称为闸板阀，是一种被广泛使用的阀门，只有全开或全关两种状态，如图 2-38 所示。它的闭合原理是闸板密封面与阀座密封面高度光洁、平整，相互贴合，可阻止介质流过，并依靠顶模、弹簧或闸板的模型来增强密封效果。闸阀在管路中主要起切断作用。其优点是流体阻力小，启闭省劲，可以在介质双向流动的情况下使用，介质流向不受限制，不扰流，不降低压力，全开时密封面不易被冲蚀，结构长度短，不仅适合作为小阀门，而且适合作为大阀门。

图 2-38　闸阀及其工作原理

2）截止阀。截止阀也称为截门，主要由阀体、阀瓣、阀杆等部分组成，是使用最广泛的一种阀门。截止阀既可以作截断使用，可以作流量调节使用，如图 2-39 所示。截止阀开闭过程中密封面之间的摩擦力小，比较耐用，开启高度不大，制造容易，维修方便，性价比高，可以单独更换阀芯，不仅适用于中低压，而且适用于高压。截止阀的闭合原理是依靠阀杆压力使阀瓣密封面与阀座密封面紧密贴合，阻止介质流通。截止阀只允许介质单向流动，安装时有方向性，低进高出，从外观可明显看出管道不在一个水平线上。截止阀结构长度大于闸阀，同时流体阻力大，长期运行时，密封可靠性不强。

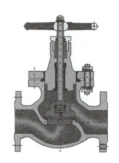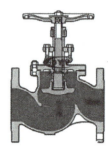

图 2-39　截止阀及其工作原理

3）蝶阀。蝶阀也称为翻板阀、蝴蝶阀。顾名思义，蝶阀的关键性部件好似蝴蝶迎风，如图 2-40 所示。蝶阀的作用和一般阀门相同，在管道上主要起切断和节流的作用。蝶阀结构简单，开启方便，结构开闭迅速，流体阻力小，操作省力，可以做成很大口径。能够使用蝶阀的地方最好不要使用闸阀，因为蝶阀比闸阀经济，而且调节性好。目前，蝶阀在热水中得到了广泛的使用。但蝶阀中的橡胶弹性体在连续使用中，会产生撕裂、磨损、老化、穿孔甚至脱落现象。

图 2-40　蝶阀

4）球阀。球阀的工作原理是依靠旋转阀芯来使阀门打开或关闭，如图 2-41 所示。球阀开关轻便，体积小，可以做成很大口径，可靠，结构简单，维修方便，密封面与球面常处在闭合状态，不易被介质冲蚀，在供水行业得到广泛的应用。球阀分为两类：一是浮动球式；二是固定球式。

5）旋塞阀。旋塞阀也称为旋塞、考克、转心门。旋塞阀是依靠旋塞体绕阀体中心线旋转达到开启与关闭的目的，如图 2-42 所示。旋塞阀的作用是切断、接通、分流和改变介质流向。旋塞阀结构简单，外形尺寸小，操作时只需旋转 90°，流体阻力也不大。其缺点是开关费力，密封面容易磨损，高温时容易卡住，不适于调节流量。它的种类很多，有直通式、三通式和四通式。

图 2-41　球阀　　　　　　　　　图 2-42　旋塞阀

6）止回阀。止回阀是依靠流体本身的力量自动启闭的阀门，它的作用是阻止介质倒流，如图 2-43 所示。止回阀的名称很多，如逆止阀、单向阀、单流门等。止回阀结构可分为以下两类。

①升降式，阀瓣沿着阀体垂直中心线移动。这类止回阀有两种：一种是卧式，装于水平管道，阀体外形与截止阀相似；另一种是立式，装于垂直管道。

②旋启式，阀瓣围绕阀座外的销轴旋转，这类阀门有单瓣、双瓣和多瓣之分，但原理是相同的。水泵吸水管的吸水底阀是止回阀的变形，它的结构与上述两类止回阀相同，只是其下端是开敞的，以便水进入。

7）减压阀。减压阀是一种自动降低管路工作压力的专门装置，可将阀前管路较高的液体压力减小至阀后管路所需的水平。一般阀后压力要小于阀前压力的 50%，其外形如图 2-44 所示。减压阀的种类很多，主要有活塞式和弹簧薄膜式两种。活塞式减压阀是通过活塞的作用进行减压的阀门。弹簧薄膜式减压阀是依靠弹簧和薄膜来进行压力平衡的。

图 2-43　止回阀　　　　　　　　图 2-44　减压阀

8）排气阀。排气阀应用于独立管网系统的管道排气。当管网系统中有气体逸出时，气体会顺着管道向上爬，最终聚集在系统的最高点。排气阀一般安装在管网系统最高点，气体进入排气阀阀腔并聚集在排气阀的上部，随着阀内气体增多，压力上升，当气体压力大于系统压力时，气体会使腔内水面下降，浮筒随水位一起下降，打开排气口；当气体排尽后，水位上升，浮筒也随之上升，关闭排气口。同样的道理，当管网系统中产生负压时，阀腔内水面下降，排气口打开，因为此时外界大气压力比系统压力大，所以大气会通过排气口进入系统，防止负压的危害。

管网气体常见的来源包括供水管道抢修停水或新管并入、管网中的水在流动中因压力或温度改变的气体释放，水池水泵吸水口因淹没深度不够吸气，在水泵吸水管和叶轮内因运行负压产生的气体释放，大用户流量突发性的变化等。管道内气体的聚集如图2-45所示。

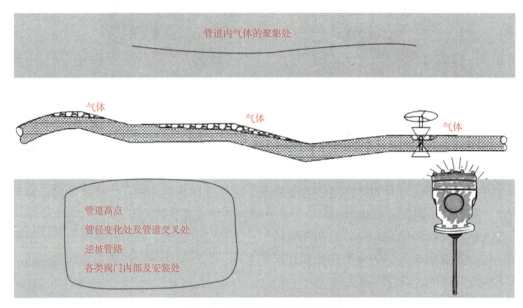

图 2-45　管道内气体的聚集示意

2. 水表

水表是用来记录流经管道中水量的一种计量器具，如图2-46所示。通俗来说，水表用于计量水的累计量，起源于英国，至今已有近200年的历史，其发展经历了多个阶段，从最初的简单结构到现在的高科技智能水表，其功能和精度也在不断提高。水表一般由测量传感器、读数装置、指示装置三部分组成，这三部分可以合成整体，也可以分别安装。

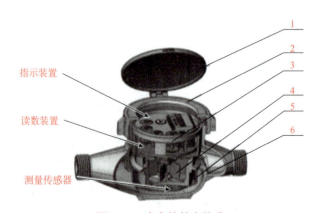

图 2-46　水表的基本构造

1—表盖；2—罩子；3—计数机构；4—叶轮计量机构；5—碗状滤丝网；6—表壳

（1）常用水表分类。水表的种类繁多，经典分类原则有很多，常见的分类方法有工作原理、测量原理、结构形式、测量介质、测量管径、测量用途、指示值显示方式等。水表按工作原理分类见表2-4；按测量原理分类见表2-5；按其他方式分类见表2-6。

表2-4　水表按工作原理分类

序号	名称	工作原理	计数方式
1	机械式水表	采用机械结构进行测量	水流作用于叶轮或涡轮使其旋转，进而带动十进制数齿轮转动，齿轮联动指针，通过指针指示水表度盘的数字来显示经过水表的水量（水表读数）
2	电子式水表	采用电子元件进行测量	采用流量传感器计数。通过流量传感器产生电信号，经过信号处理后转换为数字显示屏或扩音器输出的语音信息
3	智能式水表	基于物联网技术	将传感器、通信、数据处理和控制技术等集成在一个系统中，用现代微电子技术、现代传感技术、智能IC卡技术对用水量进行计数并用于数据传递及结算交易。可实现远程计量、远程抄表、异常监测、远程关阀等功能

表2-5　水表按测量原理分类

名称			工作原理
速度式水表	旋翼式	单流束水表	安装在封闭管道中，通过水流冲击叶轮旋转来计量
		多流束水表	
	螺翼式		
容积式水表			具有活塞式结构，安装在封闭管道中，由一些被逐次充满和排放流体的已知容积的容室和凭借流体驱动的机构组成。主要用于纯净水计量

表2-6　水表按其他方式分类

序号	分类方式	名称	说明
1	按准确度等级分类	A、B、C、D 反映了水表的工作流量范围和小流量下的计量性能	A级最低（已淘汰），D级最高 在《饮用冷水水表检定规程》（JJG 162—2019）中，水表计量等级分为1级和2级，1级最高，水表上未标明计量等级的都为2级
2	按公称口径分类	小口径水表（公称口径40 mm及以下）	通常用于民用水计量，用螺纹连接
		大口径水表（公称口径50 mm及以上）	适用于工业用水等大流量场合，用法兰连接
3	按用途分类	民用水表	用于住宅用水结算
		工业用水表	用于供水主管道和大型厂矿用水量的结算

序号	分类方式	名称		说明
4	按安装方向分类	水平安装		以安装时水流方向与水平面的平行或垂直关系来区分，用"H"标识水平安装水表，用"V"标识立式安装水表，没有标识的默认水平安装水表
		立式安装（又称立式表）		
5	按介质温度分类	冷水水表（T30）		以水温 30 ℃为分界线。T30 代表 0.1～30 ℃，T30/90 代表 30～90 ℃。冷水水表表壳为蓝色，热水水表表壳为红色
		热水水表（T30/90）		
6	按压力分类	普通水表		根据使用压力的不同进行区分
		高压水表		
7	按计数器的指示形式分类	C 型		C 型表又称指针式或模拟式水表
		E 型		E 型表又称字轮式或字轮指针组合式、模拟与数字组合式水表
8	按水表计数器是否浸入水中分类	湿式水表		计数器浸入水中的水表，其表玻璃承受水压，传感器与计数器采用齿轮传动
		干式水表		计数器不浸入水中的水表。结构上传感器与计数器分别处于不同的空间。表玻璃不承受水压，传感器与计数器采用磁传动
		液封水表		用于抄表的计数字轮或整个计数器全部用一定浓度的甘油等配制液体密封的水表。其余结构性能与湿式水表相近。仅字轮部分液封的水表称为半液封或小液封水表，可长期保持读数的清晰
9	按水表实用功能分类	普通机械式水表		预付费水表可分为 IC 卡表、代码表等，智能水表具有数据可远程传输、预付费等功能，提高了用水管理的效率和便利性
		智能水表（带电子装置）	远传水表	
			预付费水表	
			电磁流量计	
			超声波流量计	

速度式水表如图 2-47 所示，容积式水表如图 2-48 所示，液封水表如图 2-49 所示，智能水表如图 2-50 所示。

图 2-47　速度式水表　　　　图 2-48　容积式水表　　　　图 2-49　液封水表

图 2-50　普通机械式水表和带电子装置的智能水表
(a) 远传水表；(b) 普通预付费水表；(c) 阶梯式预付费水表

🔍 **知识拓展**

水表的发展历史

水表的起源可以追溯到古代。早在公元前 2700 年左右，古埃及人就开始使用一种名为尼罗河水表的装置来测量水的用量。这种水表使用了一个简单的漏斗和一个刻度盘，能够粗略地测量水的流量。尼罗河水表的出现标志着人类开始意识到水资源的重要性，并开始寻求有效地管理和利用水资源的方法。

随着社会的发展和对水资源管理需求的增加，水表的发展也逐渐得到了重视。在 18 世纪末，英国的托马斯·科尔曼发明了一种新型的水表，它采用了一种叫作涡轮流量计的技术，能够更准确地测量水的流量。这种水表的出现不仅提高了测量的准确性，还使对水资源的管理更加科学化。1825 年，英国的克路斯发明了真正具有仪表特征的平衡罐式水表。水表先后出现了往复式单活塞式水表、旋转活塞式水表、圆盘式水表、旋翼式水表和螺翼式水表等形式。上述水表的工作原理和基本结构仍被各水表制造企业采用，不但提高了水表的计量性能和可靠性，也在设计、工艺和选材等方面不断进步，降低了制造成本。

我国的水表使用和生产起步较晚。1879 年，李鸿章为操办海军，在旅顺口创建了我国第一家水厂，到 1883 年英殖民主义者在上海建立了第二家水厂，水表开始进入我国。但还是没有生产水表。直到 20 世纪 30 年代，上海光华机械厂（现已注销）从国外进口零部件开始组装水表。在很长一段时间里，英国、法国、日本和德国等国家的水表一直充斥中国水表行业。这些不同品种、规格繁杂的水表，由于标准不一、零件不能互换，为以后自来水公司的水表维修带来了很大的困难。20 世纪 60 年代，国家才投资开始自主研究、生产、制造属于我国产权的水表。1965 年，国家组织各部门成立工作组进行统一设计，规范了水表的设计形式和技术参数，从而结束了"万国牌"状态。20 世纪 80 年代初，在机械工业部上海市工业自动化仪表研究所组织下，根据当时水表国际标准 ISO 4064 的要求，对小口径水表又推出了八位指针、整体叶轮的全国统一设计的水表。

在 21 世纪初，更加精确和稳定的磁敏式水表开始出现。随后，采用了微电子技术和数字信号处理技术的电子水表进一步提高了测量的准确性和稳定性。智能科技的快速发展，使智能水表成为水表行业的新趋势。智能水表利用物联网技术和云计算技术，能够实时地将水的用量数据上传到云端，可以实现自动抄表、远程监测和计量等功能，不仅提高了水资源的利用效率，还减少了人力成本和数据处理的时间。

除智能水表外，无线传感器技术也是水表行业的一个重要的发展方向。无线传感器技术能够实现对水的流量、温度和压力等参数的实时监测和记录，为水资源的管理提供更加精确和全面的数据支持。使用无线传感器技术，可以有效地发现和解决水管漏水、水质污染等问题，提高水资源的利用效率和保护水环境的可持续发展。

总结，水表的发展经历了从简单的刻度盘到涡轮流量计、磁敏式水表和电子水表的演变过程。随着智能科技的发展，智能水表和无线传感器技术成为水表行业的未来发展方向。未来的水表将更加智能化、精确化和可持续化，为人们提供更好的水资源管理和使用体验。

之前，我国没有水表执行标准，就按照国际标准 ISO 4064 执行，直到 1985 年才第一次起草发布《水表及其试验装置检定规程》（JJG 162—1985），一直沿用到 2007 年。2007 年发布新的《冷水水表检定规程》（JJG 162—2007），但在实施过程中很多地方无法达到要求，因此，2009 年 4 月 8 日国家质量监督检验检疫总局（现国家市场监督管理总局）又重新发布新标准《冷水水表检定规程》（JJG 162—2009），于 2009 年 4 月 30 日实施，2010 年 12 月 31 日前为过渡期，2011 年 1 月 1 日全部按照新标准执行。2019 年，国家市场监督管理总局又发布了《饮用冷水水表检定规程》（JJG 162—2019），JJG 162—2009 随即作废。

（2）常用水表原理和特点。

1）螺翼式水表。螺翼式水表测量装置是围绕流动轴线转动的螺翼式转子，外观像字母 I 的形状。螺翼式水表可分为水平螺翼式水表和垂直螺翼式水表。

水平螺翼式水表的螺翼轴线与供水管道轴线水平，如图 2-51 所示。水平螺翼式水表的特点：靠水流冲击叶轮而带动齿轮旋转来进行计量，结构简单，流通能力比大，压力损失小；但灵敏度不高，始动流量大，安装和直管段要求严格。水平螺翼式水表一般适用于口径 50 mm 以上、用水量较大的管道的计量，特别适用于供水主管道和大型厂矿用水量的计量，也适用于农用灌溉用水和其他水利方面的计量。

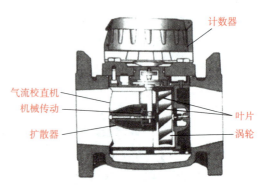

计数器

气流校直机
机械传动
扩散器

叶片
涡轮

图 2-51　水平螺翼式水表

垂直螺翼式水表的螺翼轴线与供水管道轴线垂直，如图 2-52 所示。垂直螺翼式水表低进高出，压损大，主要适用于中小口径管道，规格为 15 ～ 150 mm。

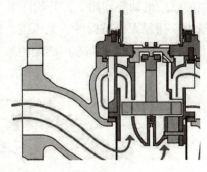

图 2-52　垂直螺翼式水表

2）旋翼式水表。旋翼式水表外表看起来像一个"大肚子"，呈现两头较细、中间圆鼓的形状，旋翼式水表按驱动叶轮的水流束数可分为单流束水表和多流束水表。

①单流束水表：水流从一个方向流进机芯，仅有一束水流冲击叶轮旋转。当水流经过水表时，会带动水表中的叶轮旋转，叶轮通过齿轮带动计数器齿轮旋转，然后通过计数器面板的指针位置或字轮读出水表累计水量。单流束水表在所有品种水表中，属于结构最简单、体积最小、质量最轻、成本最低的一种。缺点是此类叶轮机芯易发生偏心磨损，缩短水表使用寿命，而且灵敏度低。

②多流束水表：水流从各个方向流入机芯，通过叶轮盒的分配作用，将多束水流从叶轮盒的进口切向冲击叶轮，使水流对叶轮的轴向冲击得到平衡，减少叶轮支承的磨损，从结构上减少水表安装和水垢对水表误差的影响如图 2-53 所示。其具有灵敏度高、使用寿命长等优点。

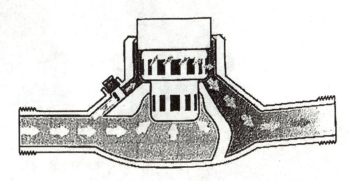

图 2-53　多流束旋翼式水表

3）容积式水表。容积式水表测量的是经过水表的实际流体的体积。最形象的比喻是像大型超市或宾馆门前的那种转门，只能以固定方向转动，每转过一定角度，流体就经水表转到另一侧。容积式水表一般采用活塞式结构，较速度式水表更为精确。速度式水表根据经过流体速度不同会有 ±2% 的测量误差，容积式水表误差可以控制在 ±0.5% 甚至更低的水平。容积式水表一般用于精工企业或试验测试等场所，但价格高。水质较硬情况下，水垢容易堵塞水表。

4）电磁水表。电磁水表根据法拉第电磁感应原理设计而成。首先是利用电磁水表内的导体对内部磁感线进行切割，使导体内部产生感应电动势。然后测量管中的内部电流在导体已产生的感应电动势作用下，开始向某个方向传递，如图 2-54 所示。电磁水表的特点是始动流量小、通径无机械构件、无压损、量程宽、稳定性好、寿命长、计量性能优越、抗干扰能力强、价格比机械表高、安装便捷、免维护。

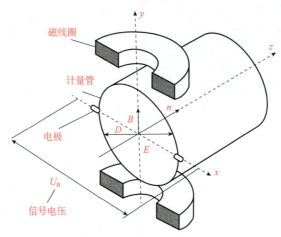

图 2-54 电磁流量计

5）超声波水表。超声波水表是通过检测超声波声束在水中顺流、逆流传播时因速度发生变化而产生的时差，分析处理得出水的流速，从而进一步计算出水的流量的一种新式水表，如图 2-55 所示。与机械式水表相比较，其内部无任何活动部件，无须设置参数，任意角度安装，始动流速低，量程宽，测量精度高，可靠性好，工作稳定，使用寿命长。

图 2-55 超声波水表

（3）常用水表使用与管理。

1）水表符号。水表的符号含义可以通过不同的标识来理解，这些标识通常包括水表的公称口径、指示装置形式、设计顺序号及补充说明内容。

①公称口径：通过水表型号的前两位数字来表示。例如，$DN15 \sim DN40$ 表示常见民用小口径水表；$DN50$ 及以上表示工业用大口径水表。

②指示装置形式：通过字母来表示。例如，LXS 代表旋翼式水表，LXSL 代表旋翼立式水表，LXL 代表螺翼式水表等。

③设计顺序号：通过字母来表示。例如，A 代表基型、七位指针、组合叶轮、标度 1 L（现已列入淘汰产品）；B 代表组合叶轮、8 位指针、最小检定分度 1 L；C 代表整体叶轮、8 位指针、最小检定分度 0.1 L；E 代表整体叶轮、4 位指针、4 位字轮组合式计数器、最小检定分度 0.1 L。

④补充说明内容：通过字母来表示。例如，F 表示远传发信，D 表示标识电子，DF 表示电子发信，S 表示塑料壳体，B 表示半液封，Q 表示全液封，IC 表示 IC 卡等。水表符号含义见表 2-7。

表 2-7　水表符号含义

代号	名称	备注
LX	水表	第 1 位 L 代表流量计，第 2 位 X 代表水表
LXS	旋翼式水表	第 3 位 S 代表旋翼式
LXL	水平螺翼式水表	第 3 位 L 代表水平螺翼式
LXR	垂直螺翼式水表	第 3 位 R 代表垂直螺翼式
LXF	复式水表（组合式水表）	第 3 位 F 代表复式
LXD	定量水表	第 3 位 D 代表定量
R	热水水表	第 4 位 R 代表热水
L	立式水表	第 4 位 L 代表立式
N	正逆流水表	第 4 位 N 代表正逆流
G	干式水表	第 4 位 G 代表干式
Y	液封水表	第 4 位 Y 代表液封
C	可拆卸式水表	第 4 位 C 代表可拆卸式

例如，LXL-80 表示公称口径为 80 mm 的水平螺翼式水表；LXSL-20E 表示公称口径为 20 mm 的旋翼式立式水表；LXS-15C 表示公称口径为 15 mm、第三次改进设计（整体叶轮、8 位指针）的旋翼式水表。

2）水表计量。计量是水表的基本功能。水表计量管理工作对供水行业有着极其重要的作用，在长期的使用实践中，由于使用习惯、水质条件、制造商、水价等因素的综合作用，我国大部分供水企业使用包括 $DN50$、$DN65$、$DN80$、$DN100$、$DN125$、$DN150$、$DN200$、$DN250$、$DN300$ 口径的多流束旋翼式水表，部分使用垂直螺翼式水表。居民用户一般选用 $DN15 \sim DN25$ 小口径多流束旋翼机械式水表和带电子装置的机械式水表，电子式水表的使用量很少，而且多为近年来陆续小批量试用，使用时间较短。

城镇净水厂的出水经过输配水管网系统输入给不同类型的用户消费，一般供水企业会在出厂处、大水量用户入口、居民用户入口及特定的区域入口处安装不同类型的水表或流量计，以对用水量进行记录，由此构成完整的供水计量体系。

根据目前我国供水管网水量计量节点的安排，一般将管网水量计量分为四级，具体如图 2-56 所示。四级计量体系中各级含义介绍如下。

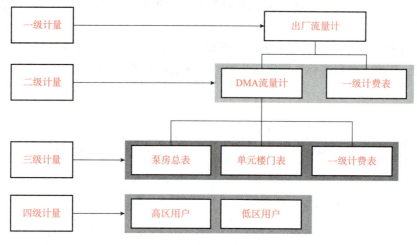

图 2-56　四级计量体系

①**一级计量：**在水厂出水及供水企业供水边界安装的电磁流量计或超声波流量计，准确度一般为 0.5 级或 1.0 级，计量供水总量。

②**二级计量：**在大用户（商业、学校、工厂等）和居民小区的入口安装水表，计量大用户消费量和小区总用水量。

③**三级计量：**小区内管网进入各用户时，在单元楼前安装水表，计量整个单元楼的总用水量。

④**四级计量：**居民户计量水表。我国实施一户一表、抄表入户政策之后，按户计量及收费。

从计量角度看，水表（流量计—电子水表）在供水系统中的作用是完成供水量的输送和分配。常见的水表类型及使用途径见表 2-8。

表 2-8　常见的水表类型及使用途径

类型			使用途径	常见符号
机械式水表	旋翼式水表	单流束水表	结构简单，适用于小口径的管道，如家庭户表计量的 15 mm、20 mm 管道	LXS 型
		多流束水表	常用于小型商业和工业用户的 20～50 mm 口径的管道，总体性能优于单流束水表	
	螺翼式水表	垂直螺翼式水表	适用于小口径的管道，如家庭户表计量的 15 mm、20 mm 管道，其流通能力比相同口径的旋翼式水表大 20%	WS 型、WSRP 型
		水平螺翼式水表	常用于小型商业和工业用户的 20～50 mm 口径的管道，其流通能力比相同口径的旋翼式水表大 20%	WPHD 型、WPD 型、LXLG 型
	容积式水表		采用活塞式结构，常用于精度要求较高、水质较好的流量计量工作，一般为小口径规格	LXH 型

类型	使用途径	常见符号
电磁式水表	常用于大用户的流量计量，以电磁感应原理设计制成，无机械式水表的机械部件磨损或管道内的水垢及杂物堵塞等问题，常用于水质较差的地方	MAG 型、DXL 型
超声波水表	常用于大用户的流量计量，通过超声波在水中传播的时差计算通过水量，无机械转动结构	Octave 型

3）水表的管理。水表的管理涉及多个方面，包括水表的使用、维护、检定、故障处理、更换及数据管理。为保障水表（流量计）在整个生命周期内计量的准确性，需要对水表进行动态管理，主要有以下三个方面的内容。

①**故障水表的发现、甄别和更换（维修）**：无论是机械式还是电子式水表（流量计），因自身设计、制造等及使用条件等原因，不可避免地会发生故障，影响供水量计量的准确性，需要在水表管理中引入动态管理的机制。对人工抄读水表（流量计）而言，需要对每期抄读数据进行分析，结合现场复核，定位故障水表并进行相应处理；对智能水表，管理系统中也应建立适当的故障水表自动甄别功能。

②**水表计量性能的跟踪和改进**：水表（流量计）计量特性会随使用年限、计量水量等因素发生改变，这种变化是缓慢而渐近的。对于流量计，一般通过在线校准方法定期校准；对于水表，每年对在役的水表，针对其品牌、型号、口径，根据使用年限和累计行度按照一定的比例抽样检测，动态掌握在役水表（流量计）的计量性能，不断优化水表（流量计）的选型。

③**水表（流量计）计量工况的跟踪**：水表（流量计）的计量准确性和水表本身的计量特性和管道流量（流速）有关，需要两者匹配适当，并通过智能水表运行数据分析，掌握水表的计量效率，优化配型，保障计量的准确性。

4）水表误差与计量损失。水表误差是指水表测量水流量时与实际水流量之间的偏差或误差。水表误差通常是由水表本身的制造、安装质量、使用年限等因素造成的。水表误差是一个测量设备本身固有的特性，可以通过校准来进行调整和修正。水表误差类型见表 2-9。

表 2-9　水表误差类型

误差类型	定义
固有误差	在参比条件下测量得到，即在理想或标准条件下进行测量时，水表读数与实际流量之间的差异
基本误差	在额定工作条件下测量得到，即水表在测量水的体积时，与实际用水量之间的差异
附加误差	在正常使用条件下，水表计量结果与实际用水量之间的差异

计量与所用水量及后期所交费用紧密相联。水表误差直接影响供水系统中水量计量的准确性，也是售水计量误差的一个组成部分。

所谓售水计量误差，是指在售水计量过程中可能出现的各种误差和偏差，其影响因素涉及计量设备本身的特性、操作环境及操作人员的技术水平等多个方面。传统机械式水表的计量原理主要是依靠表内的机械运动带动计量数值的变化，从而形成计量。如果没有针对用户的具体用水情况选择匹配的水表，会造成水表口径偏大，发生低于水表最小流量的小流量用水，这些用水将无法计量；在水表抄读中的估数也会造成售水计量的误差；传统计量水表在使用过程中，其叶轮常常会受到干扰，如脉冲干扰、磁场干扰及人为干扰等，而且水表经过一段时间的运行后，由于检测件的腐蚀、磨损、积垢、堵塞等，计量精度发生变化，水表使用有失精准。大口径水表（$DN80 \sim DN150$）随着使用时间的增加转速变慢，计量误差趋负，小口径水表（$DN15 \sim DN80$）随着使用时间的增加转速变快，计量误差趋正。

3. 消火栓

消火栓有地上式和地下式两种。地上式消火栓目标明显，易于寻找，一般布置在交叉路口消防车可以驶近的地方，但有时妨碍交通，一般用于气温较高的地区；地下式消火栓装设在消火栓井内，使用不如地面式方便，一般用于气温较低的地区及不适合安装地上式消火栓的地方。消火栓的安装情况如图 2-57、图 2-58 所示。每个消火栓的流量为 $10 \sim 15$ L/s。

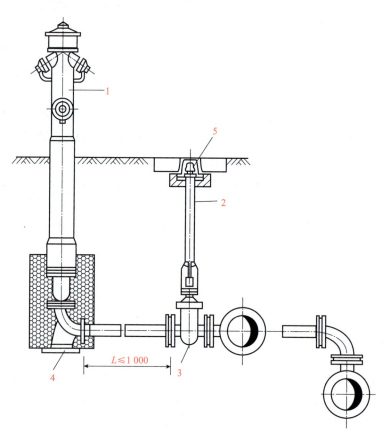

图 2-57　地上式消火栓
1—地上式消火栓；2—阀杆；3—阀门；4—弯头支座；5—阀门套筒

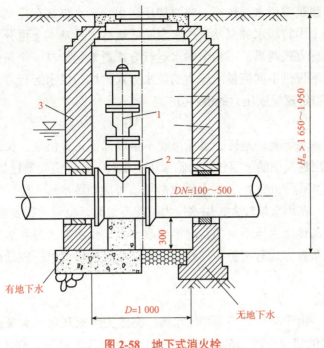

图 2-58　地下式消火栓

1—消火栓；2—消火栓三通；3—阀门井

2.1.5　供水泵站

供水泵站是指供水系统中用于提升或输送水的构筑物，也称给水泵。其作用是保证供水系统的需水量、水压和连续供水。在给水系统中，泵站也负责通过控制水压来确保供水系统中的稳定流量和压力。其主要由泵设备（包括主泵和备用泵，用于提升和输送水源）、控制系统（包括自动化控制系统、监测仪表和调节阀等，用于监控和调节泵站的运行状态和水流量）和配套设施组成（如进出水管道、阀门、过滤设备等）。

自来水公司通常要设置三类泵站，分别称为一级泵站、二级泵站和三级泵站。一级泵站（又称取水泵站），是将原水从水源输送（一般为低扬程）到处理厂，当原水无须处理时直接送入供水管网、蓄水池或水塔；二级泵站（又称为送水泵站）将处理厂清水池中的水输送（一般为高扬程）至城市自来水管网，最后流至千家万户；三级泵站（又称为加压泵站或传输泵站）是在二级泵站不足以满足用水端压力时在水压不足地带设置的加压泵站。

1. 取水泵站

取水泵站按水源可分为地下水取水泵站和地面水取水泵站。地下水取水泵站又可分为深井泵站、大口井泵站和集水（集取泉水、渗渠水及虹吸管井群水）泵站；地面水取水泵站又可分为固定式取水泵站和活动式取水泵站。地面水固定式取水泵站由吸水井、泵房及闸阀井等组成。

2. 送水泵站

送水泵站把水厂内清水池中储存的净化水提高水压，经输配水管网送到用水区，供用户使用。相对于一级泵站来说，送水泵站是水的第二次加压泵站。由于城市输配水管线很长，水头损失大，建筑需用水压较高，需要加压送水。送水泵站在广义上，也包括输水系统中多级提水至各个中转输水的泵站。送水泵站的运行方式基本上可分为不均匀供水运行方式和均匀供水运行方式两类。不均匀供水运行方式通常是指在一定条件下，泵站在不同时间段或不同工况下提供不同流量或压力的供水方式；均匀供水运行方式通常是指在一定条件下，泵站提供稳定流量或压力的供水方式。

3. 加压泵站

在高海拔或远离水源地的地区，水压可能不足以保证正常供水；长距离输水管道造成压力损失；或者高层建筑中的上层住户面临水压不足时，通常需要通过加压泵站提高水压。当用水高峰时段（如早晨和晚上），供水需求激增，可能导致水压下降时，加压泵站可以帮助维持稳定的水压。在用水量较大，供水压力可能不足时，也常常需要通过加压泵站补充。加压泵站既要使局部地区水压不足的状况得到改善，又要使配水泵和加压泵经常处于高效率的运行状态。其布置方式有两种：一种是直接与管道连接；另一种是在加压泵站内修建调蓄设施。

4. 泵站水锤防治

在压力管道中，由于某种外界原因（如阀门突然关闭或开启，水泵机组因供电系统故障突然停车等），水的流速突然变化，从而引起压强急剧升高和降低的交替变化，这种水力现象称为水锤，也称为水击。压力管道中的水锤产生的原因有很多，如阀门的快速关闭、非正常停泵等。为了防止出现水锤现象，可以采取两种措施：一是在管网上采取增加阀门启闭时间，尽量缩短管道的长度，以及在管道上装设安全门或空气室的方法，以限制压力突然升高的数值或压力降得太低的数值；二是水泵运行过程中需要避免停泵水锤和低于最小流量两个问题。

2.2　供水管线探测

2.2.1　供水管线探测的作用

供水管线探测在供水管道漏水检测作业中具有重要的作用，是漏水检测的前提和基础，准确的管线信息可有效提高漏水检测的效率和准确性，避免不必要的损失和风险，确保供水系统的安全、稳定运行。具体体现在以下六个方面。

（1）**准确定位管道，提高检测效率**。通过管线探测，可以准确定位地下供水管道的位置，确定检测范围，避免漏水探测过程中在未知区域盲目查找，同时避免遗漏管道，减少不必要的检测时间和成本。通过管线探测，可准确了解管道的埋深和路径信息，有助于选择合适的漏水探测方法和设备，提高检测的效率和准确性。许多漏水检测方法（如声波检测、气体示踪法等）需要依赖于准确的管道位置和路径信息，以确保检测结果的准确性和可靠性。例如，声波检测需要知道管道的大致位置以安放传感器。

（2）**防止意外损坏**。准确定位管道可确保安全操作，保护管道和其他设施，避免在漏水探测和修复过程中对供水管道及其他地下设施（如电力电缆、通信电缆等）造成意外损坏，减少附加维修成本和停工时间。同时，避免因未知地下设施的存在而导致的安全事故。

（3）**确保检测准确性**。管线探测提供的管道位置和路径信息，可作为漏水检测的参考基准，从而避免因位置不确定导致的漏点误判，减少重复检测和误报，提高检测结果的准确性。

（4）**有效制订检测和维修计划**。管线探测可以提供详细的管道信息，如材质、直径、安装年份等，有助于提前预判可能的漏水风险区域，确定需要优先检测的范围，合理分配检测和维修资源，优化人力和设备安排，提高整体检测效率，减少对供水服务的影响。提前掌握管道的具体情况，还有助于优先处理老化或损坏严重的管道，制订有效的预防和维修计划、方案。

（5）**辅助数据分析**。将管线探测数据与历史数据进行对比，分析管道的变化趋势和潜在问题，可为漏水检测提供更多背景信息。同时，结合管线探测数据和漏水检测数据，进行综合分析，有助于找出管道系统中的薄弱环节和隐患。

（6）**识别潜在问题**。通过管线探测，可以发现管道系统的其他潜在问题，如管道老化和腐蚀（腐蚀可能导致管道壁变薄，增加破裂和泄漏的风险）、管道移位或变形（可能导致结构应力增加，最终导致管道破裂或断裂）、管道接头松动或损坏（可能导致泄漏，影响供水系统的稳定性）、附近土壤的变化（如沉降、侵蚀或湿度变化。土壤变化可能导致管道支撑不足，增加管道变形和破裂的风险）、管道中的沉积物和堵塞（可能导致供水能力下降，增加管道压力，最终导致破裂或泄漏）、管道安装质量问题（可能导致早期故障和泄漏，影响供水系统的可靠性）、非法接入（可能导致供水压力下降、水质污染和管理困难）等。预先发现和解决这些潜在问题，可有效避免更严重的故障和损失，确保供水系统的安全和高效运行。

2.2.2　供水管线探测的特点与要求

供水管线探测主要包括供水管道平面位置、埋深的探测，管道属性信息（管径、材质、所在道路、埋设年代等）数据的收集和整理，各种建（构）筑物（阀门、消火栓、水表等）的属性信息的调查等。

1. 供水管线探测特点
（1）供水管道为有压管道。

（2）采用树状供水，即供水管道又分为主干供水管道和枝状供水管道，供水管线的管径层级分布明显，由供水点向用水终端，管径通常呈递减趋势。

（3）供水管道裸露点较少，信号施加点的位置仅有阀门、消火栓和管壁等位置。

（4）供水管道材质较多，既有金属管材，又有非金属管材，在管线探测过程中，在管材改变的位置可能存在信号衰减或丢失的情况。此外，供水管网采用的金属管材多为灰口铸铁管、球墨铸铁管等碳含量较高的材质，阻抗较大，导致待测管线磁场信号衰减较快。

（5）管道埋置深度一般较大。

（6）供水管道的埋设阶段性较强，随着管道材料的变化，以及管道质量、管径大小、管道接头方式不同等，探测中各段管道的信号特征和变化也不同。

2. 供水管线探测要求

供水管线探测依据探测任务主要可分为新建管线探测、管线维护探测、事故应急探测、管线改造探测，以及复杂环境探测和综合管线探测等。

供水企业的管线探测工作主要应查明供水管线的走向、平面位置、埋深、管径、偏距、材质、附属设施、埋设年代、权属单位等，测量供水管线的平面坐标和高程，并建立管线数据库。

城市地下管线探测工程宜采用 2000 国家大地坐标系和 1985 国家高程基准。采用其他平面坐标系和高程基准时，应与 2000 国家大地坐标系和 1985 国家高程基准建立换算关系。为保证探测成果和管线图应用方便，地下管线图的比例尺和分幅应与城市基本地形图的比例尺和分幅一致。用于测量地下管线的控制点相对于邻近控制点平面点位中误差和高程中误差不应大于 50 mm。根据《城市地下管线探测技术规程》（CJJ 61—2017）的规定，地下管线探测应以中误差（均方根误差，Root Mean Square Error，RMSE）作为衡量探测精度的标准，而且以两倍中误差作为极限误差。

在实际管线探测作业中，明显露出的管线，即地面能直接观察到管顶或管底，或使用钢卷尺或和量杆能直接量测的管线，误差不应大于 25 mm。隐蔽管线点的探测精度可结合待探测管线的埋设深度而制定，隐蔽管线点的平面位置探查中误差和埋深探查中误差分别不应大于 $0.05h$ 和 $0.075h$，其中 h 为管线中心埋深，单位为 mm，当 $h<1\ 000$ mm 时以 $1\ 000$ mm 代入计算。

3. 管线探测技术准备

为确保管线探测工作的高质高效，在进行管线探测作业前，应做好充足的技术准备。技术准备的内容根据探测工程类型确定，通常情况下，应包括地下管线现况调绘、现场踏勘、探查仪器校验、探查方法试验和技术编制书编制等。

（1）现况调绘工作主要包括收集已有的地下管线资料，分类和整理收集的资料及编绘现况调绘图。将管线位置、连接关系、附属物等转绘到相应比例尺地形图上；注明管线权属单位、管径、管材、埋设年代等属性，并注明管线资料来源；根据管线竣工图、竣工测量成果或已有的外业探测成果编绘，无管线竣工图、竣工测量成果或外业探测成果时，可根据施工图及有关资料，按管线与邻近的附属物、明显地物点、现有路边线的相互关系编绘。

（2）现场踏勘需核查收集资料的完整性、可信度和可利用程度；核查调绘图上明显管线点与实地的一致性，标注与实地不一致的管线点；核查控制点的位置和保存状况，并验算其精度，记录点位变化情况；核查地形图的现势性，判定其可用性；查看测区地形、地貌、交通、环境及地下管线分布与埋设情况，调查现场地球物理条件和各种可能的干扰因素，以及生产中可能存在的安全隐患，拟订探查方法、试验场地，制订安全生产措施。

（3）为确保现场管线探测作业中探测结果的可靠性，在探查仪器投入使用前应进行校验。对于探查仪器的校验，主要包括两个方面：一是稳定性校验。校验仪器的探查结果是否具备可重复性。探测人员可采用相同的工作参数，对同一位置的地下管线进行至少两次的重复探查，观察探测出的定位结果和定深结果，相对误差应小于 5%。二是精度校验。探测人员可在单一已知地下管线或探测环境较简单的地段进行，通过对比探查结果与实际管线情况，即可评估探查仪器的精度。如仪器的稳定性和精度不满足探测要求，不应投入使用。

（4）在探查仪器校验的同时，可同步开展探查方法试验，并应符合下列规定：一是试验场地和试验条件应具有代表性和针对性；二是试验应在测区范围内的已知管段上进行；三是试验宜针对不同类型、不同材质、不同埋深的地下管线和不同地球物理条件分别进行；四是拟投入使用的所有探查仪器均应参与试验。探查方法试验结束后，应对探查方法和仪器的有效性、技术措施的可行性、探查结果的可靠性进行评估，确定高质高效的探查方法和仪器调试参数，并编写试验报告。

（5）编制技术设计书。技术设计书宜包括下列内容：一是工程概述，应包括任务来源、工作目的与任务、工作量、作业范围、作业内容和完成期限等情况；二是测区概况，应包括工作环境条件、地球物理条件、管线及其埋设状况等；三是已有资料及其可利用情况；四是执行的标准规范或其他技术文件；五是探测仪器、设备等计划；六是作业方法与技术措施要求；七是施工组织与进度计划；八是质量、安全和保密措施；九是拟提交的成果资料；十是有关的设计图表。技术设计书应审批后实施。

2.2.3　供水管线探测的技术方法

在供水管网中，管线探测的对象可分为明显管线点和隐蔽管线点。针对明显管线点，常用的技术方法为实地调查法；针对隐蔽管线点，常用的技术方法可统称为地球物理探查法。

20世纪80年代末，随着国内工程物探技术的不断发展和管线探测的需求不断提高，工程物探技术也逐步在管线探测的多个领域实施应用，并取得显著成效。但我国幅员辽阔，南北差异较大，管道埋深不同，管道敷设方式、管道材质存在一定差异，因此需要结合实际情况，选用科学高效的管线探测方法进行探测。

经实践检验，电磁法是供水管线探测的主流技术方法，且以频域电磁法为主，可解决大部分供水管线探测问题。电磁法是地下管线探测的主要技术方法，以地下管线与周围介质的导电性及导磁差异为主要物性基础，根据电磁感应原理观测和研究电磁场空间与时间分布规律，从而达成寻找地下金属管线或解决其他地质问题的目的。电磁法适用于金属管线的走向追踪、平面位置确定、埋深确定等，对于非金属管线控测也有一定效果，但受限因素较多，若非金属管线埋深较小，可优先考虑采用电磁法中的探地雷达法。探地雷达法在供水管线探测中已成为非金属管线探查的主要手段。但探地雷达法的应用对于人员的素质要求较高，探测资料需进一步处理和解释，而且探测深度有限。表2-10列举了地下管线物探方法及适应性，以供参考。

视频：
管线探测仪

表2-10　地下管线物探方法及其适应性

方法名称			金属地下管线或较小口径地下良导体管道探查	较大口径或高阻抗地下金属管道探查	非金属地下管道探查	地下管沟或地下管块探查
电磁法	被动源法	工频法	☆			
		甚低频法	☆	☆		

方法名称			金属地下管线或较小口径地下良导体管道探查	较大口径或高阻抗地下金属管道探查	非金属地下管道探查	地下管沟或地下管块探查
电磁法	主动源法	直接法	★	★		
		夹钳法	★	☆		
		电偶极感应法	★	☆		
		磁偶极感应法	★	☆		
		示踪电磁法		★	★	
		探地雷达法	☆	★	★	★
直流电法	电阻率法	电剖面法			☆	☆
		高密度电阻率法	☆	☆		★
	充电法		☆	★	★	
磁法	磁场强度法		☆	★		
	磁梯度法		☆	★		
地震波法	浅层地震勘探法			★	★	☆
	面波法			☆	★	☆
红外辐射法			☆	☆	☆	☆

注：★ 为推荐方法，☆ 为可选方法。

2.2.4　复杂条件下供水管线探测

在实际工作中，由于地下管线错综复杂，常会遇到各种各样的管线探测问题。

（1）长距离追踪供水管线，接收机接收到的信号会随着收发距离的增加而减弱，为增强信号，可采取以下措施。

1）移动发射机耦合点的位置，使其更靠近接收机。

2）若目标管线两端均有可触地连接点，可采用双端连线法，将发射机的信号线与目标管线一端连接，将发射机接地线与长导线相连，并与目标管线远端连接，形成短路。这种施加信号的方式，可较为理想地识别出目标管线。

3）改善接地极的接地效果，同样有利于供水管线的长距离追踪探测。可将铜制的接地极打入湿土，或者与已存在的金属接地结构相连接，如电线杆，均能改善接地的效果进而增强电信号。

（2）管线密集区域下供水管线探测。由于管网分布纵横交错，施加的管线信号容易耦合在其他管线上造成干扰，为提高供水管线探测精度，可采取以下措施。

1）在探测前，应现场踏勘探测区域，熟悉现场环境，分析可能存在的管线干扰。

2）采用直连法对目标管线施加信号时，若遇到信号强度在管线一侧较之另一侧下降较多的情况，接收机可能受到其他相邻或平行管线的干扰，若供水管线为金属材质，则信号强度较大的往往为供水管线，此时可通过直连法确定邻近管线的位置，然后调整接地位置，使地线不跨过其他邻近管线，并尽量远离目标管线且与目标管线垂直。

3）采用感应法对目标管线施加信号时，应让发射机耦合位置尽量远离其他邻近管线。

4）为进一步提升探测精度，在探测作业中，可以对目标管线进行电流信号的测定以识别确认目标管线。由于信号耦合效应，在管线密集区域中，目标管线及其他邻近管线可能都会耦合信号，对探测造成干扰，若其他管线埋设深度较小，距离地面较近，则可能会产生较强的信号强度，引起误判。此时，可根据测定电流信号对目标管线进行识别。通常情况下，目标管线上的电流数值会比其他管线上的电流数值更大，因此可通过测定电流值最大的位置，确定目标管线位置，如图2-59所示。

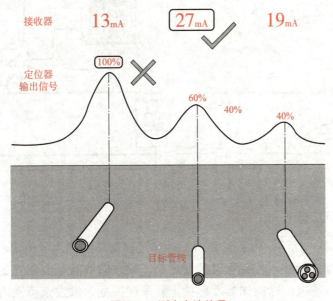

图 2-59　测定电流信号

（3）非金属管线探测。对于非金属管线的探测和管理既应重视探查方法，又应重视标设方法。在非金属管线探测之初，应做好标设工作，可为日后的非金属管线探测工作提供良好基础。

1）探地雷达：探地雷达法适用于地质条件良好、地面较为规整的区域探测，而不适用于含水率较高的区域探测；探地雷达法采用超高频信号，因此电磁波较易被吸收，有效探测深度通常仅在3 m左右。使用探地雷达法时，测线宜垂直于目标管线走向进行布置，当探地雷达经过目标管线上方时，图像会呈现出一个拱形，拱形位置即目标管线位置，拱形深度即预估管线埋深，此时可来回移动探地雷达，观察拱形位置和拱形深度，若无明显变化，可在地面上做好标记，通过多条测线的探测即可判断出目标管线的走向和平面位置。值得注意的是，与管线探测仪类似，若探地雷达测线下方存在管道埋深、走向、口径、材质变化等情况，信号均会有不同程度的衰减和干扰，此时应结合原始资料图进行分析。若探测区域管线密集度较高，可先采用其他方法对目标管线周围的管线进行探测。若地下存在长条形或椭圆形物体，也可能会对雷达探测产生干扰，此时可在探测异常断面处重新布设进行验证。针对埋深较小的管线，可设置较小的时窗，以确保管线反射信号明显。目标管线管径较小时，为确保能出现双曲线特征图像，探地雷达移动速度不宜过快。

2）非金属管线定位器。非金属管线定位器由发射机、振动器、拾音器、接收机、发射天线、接收天线、耳机等部分构成。非金属管线定位器的工作原理：将振动器与目标管线裸露点直接接触，由发射机持续发射特定频率的声波信号至振动器，由振动器传输该信号至目标管线，使信号沿着管线向目标管线远端传递；然后通过拾音器在地面采集声波信号，并将信号传输至接收机，经放大处理后，由显示仪表和耳机输出结果，供探测人员确定目标管线信息。图2-60所示为非金属管线定位器工作示意。

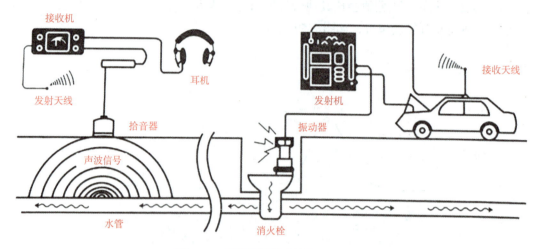

图 2-60　非金属管线定位器工作示意

3）标记定位器。标记定位器主要由记标和记标探知器两部分构成。标记定位器的工作原理为无线射频识别技术。在管道敷设之初，须在管线特征点的正上方埋入记标。在管线探测作业中，通过记标探知器发射特定频率的磁场，激发该范围内的地下记标产生同频磁场，再由记标探知器接收该同频磁场，读取管线信息，实现管线探测和标记的目的。

记标应与管线及管线设施同步安装，安装位置宜为管线特征点正上方。考虑记标的磁场信号穿透能力和记标存在地下的时间较长，可能会遇到地面填高或削低的情况，记标的埋设深度宜为0.8～1.2 m。若受限于现场施工环境，记标无法安装于管线特征点的正上方，可在其他位置敷设，但需要记录偏离信息，可尽量选取地面有明显参照物的位置。针对不同的管线类型，应选择不同的频率进行标记。当地下管线较为单一时，如供水行业中的长距离输水主管，记标的敷设间距可采用50 m；当地下管线较为复杂时，记标的敷设间距需要适当缩小，可采用30 m。管线维修时，应同步敷设、更新记标记录及位置。

4）示踪线。示踪线是一种特制的导线，通常采用截面面积大于2.5 mm²的防锈软铜电线作为内部导线，外部覆层可采用导电橡胶材质，使其具备一定的导电性、强度、耐腐蚀性和耐久性。

非金属管道不具备导电性和导磁性，因此采用电磁法对非金属管道进行探测，难以取得良好的探测效果。示踪线法即在敷设非金属管道时，在管道上布设示踪线，通过电磁法探测示踪线的走向、位置、埋深,进而转化为非金属管道信息,实现探测非金属管道的目的。在非金属管道敷设之初,采用"示踪线+记标"的方法可以得到较为良好的管线标识与三维定位效果,是解决非金属管道标识的重要技术手段。

在敷设示踪线时,应尽量使示踪线处于管道的顶部位置。在管道的前端、末端、分支处等位置布设示踪线时,应先将示踪线盘卷数圈,然后用胶带或专用线卡将该示踪线圈固定于管道特征点及管道的前末端。此外,为避免示踪线头被泥土或其他杂物覆盖,在示踪线的出露点位置需要留有至少1 m长的线头余量。示踪线末端应尽量减小接地电阻,埋地一端需要采取较为良好的接地措施,尤其是较短的分支管道末端,可去掉绝缘层使芯线裸露30 cm以上。

与电磁法相同,为示踪线施加信号的方式同样有直连法和感应法。当采用直连法为示踪线赋予信号电流时,示踪线上会激发产生一次电磁场,探测人员通过探测一次电磁场的强度分布即可确定示踪线的走向、平面位置和埋深。直连法信号较强,干扰较小,宜优先选用,当采用直连法施加信号时,可尽量选择较低的工作频率,发射机的接地线也尽量不要跨越其他管线。在探测分支管道的示踪线时,可将示踪线末端作为施加的信号点。

复习思考

一、选择题

1. 下列选项不是城市给水系统的主要功能的是(　　　)。
   A. 为人们生活提供用水　　　　　　　　B. 为工业生产提供用水
   C. 为城市绿化提供灌溉用水　　　　　　D. 为市政和消防提供用水

2. 在城市给水系统中,泵站的主要任务是(　　　)。
   A. 储存和调节水量　　　　　　　　　　B. 净化原水
   C. 提升水至一定压力或高度　　　　　　D. 分配水至各个用户

3. (　　　)给水系统形式有利于提高供水的可靠性和保证率。
   A. 枝状管网　　　　　　　　　　　　　B. 环状管网
   C. 重力　　　　　　　　　　　　　　　D. 分压

4. 城镇供水管网是指城镇供水单位供水区域内自出厂干管至(　　　)之间的公共供水管道及其附属设施和设备。
   A. 输水干管　　　　B. 配水干管　　　　C. 配水支管　　　　D. 用户进水管

5. 强度和韧性相对较好的管材为(　　　)。
   A. 灰口铸铁管　　　　　　　　　　　　B. 球墨铸铁管
   C. PVC-U 管　　　　　　　　　　　　　D. 预应力钢筋混凝土管

6. 在管道中主要起切断和节流作用,且结构简单,开启方便的阀门是(　　　)。
   A. 闸阀　　　　　　B. 截止阀　　　　　C. 蝶阀　　　　　　D. 球阀

7. 依靠流体本身的力量自动启闭,用于阻止介质倒流的阀门是(　　　)。
   A. 截止阀　　　　　B. 旋塞阀　　　　　C. 止回阀　　　　　D. 减压阀

8. 减压阀的主要作用是将阀前管路较高的液体压力减小至阀后管路所需的水平，一般阀后压力要小于阀前压力的（　　）。

  A. 10%　　　　　　B. 30%　　　　　　C. 50%　　　　　　D. 70%

9. 蝶阀因结构简单、开启方便、流体阻力小，特别适用于（　　）场合。

  A. 小口径管道　　　B. 大口径管道　　　C. 高压环境　　　　D. 低温环境

10. （　　）通过检测超声波声束在水中顺流、逆流传播时因速度发生变化而产生的时差来计算水的流量。

  A. 电磁水表　　　　B. 超声波水表　　　C. 涡街水表　　　　D. 浮子水表

11. 在供水管线探测中，（　　）管道特征表明其一般为主干供水管道。

  A. 管径小，逐渐变大　　　　　　　B. 管径大，逐渐变小

  C. 管径保持恒定　　　　　　　　　D. 管径小，但分布密集

12. 下列选项中可能导致供水管线探测中信号衰减或丢失的是（　　）。

  A. 管道材质均为金属　　　　　　　B. 管道埋设较浅

  C. 管道材质改变　　　　　　　　　D. 管道水流速度快

13. 根据《城市地下管线探测技术规程》（CJJ 61—2017），隐蔽管线点的平面位置探查中误差应不大于（　　）倍的管线中心埋深（h）。

  A. 0.025　　　　　　B. 0.05　　　　　　C. 0.075　　　　　　D. 0.1

14. 在聚乙烯等非金属管道上应设置（　　）。

  A. 警示标识　　　　　　　　　　　B. 金属标识带或探测导管

  C. 套管　　　　　　　　　　　　　D. 支墩

15. 进水口流量计量设备应具备较好的（　　）测量性能。

  A. 小流量　　　　　　B. 大流量　　　　　C. 常用流量　　　　D. 过载流量

16. 供水单位应建立计量管理考核体系，并逐步建立（　　）水量远程监测和分析系统。

  A. 漏损　　　　　　　B. 大用户　　　　　C. 重点用户　　　　D. 各类用户

17. 闸阀是管网中的主要设备，闸阀的启闭可以控制管网的＿＿＿＿＿＿，以及局部管段的＿＿＿＿＿＿。（　　）

  A. 流量和流向；水压　　　　　　　B. 流向和水压；流量

  C. 水压和流量；流向　　　　　　　D. 均不对

二、判断题

1. 城市给水系统主要由取水构筑物、水处理构筑物、泵站、输水管渠和配水管网等设施组成。　　　　　　　　　　　　　　　　　　　　　　　　　　　　（　　）

2. 城市给水系统中的取水构筑物必须邻近水厂，不能远离水厂进行独立运行管理。

                      （　　）

3. 配水管网的基本形式主要有枝状管网和环状管网两种。　　　　　　　　　（　　）

4. 配水管网中的连接管主要用于连接各干管，形成环状管网，以提高供水的可靠性和保证率。　　　　　　　　　　　　　　　　　　　　　　　　　　　　　　（　　）

5. 供水管道的埋深设计只需要考虑地质条件，无须考虑气候条件。 （　　）

6. 截止阀允许介质双向流动，安装时无方向性要求。 （　　）

7. 蝶阀的橡胶弹性体在长期使用中不会产生老化、磨损等问题，因此非常耐用。
（　　）

8. 止回阀主要用于防止管道中流体倒流，其结构分为升降式和旋启式两类。 （　　）

9. 供水管线探测中的现况调绘工作只需要收集已有的地下管线资料，无须进行现场核查。 （　　）

10. 电磁法主要适用于金属管线的探测，对于非金属管线则完全无效。 （　　）

11. 在进行供水管线探测时，隐蔽管线点的平面位置探查中误差和埋深探查中误差分别不应大于 0.05 h 和 0.075 h，其中 h 为管线中心埋深，单位为毫米。 （　　）

12. 供水管网常用的管材有预应力钢筋混凝土管、球墨铸铁管、铜管、PE 管、PVC-U 管等。 （　　）

13. 供水管网漏水探测要在充分掌握管网普查信息（包括管道敷设、管材类型、管径、长度、埋深等信息）的基础上开展。 （　　）

14. 根据《城镇供水管网漏水探测技术规程》（CJJ 159—2011）的规定，漏点探测定位误差不宜大于 1.5 m，定位准确率不应小于 90%。 （　　）

三、问答题

1. 简述供水管线探测的作用。

2. 简述管网漏水探测作业的基本程序。

项目 3
管网漏损分析指标与计算方法

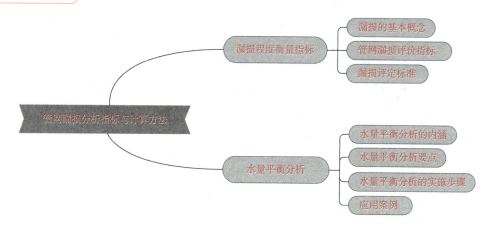

学习目标

供水管网漏损控制是全球供水行业共同面临的问题。供水企业开展标准化、规范化、专业化的漏损控制工作时，应严格遵循行业内标准、规范的相关规定，明确常用管网漏损评价指标的含义与计算方法。为进一步提高漏损控制技术水平和工作效率，引入水量平衡分析的漏损控制理念和策略。供水企业可以通过对供水系统中包含的各类水量组成部分进行分析，估算各类水量组成部分的占比，发现水量异常现象，为后续制订合理的漏损控制策略提供科学依据。

通过本项目的学习，达到以下目标。

1. 知识目标

熟悉管网漏损控制评定标准中常用评价指标的内涵和计算方法；了解国外与国内的水量平衡分析方法的联系与区别；熟悉水量平衡体系的构建流程和技术要点。

2. 能力目标

能够准确理解和应用各类评价指标（如漏损率等）来评估管网漏损情况；能够根据漏损率的变化趋势，初步判断管网漏损的改善情况或潜在问题，为制订有效的漏损控制措施提供数据支持。

3. 素养目标

培养严谨的科学态度和数据敏感性，不断探索新的管网漏损控制评定方法和技术，增强对供水系统优化和节能降耗重要性的认识，树立持续改进和追求卓越的职业素养。

教学要求

知识要点	能力要求	权重 /%
漏损的基本概念与管网漏损评价常用指标	了解与管网漏损相关的基本概念；熟悉供水水量生产、销售与漏损水量之间的组成关系；熟悉管网漏损率、产销差率等常用指标的内涵和计算方法	50
管网漏损评定标准	熟悉《城镇供水管网漏损控制及评定标准》（CJJ 92—2016）中评定指标的计算与评定标准	20
漏损分析技术的内涵与方法	熟悉水量平衡分析的内涵、技术要点；了解水量平衡分析的步骤、方法及其应用	30

情境引入

城市公共供水管网漏损治理方案

为加强城市公共供水管网漏损治理，健全管控长效机制，住房和城乡建设部梳理总结了城市公共供水管网漏损治理过程中形成的成功政策和机制。这些政策和机制经过实践验证，具有可复制性和可推广性。这些政策和机制涉及城市公共供水管网漏损治理的多个方面，包括但不限于改造项目的推进、提高居民参与度、资源整合利用、开展长效管理等。通过形成这样的清单，旨在为其他地区提供参考和借鉴，以促进城市公共供水管网漏损治理工作的有效推进和成功实施。

1. 统筹推进漏损治理工程建设

（1）推进老旧供水管网更新改造，提升市政基础设施承载能力。

1）改造老旧供水管网。结合"三供一业"改造、政府民心工程等工作同步实施居民用户水表出户改造、老旧小区供水管网改造和老旧市政供水管线改造，在减少管网漏损的同时，同步解决部分老旧小区水质不稳定、水压不足的问题（河北省唐山市）。扩大供水管网改造的覆盖面，改造老旧供水管网的同时，对居民入户管网进行改造，进一步提高供水安全性（黑龙江省富锦市）。

2）合理制订改造计划。根据施工条件、管道材质、敷设年限、漏点情况、管网水压、水质问题等因素对供水管网状况进行综合评估，按照重要性、迫切性及改造条件相结合的原则，每年制订次年老旧管网改造计划并组织实施（湖北省利川市）。

3）加强施工质量监管。开展供水管网建设规范化管理，制定《苏州市城乡供水管理规范》《苏州市高品质供水管网建设与运维规程》等标准，明确供水管网改造要求。督促各供水企业完善内控标准，提高管网改造施工质量。不定期开展联合抽查或单独抽查，落实问题通报和信用管理等惩戒措施（江苏省苏州市）。

4）统筹地下管网建设。根据《济南市工程建设项目审批制度改革实施方案》相关要求，对老旧供水管网改造项目的占路、掘路、占绿审批开辟"绿色通道"，简化审批流程，加快项目进展。同时，建立"地下管线统筹建设"机制，减少施工过程对城市交通及道路维护的影响（山东省济南市）。以老旧小区改造为契机，理顺协调机制，由市住房和城乡建设局统筹道路开挖，推动供水管网与其他市政管网同步施工（湖北省利川市）。

（2）提高居民加压调蓄设施专业化运维水平，保障城市供水安全。推进居民加压调蓄设施专业化运维。推进标准化泵房建设，由供水企业统一管理（黑龙江省富锦市，江苏省无锡市、苏州市，湖北省武汉市）。理顺"政府—供水企业—居民加压调蓄设施企业—物业—业主"之间的关系，当地供水企业牵头成立居民加压调蓄设施专业化运维企业，逐步接管居民加压调蓄设施（河南省平顶山市）。针对全市2000年前建设的既无物业管理、又无加压设施（"双无"）的老旧居民用户共用供水设施老旧等问题，印发实施《广州市推进供水服务到终端工作方案》，新建、改建老旧供水管道和附属设施、更新改造二次供水设施及配套设备、更换不锈钢水箱等，将改造后的用户共用供水设施移交属地供水单位维护管理，实现专业化运维（广东省广州市）。

（3）建立健全用水分区计量体系，完善供水管网分区计量管理。

1）因地制宜实施分区计量。按照《城镇供水管网分区计量管理工作指南》，采取"自下而上"的模式进行分区建设，实现水量数据的实时传输和有效分区域监控（河北省唐山市）。采用"自上而下"和"自下而上"相结合的分区实施路线，打造分区计量管理体系，同步完善分区计量管理软件功能，提高分区计量管理水平（江苏省无锡市）。试点推行弹性分区建设，在漏损较高区域的现有二级分区和小区分区计量（DMA）之间，建立控制范围为 $2 \sim 5 \ km^2$，覆盖供水户数为 1 万～2 万的弹性计量分区，根据分区漏损控制情况及时调整计量分区边界，构建可灵活变化的分区模式，降低建设成本和管理维护成本（福建省福州市）。

2）优化用水计量策略。根据用户实际用水与计量水表的匹配度，对用户计量表进行按需"缩径"换表，有效减少计量漏失水量（河北省廊坊市）。根据非居民重点用水户水量的动态变化情况，合理确定水表口径并及时更换水表（山西省高平市）。对用水量较大用户安装用水远传计量表，实现数据实时采集监控，对水量飙升或骤降的用户，及时筛选报警，对没有安装远传终端的表计，加密抄表频次（辽宁省阜新市）。

3）市政绿化消防用水装表计量。对市政、绿化、消防用水装表计量，实行定点取水和计量收费，通过智慧水务平台实时监测压力及流量等数据（山西省高平市、广东省广州市、云南省玉溪市、陕西省榆林市）。

（4）合理调配管网压力，保障管网高效节能。

1）实施分时段压力调控。在供水主干管网运行水力性能评估的基础上，合理设置智能调压阀，对水厂和泵站进行多时段压力调控，在保证用户端压力不变的情况下，降低供水管网压力，实现"高峰不低，低峰不高"的供水管网压力调度目标（江苏省苏州市）。

2）开展分区压力调控。合理划定压力分区，对压力偏高的供水管网加装智能调压阀，分段分区调压，有效降低爆管频次，减少漏失水量（江苏省苏州市、宿迁市，山东省临沂市、海南省儋州市、云南省楚雄市）。综合考虑地势、水压等因素，调整水厂和泵站供水区域，降低部分厂站的出口压力，增设在线压力监测设备和调流阀，动态监测并及时调整水压，实现管网压力均衡（福建省福州市）。

（5）开展供水管网智能化建设，提高城市供水管网漏损的信息化、智慧化管理水平。

1）强化数据质量控制。对自来水公司内部由多个管理系统收集的、不同类型和用途的监测数据，制定统一的数据管理与数据交换标准，实现自来水公司内部不同管理系统间的数据共享，提高数据使用效率和管网漏损治理的精确度（江苏省无锡市、安徽省芜湖市）。将抄表方式由单双月混抄改为按月抄表、定日抄表、定点抄表，保证每个区域水量统计时间为同一周期，有效提高基础数据准确性（湖北省荆门市）。

2）动态更新基础数据。建立供水管网地理信息系统，采集供水管网和附属设施（阀门、消火栓等）基础数据及水表的坐标位置，对基础数据进行持续完善和动态更新（江苏省苏州市）。结合老旧管网改造计划和实施情况，同步更新供水管网地理信息管理系统中的管网基础数据，确保数据的时效性和准确性（湖北省利川市）。

3）开展夜间最小流量分析。组建专业的供水管网数据分析团队，在分区计量的基础上，对夜间最小流量进行数据分析，并与考核表水量进行比对，辅以人工检漏验证、用户用水习惯分析等方法，用经验法和比较法综合判定是否存在管网漏水，及时发现水量异常情况并迅速处理（湖北省荆门市、湖南省邵阳市、云南省玉溪市）。

4）实施智慧管控。以供水管网地理信息系统为基础，建设智慧供水管理系统，实现全部管网及附属设施的一张图信息化展示和查询，为工单、调度、管网水力模型等其他漏损治理相关信息化系统提供管网数据、水表位置等方面的数据支持，实现就近快速派单；改变传统以人工为主的运营模式，形成"智慧调度＋网格责任＋快速响应"的智慧供水格局（江苏省无锡市、苏州市，湖南省邵阳市，广东省广州市，四川省成都市等）。划定单体楼、居民小区、城中村等五类居民供水单元，构建"一图一表一排名"展示和分析平台，建成供水单元精细化管理系统（广东省广州市）。

5）提高检漏效率。结合智慧供水管理系统，构建"噪声自动报警—智能筛查—人工精准识别"噪声漏点检测系统和"分区计量＋漏损预警＋智能巡检"的管网漏损预警—识别—维修一体化治理体系，实现对管网漏损的智能筛查和精准识别（河南省郑州市、安徽省铜陵市、青海省西宁市）。在传统检漏体系的基础上，结合噪声检测设备，构建渗漏预警体系，划定重点检漏区域，合理分配噪声检测设备的投放数量及移动频率，辅助人工检漏缩小漏损排查范围，提高漏点检测效率（湖北省利川市）。

2. 建立健全漏损管控长效机制

（1）切实落实地方政府供水管网漏损控制主体责任，建立健全水价形成与调整机制。

1）加强组织领导。市政府作为落实城市公共供水管网漏损控制目标的责任主体，成立公共供水管网漏损治理工作领导小组，组织开展公共供水管网漏损治理工作，细化分解各部门职责分工，协同推进公共供水管网漏损治理工作（河北省唐山市、山西省高平市、辽宁省阜新市、湖南省常德市、甘肃省定西市等）。

2）健全水价形成与调整机制。根据国家和地方相关规定，定期开展供水成本监审（福建省福州市、山东省济南市、湖北省武汉市等）。

（2）督促企业落实责任，建立健全企业内部管理制度和激励机制。

1）企业设立控漏工作小组。供水企业成立供水管网漏损治理工作小组，明确职责分工和目标，及时跟进漏损治理工作进展，定期进行工作调度及总结，定期上报漏损治理工程进展，制定相应的考核办法，将产销差或漏损率指标纳入供水企业考核体系（江苏省苏州市、宿迁市，山东省济南市，河南省郑州市等）。

2）建立漏损控制管理制度。制定计量分区的封闭性测试（零压测试）、巡检（检漏）管理考核制度，构建"公司—服务所—网格管理区域"三级网格管理体系（河北省廊坊市）。强化企业内控管理，以降低漏损为工作目标导向，将供水服务特别是与漏损控制相关的抢修、检漏、巡线等重点工作纳入工单体系，强调工作的及时性和有效性，通过现场取证及电子化台账等手段加强巡检（福建省福州市）。印发《产销差控制技术导则》，明确各供水单位年度产销差控制目标，规范开展供水范围内产销差及漏损率分析、控制及管理工作（广东省广州市）。供水企业制定《管网巡查保护管理办法》《管网抢修管理办法》《重大爆管应急处置预案》等制度，加强管网巡护，规范抢修作业流程（四川省成都市）。

3）健全控漏激励机制。制订产销差治理激励方案，体现"多劳多得"原则，设置漏损控制奖励，通过行为激励和目标激励两种方式，激发员工在漏损管控上的积极性、自主性（福建省福州市）。将节水工作作为重点内容，与企业员工绩效直接挂钩，提高漏损控制工作相关单位与岗位的考核权重及兑现基数，进一步激发干部职工的积极性和创造性（湖北省荆门市）。建立了抢修维修计件、测漏计件、抄表计件、设备维保计件、巡线计件工资标准5项激励措施，进一步提高抢修、维修及时率和主动测漏效率（广西壮族自治区南宁市）。

（3）加大资金投入，探索多元化融资渠道。

1）加大资金投入。在老旧供水设施更新改造方面，建立市区两级财政及供水企业共同出资改造、改造后交由供水企业维护管理、运维管理费用纳入供水成本的机制，推动老旧供水设施更新改造并实现长效管理（福建省漳州市）。构建政府与企业35∶65资金分担模式，解决项目建设资金瓶颈问题（河南省郑州市）。借助城市更新老旧小区改造，政府主导出资70%，供水企业出资30%，推进老旧供水管道改造，实施成效显著（云南省玉溪市）。

2）实施合同节水。采用节水效果保证型技术服务模式，以控漏降漏为核心，在深化分区管理、智慧水务建设、健全漏控机制等方面全面开展合作，产销差逐年降低（内蒙古自治区包头市）。实施第三方专业检漏，委托第三方开展市政供水管网探漏工作，并同步建立供水管道检漏、修漏工作台账，实施跟踪考核制度，提高管网漏损检出效率（福建省漳州市、广西壮族自治区南宁市）。创新高校合同节水模式，强化技术指导，加强政策和资金扶持，累计推进高校合同节水管理项目20余个，取得明显的经济效益和社会效益（湖北省武汉市）。

资料来源：《住房城乡建设部办公厅关于印发城市公共供水管网漏损治理可复制政策机制清单的通知》（建办城函〔2024〕58号）https://www.gov.cn/zhengce/zhengceku/202402/content_6933654.htm

随着我国改革开放发展战略的不断深入，国家社会经济发展对供水行业的供水能力和运行效率提出了更高的要求。通过学习国外先进经验，逐步加强了供水企业和政府部门对供水管网漏损在供水系统运行和经营效益中重要性的认识，并对管网漏损控制提出了更加明确的规定和要求。

2002年，为加强城市供水管网漏损控制，统一评定标准，合理利用水资源，提高供水企业管理水平，降低城市供水成本，保证城市供水压力，推动管网改造工作，建设部（现住房和城乡建设部）批准发布了《城市供水管网漏损控制及评定标准》（CJJ 92—2002）。该标准首次作为行业标准在全国实施，指导全国供水行业全面开展管网漏损控制管理工作，并提出了全国统一的管网漏损术语规定和漏损评定指标。各个城市供水企业中广泛采用供水系统漏损水量和管网漏损率作为分析对象和评价指标。国家和地方政府也将供水系统漏损水量和管网漏损率作为对供水企业运行效益的评价指标和要求。2016年，住房和城乡建设部在此版本上进行了修编，发布了《城镇供水管网漏损控制及评定标准》（CJJ 92—2016），重新修订了管网漏损控制管理的技术和评定指标，为全国供水行业全面开展漏损控制管理工作提供了指导。

3.1 漏损程度衡量指标

为了加强城镇供水管网漏损控制管理、节约水资源、提高管网管理水平和供水安全保障能力，需要对城镇供水管网进行漏损分析、控制和评定。20世纪90年代以来，漏损控制和评价一直是全球供水行业的研究热点，国际水协（International Water Association，IWA）和世界银行开发了国际供水与污水处理绩效管理网络（The International Benchmarking Network for Water and Sanitation Utilities，IBNET），澳大利亚等国家或协会组织分别建立了供水管网漏损管理与控制的技术方法和指标体系。选取适合当地城市实际情况的管网漏损评价指标和评价方法，明确常用管网漏损评价指标的含义、计算方法，是科学评估管网真实的漏损状况及制订合理的漏损控制方案的前提和基础。

3.1.1 漏损的基本概念

"供给用户所需水量、保证合理水压、满足达标水质"是供水企业及用户对供水管网的整体要求。

1. 国际划分

供水总量可分为四个部分，包括计费用水量、免费用水量、物理漏损水量和账面漏损水量。其中，物理漏损水量和账面漏损水量共同组成了供水管网漏损。各种水量之间的组成关系见表3-1。

表3-1 生产量、销售量与漏水量之间的组成关系

供水总量	有效用水量（合法用水量）	计费用水量	计费计量用水量	售水量（收益水量）
			计费未计量用水量	
		免费用水量	免费计量供水量	产销差水量（无收益水量）
			免费未计量供水量	

供水总量	漏损水量	账面漏损水量（表观漏损水量）	非法用水量（偷盗水）	产销差水量（无收益水量）
			表计误差、数据处理错误造成的漏失水量	
		物理漏损水量（真实漏损水量）	输配水干管漏失水量	
			水池/水塔等漏失和溢流水量	
			用户支管（至计量表具之间）漏损水量	

表 3-1 中涉及的概念解释如下：

（1）计费用水量。计费用水量是指经供水单位注册的计费用户的用水量，又称为售水量或收益水量。

（2）免费用水量。免费用水量是指当地政府部门规定减免收费水量和供水企业冲洗管网等自用水量。

（3）账面漏损水量。账面漏损水量是指由于仪表计量及计数误差、未注册用户用水、管理因素、账务错误等导致已实际被用户使用，但对于供水企业而言流失的水量，又称为表观漏损水量。

（4）物理漏损水量。物理漏损水量是指由于各种类型的管线漏点、管网中水箱及水池等渗漏和溢流造成的实际水量损失，又称为真实漏损水量。

（5）产销差水量。产销差水量是指供水系统实际输送的水量与实际售水量之间的差额，即实际损失的水量，又称为无收益水量（Non-Revenue Water，NRW）。

在上述水量中，在供水单位登记注册的用户享有用水的合法权益，注册用户的用水量包括计费用水量和免费用水量。计费用水量和免费用水量合称为有效用水量（合法用水量）；账面漏损水量和物理漏损水量合称为供水管网漏损水量，简称漏损量。在物质守恒关系上，漏损水量等于供水总量与有效供水量的差值。从图 3-1 中可以清晰看出，漏损包含物理漏损和表观漏损两大类。

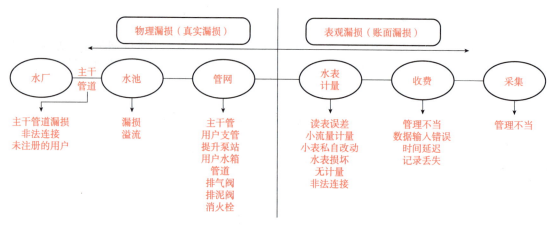

图 3-1　漏损水量的类型和构成

（1）物理漏损水量在城市供水管网中未能被任何用户使用或利用，其不仅反映了水资源的利用效率，同时，也体现了在处理和输送这些水资源过程中，所消耗的药物、电力资源及因增加输配水设施建设投资而产生的浪费程度。

（2）表观漏损水量虽然被用户消费，理论上也没有失去水的利用价值，但是直观地反映出供水企业的经济损失。在我国，管理不善导致的"偷盗水""人情水""拒查水"等水量仍然占有一定比重，加上水表计量器具选型、管理维护不当等因素，表观漏损在总漏损中的比例是偏高的。

2. CJJ 92—2016 划分

考虑到我国供水企业的管理体制和现状，在《城镇供水管网漏损控制及评价标准》（CJJ 92—2016）中，漏损水量被划分为三类，包括漏失水量、计量损失水量和其他损失水量，见表 3-2。其中，漏失水量与图 3-1 中的物理漏损水量对应，计量损失水量与其他损失水量之和与图 3-1 中的表观漏损水量对应。

表 3-2　水量平衡表

				计费计量用水量
自产供水量	供水总量	注册用户用水量	计费用水量	计费计量用水量
				计费未计量用水量
			免费用水量	免费计量用水量
				免费未计量用水量
		漏损水量	漏失水量	明漏水量
				暗漏水量
				背景漏失水量
外购供水量				水箱、水池的渗漏和溢流水量
			计量损失水量	居民用户总分表误差损失水量
				非居民用户表具误差损失水量
			其他损失水量	未注册用户用水和用户拒查等管理因素导致的损失水量

漏失水量是指各种类型的管线漏点、管网中水箱及水池等渗漏和溢流造成实际漏掉的水量。漏失水量包括不同形式的漏点所造成的水量损失，根据项目 1 中管道漏水类型的划分，水量损失同样根据流量大小、可被检测程度、管线漏点而划分为明漏水量、暗漏水量和背景漏失水量。

（1）明漏水量。明漏水量是指水溢出地面或可见的管网漏点的漏失水量。例如，由于市政建设施工过程中遭到破坏，长期受腐蚀或在人为、地震等外力作用下发生的爆管及管道漏水，一般由相关人员向管理部门报告。由于明漏点会被及时发现并获得快速维修，即使瞬时漏损水量大，但是漏水时间短，总体漏损水量不多，明漏产生的漏损水量只占总漏损水量的小部分。

（2）暗漏水量。暗漏水量是指在地面以下检测到的管网漏点的漏失水量。在现有检漏技术下能够检测到的漏损，其最小值有不同的定义，如 1 m³/h、0.25 m³/h，该值受到管道材质、敷设条件、运行压力、背景噪声、检测方法不同而有所差异。城市管网中 90% 的漏水形式是暗漏，其漏损水量占总漏失水量的 55% 左右。暗漏水量受检漏周期影响显著，检漏周期越短，暗漏造成的漏损水量越小。建立独立分区计量（District Metered Area，DMA）实时监测分区入口供水流量有利于实现暗漏预警，辅助快速检测到暗漏点（项目 7 中详细介绍）。

（3）背景漏失水量。背景漏失水量是指现有技术手段和措施未能检测到的管网漏点的漏失水量。单个背景漏点的漏失水量通常低于 500 L/h。单个背景漏点流量虽然较小，但是在管网中背景漏点数量庞大，并且漏点一旦产生便持续产生漏失水量且难以被修复，因此背景漏失水量也是物理漏损中的重要构成部分。压力管理是背景漏失管理的一项经济、有效的控制措施（项目 6 中详细介绍）。

3.1.2　管网漏损评价指标

管网漏损评价指标的选取是漏损评价的关键步骤。为科学评估管网真实的漏损状况，制订合理的漏损控制方案，应选取适当的漏损评价指标；反之，若指标选取不当，就会导致对漏损情况的误判，无法取得预期的漏损控制评价效果，影响后续漏损控制与管理工作的开展和实施。

供水管网漏损程度的衡量指标有很多，常用的有漏损水量、漏损率和产销差率、管网漏失指数（ILI 指标）等，它们能够从不同层面科学地反映供水系统的经济效益和社会效益。此外，衡量漏损程度的指标还有单位管长漏损量、单位用户漏损量、单位连接点漏失量、每米压力单位连接点漏失量、表计计量误差等。

 **知识拓展**

供水管网漏损程度衡量指标

1. 单位管长漏损量

单位管长漏损量是漏损的水量和管长之间的比值，对管网漏损状况进行反映，是比较客观、真实的。当管网的连接长度增加时，其连接点即漏点的数量增多，同时，在管网上进行私自接水、用水的可能性也就增加，并且因为用户的增多，计量损失也会逐渐增加，最终导致漏损量大幅度增加。总体而言，漏损量就是由管网决定的，并不是由供水量决定的，单位管长能够更加客观、真实地反映出管网的漏损水平，无论是横向比较还是纵向比较，都能够适用。造成单位管长漏损量降低的原因，不一定是漏损量的减少，还可能是管网长度的增加。如果只是为了评价管网本身的漏损现状，采用单位管长漏损量这一指标还是比较合适的。另外，这一指标的最大缺点是不够直观。例如，我国某城市一年度的供水管网单位管长漏损量为 2.14 m³/（km·h），单看数字，并不能直接看出漏损的严重程度，这样就会对后续的漏损控制方案的制订不利。

2. 单位用户漏损量

单位用户漏损量是指单位时间内每个用户平均的漏损水量。这个指标可以用来衡量供水系统的效率和管理水平，特别是在评估供水系统的漏损情况时。通过分析单位用户漏损量，可以了解供水系统中每个用户的平均漏损情况，从而发现漏损的严重程度和需要改进的区域。这个指标的计算通常涉及对供水系统的详细监测和分析，包括对供水总量、用户用水量、漏损水量等数据的收集和处理。通过这样的分析，可以更准确地了解供水系统的运行状况，为改进供水系统的管理和减少漏损提供依据。

3. 单位连接点漏失量

单位连接点漏失量是指单位服务连接点的漏失水量。这个指标用于衡量每个服务连接点（如每个家庭或企业的水表连接点）的平均漏失水量。它是通过将总的漏失水量除以用户数量来计算的，表示为升／（服务连接数·小时）。这个指标可以帮助评估供水系统的效率，特别是在识别和管理漏损方面，它能够指出哪些区域的漏损问题较为严重，从而采取相应的措施进行改进。

4. 每米压力单位连接点漏失量

每米压力单位连接点漏失量是指单位长度（每米）的管道在特定压力条件下，单位时间内的漏失量。这个指标通常用于评估管道系统的性能和效率，特别是在供水、天然气等流体输送系统中，它反映了系统的密封性和效率。通过测量每米压力单位连接点的漏失量，可以及时发现和解决潜在的泄漏问题，从而提高系统的运行效率和安全性。这个指标可以用于比较不同管道材料或设计方案的性能，为优化设计和材料选择提供依据。

5. 表计计量误差

表计计量误差是指在计量过程中，由于各种原因导致测量结果与实际值之间的差异。这种误差可能由多种因素引起，包括计量工具的不准确、计量单位或计量方法的不当、仪表本身的结构缺陷、外界条件的影响（如环境温度、湿度、振动等）、操作不当、负载变化、线路电压不稳定、电源频率的变化及温度的变化等。这些因素都会导致测量结果与实际值之间出现偏差，从而产生计量误差。为了减少表计计量误差，需要采取一系列措施，包括使用标准的计量工具和计量单位，采用科学的计量方法，加强计量工作，认真做好数据调查及整理工作，以及在使用仪表时注意操作规范，避免外界条件的影响等。对于仪表本身的结构缺陷，可以通过改进设计和制造工艺来减少误差。对于负载变化、线路电压不稳定等问题，可以通过定期检查和维护来确保仪表的正常运行。总体来说，表计计量误差是计量过程中不可避免的现象，但通过采取适当的措施和方法，可以有效地减少这种误差，提高计量的准确性。

1. 国际水协（IWA）推荐的绩效指标

城市供水管网的漏损是供水企业共同面临的问题。物理漏失水量包括可管控的物理漏失水量和不可避免的物理漏失水量。不可避免的物理漏失水量是指在目前技术条件下，无论采取什么样的技术手段都无法避免的漏失水量。从 20 世纪起，北美各国研究提出了多种公式对压力管道系统中"不可避免"的物理漏失水量进行估算,国际水协(IWA)组织世界上 20 多个国家的专家开展供水管网漏损调查研究,以水平衡为基础提出了不可避免的物理漏失水量(UARL)的评价指标。管网漏失指数(ILI)是供水系统现有的物理漏失水量与不可避免的物理漏失水量的比值:

$$ILI = \frac{\text{管理漏失水量(CARL)}}{\text{不可避免的物理漏失水量(UARL)}} \qquad (3\text{-}1)$$

UARL 是漏损控制的基准,可以衡量和评价管网漏损控制管理水平,为制定供水评价体系提供依据。计算不可避免的物理漏失水量(UARL),需要考虑管网平均工作压力、干管长度、引入管数量及用户水表相对于路界的位置(可以理解为进户管红线后的平均长度)。不可避免的物理漏损失水量计算方法见式(3-2)。

$$UARL = P(18L_m + 0.8N_c + 25L_p) \qquad (3\text{-}2)$$

式中 UARL——不可避免的物理漏失水量(L/d);

   P——评价区域内供水管网平均压力(m H$_2$O);

   L_m——评价区域内供水管道长度(km);

   N_c——评价区域内用户连接点数(以连接至私有管道为界限)(个);

   L_p——评价区域内引入管长度(km),指将室外供水管引入建筑物或由市政管道引入小区供水管网的管段长度。

ILI 作为一个无量纲的比例值,可以方便不同单位制的国家、地区进行使用。对于漏损控制非常成功的管网来说,ILI 等于 1,但实际上无法实现。基于 ILI 绩效指标,世界银行组织制定了漏损控制优先顺序的技术绩效分类,见表 3-3。

表 3-3 基于 *ILI* 的技术绩效分类

国家	指标类别	ILI
发达国家	A	1～2
	B	2～4
	C	4～8
	D	>8
发展中国家	A	1～4
	B	4～8
	C	8～16
	D	>16

根据表 3-3 给出的取值经验,可作出以下初步评估。

(1)A 类:除非水资源短缺,否则进一步降低漏损可能不经济;有必要审慎分析,以确认是否具有成本效益。

(2)B 类:具有显著改善的潜力,应考虑压力管理,需要积极进行漏损控制和管网维护。

（3）C类：具有不良漏水记录，只有在自来水水量丰且价低的情况下才可容忍，但仍应分析漏水的数量和性质，并加强漏损控制。

（4）D类：水资源利用严重缺乏效率，急需漏损控制计划且优先实施。

管网漏失指数（ILI指数）可按地域进行横向比较，也可按时间进行同一地域纵向比较。如发展中国家，ILI大于8且小于等于16，则分类为C类，即漏损控制等级为中等优先级，说明只有在水资源丰富且价格低的前提下方可容忍目前的漏损程度，需要对漏损的大小和成因等进行分析，并提出基础设施管理的改善措施（修复、管材管理和主动漏损控制等），如进行主动检漏、更换旧的配水管道、更换精度较差的计量仪表等。ILI指数考虑了不同管网特征对真实漏失的影响，可以用来衡量供水企业对管网设施的管理水平，但该指标的应用具有一定的局限性，没有考虑管材、管龄等因素的影响，特别是在我国还缺乏数据基础，推广应用存在困难。

2. 中国采用的绩效指标

由于我国供水企业在管理体制、资料存档记录方式、管理现状等方面与国外供水企业存在较多差异，在管网漏损评价指标的选取上，并非直接套用国外的管网漏损评价指标，而是根据我国供水企业的实际情况，从延续性、实用性和可操作性的角度出发来选定。结合国内外管网漏损评价指标的选取经验，可将管网漏损评价指标分为经济指标和运营指标。部分常用管网漏损评价指标见表3-4。

表3-4　管网漏损评价指标

指标类型	指标名称	单位	指标含义	指标内涵
经济指标	漏损率	%	漏损水量占供水总量的比例	客观反映供水管网运行水平、营销计量等管理水平，是被我国现行《城镇供水管网漏损控制及评定标准》（CJJ 92—2016）采用的漏损程度衡量指标
	产销差率	%	供水总量与售水量的差值占供水总量（或连接点数或管网干管长度）的比例	衡量供水企业经营管理水平的一个重要经济技术指标。产销差率越高，意味着供水系统中无收益水量比重越大
运营指标	单位管长漏损量	L/（km·d）	单位管长的日均漏损水量	年漏损水量/（管网长度×365），用于漏损控制目标的制订
	单位用户漏损量	L/（户·d）	单位用户的日均漏损水量	年漏损水量/（管网用户数×365），用于漏损控制目标的制订

需要说明的是，产销差水量包含漏损水量，因此产销差率大于或等于漏损率。产销差率能够利用现有营业系统收费数据和供水管网监控系统中的数据进行计算，不确定水量额度评估较少，对于供水企业管理有一定的参考价值。

3.1.3　漏损评定标准

《城镇供水管网漏损控制及评定标准》（CJJ 92—2016）提出了综合漏损率和漏损率两项

指标。综合漏损率是由于管道漏水、计量技术和管理等原因产生的漏损水量与供水总量的比值，反映供水单位供水效率的高低。由于供水管网规模、服务压力、贸易结算方式等对供水单位的综合漏损率具有重要的影响，为科学合理地进行漏损水平的评定，评定指标应为漏损率。

2015年4月16日国务院发布的《水污染防治行动计划》规定，按照适度从严和努力可达的原则，漏损率按两级进行评定：一级为10%；二级为12%。漏损率作为评定或考核供水单位或区域漏损水平的指标，是由综合漏损率修正后得到的。由于计量方式、管网特征、运行状况等因素对漏损率具有重要的影响，为了对不同城镇的漏损控制水平进行相对科学、公平的评定，同时，有利于开展漏损水平的国际对标分析，评定标准采用基本漏损率——修正值的计算方式。

供水单位的漏损率按下列公式计算。

1. 综合漏损率的计算

$$R_{WL} = (Q_s - Q_a) / Q_s \times 100\% \qquad (3\text{-}3)$$

式中　R_{WL}——综合漏损率（%）；

　　　Q_s——供水总量（万 m³）；

　　　Q_a——注册用户用水量（万 m³）。

2. 修正值的计算

修正值包括居民抄表到户水量的修正值、单位供水量管长的修正值、年平均出厂压力的修正值和最大冻土深度的修正值。

（1）总修正值应按下式计算：

$$R_n = R_1 \times R_2 \times R_3 \times R_4 \qquad (3\text{-}4)$$

式中　R_1——居民抄表到户水量的修正值（%）；

　　　R_2——单位供水量管长的修正值（%）；

　　　R_3——年平均出厂压力的修正值（%）；

　　　R_4——最大冻土深度的修正值（%）。

（2）居民抄表到户水量的修正值 R_1 按下式计算：

$$R_1 = 0.08r \times 100\% \qquad (3\text{-}5)$$

式中　r——居民抄表到户水量占总供水量的比例。

由于楼门表和对应户表的计量水量总会存在一定的差值，是否抄表到户对综合漏损率具有重要的影响。根据我国楼门表和户表之间的总分表误差试验的分析结果，式（3-5）中系数 r 取值为 0.08，即抄表到户的居民用户表总和（居民用水量）与楼门总表（总供水量）差率为8%。

（3）单位供水量管长的修正值 R_2 按下式计算：

$$R_2 = 0.99 (A - 0.069\,3) \times 100\% \qquad (3\text{-}6)$$

$$A = \frac{L}{Q_s} \qquad (3\text{-}7)$$

式中　A——单位供水量管长（km/ 万 m³）；

L——DN75（含）以上管道长度（km）；

Q_s——供水总量（万 m^3）；

0.069 3——常数（km/ 万 m^3），代表单位供水量管长的基准值；

0.99——单位供水量管长对综合漏损率的影响系数。

按式（3-6）进行修正时，部分供水单位的修正值可能过大或过小，因此需要对其修正的上、下限进行限定。修正系数 R_2 大于3%时，取3%；小于 −3% 时，取 −3%。

（4）同样漏水条件下，管网整体漏损水量与管网平均压力呈正相关关系。由于统计管网平均压力在操作上过于繁复，用年平均出厂压力进行统计，并对过高的年平均出厂压力进行适当调整。我国各城镇规定的供水服务压力存在较大差异，年平均出厂压力的修正值 R_3 设为三挡。0.55 MPa ≥年平均出厂压力 >0.35 MPa 时，修正值取 0.5%；0.75 MPa ≥年平均出厂压力 >0.55 MPa 时，修正值取 1%；年平均出厂压力 >0.75 MPa 时，修正值取 2%。

（5）由于最大冻土深度的差异，不同地区的管道埋深差别较大。随着供水管道埋深的增大，漏点检测的难度也相应增加。最大冻土深度大于 1.4 m 时，修正值 R_4 为 1%。

（6）待四个修正值确认后，按式（3-4）计算出总修正值 R_n。

3. 漏损率的计算

漏损率的计算是在综合漏损率（漏损率基准值）的基础上，按照各供水单位的居民抄表到户水量、单位供水量管长、年平均出厂压力及最大冻土深度做相应调整。其计算方法如式（3-8）：

$$R_{BL} = R_{WL} - R_n \qquad (3\text{-}8)$$

式中　R_{BL}——漏损率（%）；

R_{WL}——综合漏损率（%）；

R_n——总修正值（%）。

全国和区域的漏损率宜由区域内各供水单位供水量累加后计算。全国或区域的漏损率按式（3-9）计算：

$$\overline{R_{BL}} = \frac{\sum\limits_{i=1}^{n} R_{BL_i} \cdot Q_{s_i}}{\sum\limits_{i=1}^{n} Q_{s_i}} \qquad (3\text{-}9)$$

式中　$\overline{R_{BL}}$——全国或区域的漏损率（%）；

R_{BL_i}——全国或区域范围内第 i 个供水单位的漏损率（%）；

Q_{s_i}——全国或区域范围内第 i 个供水单位的供水总量（万 m^3）；

n——全国或区域范围内第 i 个供水单位的数量（个）。

3.2　水量平衡分析

供水管网水量的组成有不同的分类方法，国际水协发布了水平衡标准分析方法，我国根据实际情况对其进行了修改，制定了符合我国国情的水量平衡分析方法。

水量平衡分析是一种重要的水资源管理技术，它基于物质守恒定律，通过分析特定区域或系统内水的输入与输出，来评估和管理水资源的使用与保护。供水系统中的水平衡理论是指城市供水由各制水单元送入供水管网系统，在不考虑管道充水的情况下，系统输入水量等于系统输出水量。作为管网漏损分析的一种基本方法，水量平衡分析的主要目的是有效评估管网工作状况，真实评价漏损水平，判断管网漏失的区域，分析漏损的组成和占比，找到漏损产生的主要原因，为漏损控制提供科学依据。随着城市发展和人口增长，供水需求不断增加，水量平衡分析在保障供水安全、提高供水效率、节约水资源和保护环境等方面至关重要。

3.2.1 水量平衡分析的内涵

水量平衡分析是一种有效的主动漏损控制技术和管理方法，其内涵是确定供水区域内恒定的水量平衡关系，即输入水量与输出水量之间的平衡。基于物质守恒定律，水量平衡时，在供水管网系统中的任意封闭（或相对封闭）区域、任意时段内，其输入的水量等于输出的水量。水量平衡分析过程涉及供水系统的各个环节（如原水取水、制水、供水、售水、排水等），通过数学方法，辅助水量测试、分析研究等手段分析系统水平衡，将供水系统损失的水量进行有效的指标分解，计算恰当的性能指标，量化管网漏损及其组成部分，全面、正确地反映管网漏损状况，然后根据分析结果提出一些建议措施，有针对性地进行漏损控制，最终降低产销差率和漏损率。

在供水系统水量漏损控制过程中，水量的计量和平衡是其中的关键一步，只有对供水系统各组成部分的水量状况有清楚的认识，才能够对供水资源是否得到合理利用、供水设施是否存在缺陷、供水成本是否可以有效回收进行准确的判断，以便采取相应的控制措施。难点是如何进行定量与定性。

1. 国际水协水量平衡表

1996 年，国际水协成立了由英国、德国、法国等国家供水专家组成的"专项工作组"，针对供水系统漏损问题开展了广泛调查和深入研究，根据不同用户的使用情况、漏损的组成等方面，制定了供水系统的水平衡标准（Standard Water Balance），建立了较为完整、实用的水量平衡表，详情见表 3-5。国际水协制定的水平衡标准中，以水量平衡表的形式从左到右逐级量化、分解供水系统的各部分水量，阐明了供水系统水量的构成关系。目前，该水量平衡标准已被包括中国在内的许多国家作为本国供水管网漏损控制管理、漏损水量分析和评价的重要工具。

表 3-5　国际水协水量平衡表

系统供给水量	合法用水量	收费的合法用水量	收费计量用水量	收益水量
			收费未计量用水量	
		未收费的合法用水量	未收费已计量用水量	无收益水量
			未收费未计量用水量	

系统供给水量	漏损水量	表观漏损	非法用水量	无收益水量
			因用户计量误差和数据处理错误造成的损失水量	
		真实漏损	输配水干管漏失水量	
			蓄水池漏失和溢流水量	
			用户支管至计量表具之间的漏失水量	

在表 3-5 中，系统供给水量是指整年度流入供水系统的水量。

合法用水量是指整年度，注册用户、供水单位和其他间接或明确授权部门（如政府部门或消防用水）的计量和未计量的用水量。它包括用户水表后的转出、漏损和溢流水量。

无收益水量（NRW）等于系统供给水量减去收费的合法用水量。NRW 包括未收费的合法用水量（通常是水量平衡表的次要元素）和漏损水量。

漏损水量等于系统供给水量减去合法用水量。其包括表观漏损水量和真实漏损水量。表观漏损水量包括非法用水量和各种形式的计量误差。

国际水协评价方法主要具有以下两个特点：

（1）合法用水分为收费和免费两部分，允许财务指标和运行绩效指标同时计算。

（2）合法的计量水量不包括用户计量误差，该误差是国际水协水量平衡中表观漏损的部分。

在国际水协方法中，"合法用水量"不包括已知（发现）的漏损水量与爆管、蓄水池渗漏和溢流的漏损水量，或估算的固有漏损水量，这些属于国际水协方法中"实际漏损"的一部分。

建立水量平衡表的四个基本步骤如下：一是确定系统供给水量；二是确定合法用水量，即计费水量—供水企业收费的总水量、未计费水量—未收费的总水量；三是估计表观漏损水量，包括偷盗水、水表低估的水量、数据处理误差；四是计算真实漏损水量，包括输水干管漏失、配水干管漏失、蓄水池漏失和溢流、用户接管漏失。

出厂水表（流量计）准确度、用户水表准确度和收费准确度是影响无收益水量（NRW）计算结果的主要因素。

 知识拓展

水表计量误差测量在水平衡表编制中的应用

某供水企业供水服务面积约为 15 km²，供水人口约 30 万人。设计供水能力为 170 万 m³/月，安装电磁流量计计量供水量。管网总长度为 161 km，水表共计 18 588 块。在销售水量中，工商业用户用水量占比约 30%，居民用水量占比约 70%。在产销差方面，2014 年的供水量为 93 万 m³/月，售水量为 77 万 m³/月，产销差水量为 16 万 m³/月，产销差率为 16.9%。

在漏损控制的设计上，通过编制水量平衡表，对漏损水量进行评估，确定漏损属性并制定漏损控制策略是漏损控制的先行和基础工作。由于在实际操作中很难对物理漏损进行准确测量，要先对表观漏损水量进行评测，然后推算真实损失水量。测试结果如下：

（1）流量计在线校准：采用清水池容积法对流量计进行校准，误差为 +2.7%。

（2）水表计量效率评估：抽取了 85 块样本水表进行水表计量效率评估，结果详见表 3-6。

表 3-6   水表计量效率评测

口径	DN15	DN20	DN25	DN40	DN50	DN65	DN80	DN100
计量效率 /%	100.70	99.70	99.80	99.70	99.70	97.90	92.60	98.80
小口径计量效率：100.1%				中大口径计量效率：98.3%				
综合计量效率 /%	99.10							
占总水量比重 /%	15.70	15.90	5.10	3.50	7.10	7.70	19.70	19.20
改进重要性级别	C	B	C	C	A−	A+	A	B+

（3）表观漏损、真实漏失分离和量化：在水量平衡表的核算过程中，通过在用表计量效率评测结果，可以了解水表计量误差情况。通过水表资料的统一审查与现场抽查，未发现账册漏损和抄读漏损。在非法用水方面，很难通过有效方法核定水量，因此假定非法用水量为 0。在此基础上推算出真实漏失水量，见表 3-7。

表 3-7   2014 年漏损量化情况

漏损指标	漏损水量 /m³
总表计量水量（供水量）	11 195 528
分表计量水量（售水量）	9 302 335
无收益水量	1 893 193
漏损率	16.9%（注：出厂水流量计更换后数据）
总表标准计量水量（消差）	11 195 528 m³/102.7%=10 901 196
标准无收益水量（消差）	10 901 196 m³ − 9 302 335 m³ = 1 598 861
漏损率（消差）	14.75%
表观漏损	9 302 335 m³/99.1% − 9 302 335 m³ = 84 481
真实漏损	1 598 861 m³ − 84 481 m³ = 1 514 380

结果表明，表观漏损 ≈ 84 481 m³，表观漏损率为 0.8%；真实漏损 ≈ 1 514 380 m³，真实漏失率 ≈ 13.9%。由此可见，在漏损水量中，真实漏损的比重很大，漏损行动策略应以处理真实漏损为主。

资料来源：《城镇供水管网漏损控制技术应用手册》（作者：李爽，徐强），中国建筑工业出版社，2022 年 8 月。

2. 国内水量平衡表

考虑国内供水企业的管理体制和现状，国内水量平衡表以国际水协推荐的水量平衡表为基础，结合国内实际情况进行了适当修正，见表 3-2。

相较于国际水协水量平衡表（表 3-5），国内水量平衡表（表 3-2）的修正内容主要有以下两项：

（1）将"真实漏损"变更为"漏失水量"，并根据国内供水单位的实际统计情况重新定义了漏失水量的构成要素。根据漏点的不同类型将漏失水量分解为明漏水量、暗漏水量、背景漏失水量，以及水箱、水池的渗漏和溢流水量。漏失水量可通过经验公式法、便捷式流量计测定法、计量差计算法、容积法等多种方法获取计算。

（2）取消了容易引起误解的"表观漏损"的表述。国际水协提出的表观漏损包括非法用水量和因用户计量误差和数据处理错误造成的损失水量。根据我国供水企业管理实际情况，将"表观漏损"细化为"计量损失水量"和"其他损失水量"，简化并明确了计量损失水量和其他损失水量的组成。修正后的水量平衡表更易于理解和进行水量平衡计算。

通过表 3-2 可以清晰地看到，水资源在输送和使用过程中的损失情况，包括明漏水量、暗漏水量、背景漏失水量，以及水箱、水池的渗漏和溢流水量、居民用户和非居民用户的表具误差损失水量等。此外，还包括因管理因素（如未注册用户用水和用户拒查等）导致的损失水量。

🔍 **知识拓展**

国内外产销差及漏损现状

1. 国外供水产销差及漏损现状

相比亚洲国家，欧洲发达国家的供水产销差率较低，一般为 5% ～ 15%，而亚洲的一些发展中国家供水产销差率较高，一般为 9% ～ 40%。发达国家产销差较低，一方面是因为其供水系统具有良好的设施条件和完善的运行方案，尤其是在 NRW 的管理方面具有丰富的经验；另一方面依赖于政府制定的完善的政策和管理制度。而亚洲一些发展中国家存在供水基础设施质量欠佳、运行管理缺乏规章制度、财务投入受到制约、NRW 监管缺失等问题，导致供水产销差居高不下。虽然发达国家供水产销差控制相对较好，但是水司仍然面临着许多挑战。

饮用水漏损会导致取水和处理水的成本增加，使供水系统中的机械部件遭受更多磨损，从而增加了维修成本和管网破裂风险。过高水压造成的漏损会加重地区水资源短缺。另外，饮用水漏损不仅是一个经济问题，也是服务质量问题，漏水可能导致饮用水污染，使公众健康受到威胁。

2. 国内供水产销差及漏损现状

随着供水技术的不断发展和对城市老化管网的改造，我国城市的供水产销差与过去相比有所下降，但与欧洲国家相比，供水产销差依旧很大。从 2006 年到 2022 年，中国城市供水总量和漏损水量及漏损率的数据显示了供水管网系统的发展和变化。这些数据显示，供水管网系统的建设急需整体提升，特别是考虑到管道的老化和材料多样性等因素。2015—2021 年我国城市供水量及产销差率如图 3-2 所示。

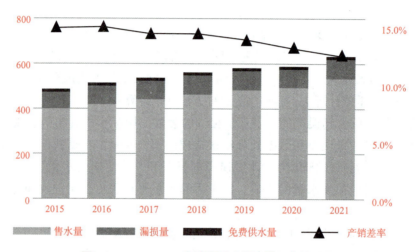

图 3-2　2015—2021 年我国城市供水量及产销差率

我国城市供水管道的漏损率从 2015 年的 15% 下降至 2021 年的 13%。尽管有所下降，但整体漏损率仍处于较高水平。管网漏损不仅造成水资源浪费和供水企业成本增加，还可能影响供水水质，带来饮水安全的隐患。近年来，政府出台了多项政策，旨在加强对水务行业漏损情况的管控，并计划到 2025 年将城市公共供水管网的漏损率控制在 9% 以下。

3. 控制产销差措施

产销差水的组成非常复杂，除去管网漏失的部分外，管理不善导致的漏失问题也很严重。简单来讲，产销差水控制工程包括水漏失控制、用户管理及水表管理、供水系统日常维护及管理三部分内容。因而，产销差水控制工作是一个综合的系统工程项目，涉及探漏检漏、管道维修、管网改造、供水管理、用户管理、水表计量、收费系统管理、人员培训、项目资金筹措等。世界各国从节约资源和提高效益角度出发，在控制产销差方面积累了大量经验。目前主要技术方法与措施有 DMA（分区计量）、供水管网压力控制、供水管网仪器查漏、建立供水管网模型等。

3.2.2　水量平衡分析要点

水量平衡分析是通过组分分析法来诊断供水系统的薄弱环节，它涉及用水单元的各个方面，同时，也表现出较强的综合性、技术性。建立水量平衡表是水漏失控制的基础。通过将供水系统损失的水量进行有效的指标分解，量化漏损和组成部分，计算恰当的性能指标，可全面、正确地反映管网漏损状况。

1. 确定分析期和分析范围

在构建水量平衡分析体系前，需要先确定分析期，并保证该分析期具备一定的时间跨度。通常情况下，采用一个完整年作为水量平衡表的分析期，因为一个完整年的时间跨度较长，且考虑了季节性变动因素。考虑获取和分析数据所需要的时间，在后期实施阶段对漏损控制效果进行跟踪监测时，按季度进行无收益水量计算也是合理的。同时，还应确立分析范围，对于实施分区管理的单位，适宜同时对整体和各分区开展水量平衡分析。

2. 资料收集和管理

构建水量平衡分析体系的关键是数据信息的收集和质量把控。需收集的数据信息繁多，涉及的业务部门也较多。需收集的数据信息在生产和管网运营方面，主要包括生产数据、流量数据、压力数据、管网数据、检漏维修数据；在供水营业方面，主要包括制水成本、用户计量方式、用户计量计费数据、免费合法用水量、非法用水稽查数据和管网资产相关等大量数据。因此，制定水量平衡表的巨大挑战之一是如何高效、科学地从供水企业的各项环节中收集数据。在操作层面上，应明确年度数据收集标准清单、数据流及各种数据对应的部门和联系人。为提高数据信息收集效率，规范数据上报情况，应整理并不断优化数据收集标准清单，建立标准化的资料收集和管理流程。

3. 数据信息的质量把控

构建水量平衡分析体系时，数据的可靠性及数据精度直接影响水量平衡分析的应用成效。水量平衡表制定所需数据涉及从供水到管网再到用户计量全流程的数据，需要对供水企业各个部门的数据进行全面收集和审查。其中任何一个环节的数据出现偏差，都将影响整个评估结果，包括"谁提供数据？数据以何种格式和可信度提供？"等。因此，应建立相应制度，对数据质量进行把控，明确提供数据的责任主体、数据提供方式，提高数据的可信度。

同时，在数据处理过程中还应考虑时间不同步和采用新数据源的问题，尤其是用户抄表水量，需采取数学方法进行数据同步处理，尽可能保证水量平衡表中采用的所有水量数据的计量周期（或估量周期）和审计周期一致。通常情况下，生产水量的数据可以精确至每天，因为根据该计量数据的时间进行数据同步计算会更加容易。如果出现了新的数据源，则需要确保记录新的数据流，以便该数据可以用于下一时期的用水审计。

在数据处理过程中，对于一些资料不全而导致数据缺失的情况，需要进行现场测试，以保证数据的完整性和可靠性。例如，管网压力数据缺失时，需要进行主要控制的压力现场测试；对明漏的流量进行现场测流，以提供真实、可靠的明漏水量数据等。此外，计量器具的精度是影响流量数据的重要因素。在测定流量时，应考虑计量器具的精度和误差。

例如，对不同口径、不同型号的水表进行现场检定，为计量误差提供可靠依据；若下游有总表或流量计，可进一步核实水量等。

4. 水量平衡表的建立

水量平衡表是构建水量平衡分析体系的主体。水量平衡表通过"由左至右、自上而下"确定，将供水总量减去注册用户用水量即得到漏损水量，再减去计量损失水量和其他损失水量即得到漏失水量。这种方法简单易行，通常利用供水企业营业数据即可实现，是目前国内供水企业进行水平衡分析、产销差及漏损率评估常用的方法。

需要说明的是，在水量平衡表中，有些水量可以得到计量或计算，但部分水量的具体数值无法真正准确统计、计量。例如，计算过程中避免不了未计量水量等参数的估算，因此，漏损指标是通过评估确定出来的。常见的估算方法有分解水量项估算法、公式法、按照历年水量变化趋势预测法、参照行业同类型企业的比例估算法等。

水量平衡表"自上而下"制定，是一个基于文件数据处理的过程，也就是收集、利用现有的信息数据，包括系统总供水量、用户收费信息、补漏记录、水表精度测试记录、允许的消防用水等凡是涉及水的使用和损失的信息。"自上而下"建立的水量平衡表可以作为供水企业进行水量平衡的开始，为企业提供了良好的初步评估漏损状况和可用供水数据质量的洞察力。但是，除部分漏损指标需要估算外，这种方法得到的漏失水量不能区分明漏、暗漏、背景漏失等各自引起的管网真实漏失所占比重，无法为降低管线漏点造成的水量损失提供有效依据，其精确可靠程度需要进一步核实。

5. 水量平衡表的校验

水量平衡表建立后，为进一步提高水量平衡表的准确性，可对水量平衡表进行多次平衡校验，并分析误差产生的原因。通常情况下，水量平衡表的校验采用"由右至左、自下而上"的路线，即通过细分计算漏损水量各组成成分的方式，对水量进行修正校验。以（真实）漏失水量为例，可以采用以下两种方法进行校验。

（1）真实漏失水量构成成分分析法。根据管线漏点真实漏失发生的位置，可分为输配水干管漏失水量、供水企业的清水池及水箱（水池）的渗漏和溢流水量、用户支管至计量表具之间的漏失水量；或者根据漏损类型，可分为明漏水量、暗漏水量和背景漏失水量。对各组成成分水量进行估算和量化所需要的数据包括按照材质和管径及管龄等确定的管道长度、系统水压、报告和发现的爆管、泄漏次数及维修时长等有关数据。通过对各组成成分水量进行估算和量化，反推真实漏失水量。

（2）最小夜间流量法。最小夜间流量法是通过最小夜间流量的监控，得出统计意义上的真实漏失。在较小供水区域内（如 DMA 小区），利用计量数据或评估方法分析某时刻合法消费流量大小（夜间最小流量时，被消费流量达到最小，物理漏损水量所占比例最大），从供水总量中扣除合法消费流量得到物理漏损水量，利用全天自由水头变化数据，估计漏损指数，将夜间最小流量时的物理漏损水量换算为全天物理漏损水量。非管线真实漏失部分则按照表计计量误差、管道冲洗用水估算、偷盗水稽查情况等进行估算。该方法适用于分区计量系统较完善的供水企业，需要将整个供水系统划分成若干个独立计量的系统，并单独计算出每个独立供水区域的真实漏失。

以上两种校验方法也存在合法消费流量分析不准确、夜间最小流量不稳定、漏损指数需要主观估计等缺点，计算得到的真实漏失水量具有较大误差。但是这些方法在一定程度上提供了物理漏损量化的直接方法，能够确定不同 DMA 小区物理漏损率高低次序，可以为物理漏损水量控制提供决策依据。通过"自上而下"的评估和"自下而上"的校验，可以更好地验证并提高水量平衡表的准确性。一般来说，一个供水企业通过每年添加几个"自下而上"的方法来完善最初的通过"自上而下"的方法建立的水量平衡表，需要 3～5 年时间，就能建立一个可靠、准确地反映供水系统实际情况的水量平衡表。

概括而言，在供水管网漏损控制过程中，水量的计量和平衡是其中的关键一步，只有对供水系统各组成部分的水量状况有清楚的认识，才能够对供水资源是否合理利用、供水设施是否存在缺陷、供水成本是否可以有效回收进行准确的判断，以便采取相应的控制措施。通过水量平衡分析可以将供水系统损失的水量进行指标分解，有效评估管网工作状况，为漏损控制提供科学依据。

3.2.3 水量平衡分析的实施步骤

水量平衡分析的目的是量化各构成要素的水量。依托水量平衡表进行漏损水量分析时，既可以针对从水厂出厂流量计至用户水表的整个供水管网开展，也可以针对水量计量传递过程中的不同区间或区域开展。进行水量平衡分析的计算时，应在供水系统水量有效分解的基础上，准确量化各构成要素的水量。水量统计和计算流程如图 3-3 所示。

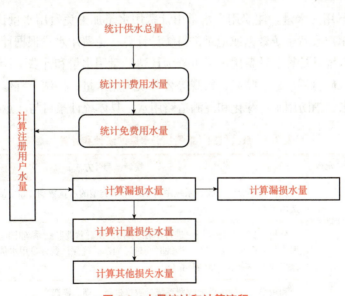

图 3-3　水量统计和计算流程

1. 准备工作

在水量平衡分析开始前，需要明确以下事项。

（1）确定分析期：一般建议以年度划分，每年进行一次水量平衡分析。

（2）确定分析范围：明确管网边界，实施分区管理的供水企业，宜同时对整体和各分区开展水量平衡分析。

（3）选择一个正式的度量单位：在整个水量平衡计算过程中使用统一的单位。

2. 建立水量平衡表

（1）统计供水总量。供水总量包括自产供水量和外购供水量。根据流量计量设备的水量数据进行统计计算。具体统计条目见表3-8。

表3-8　系统供给（或售出）水量的统计和计算

序号	供水总量统计内容
1	从水厂向管网中供给的水量
2	从邻近管网引入的水量
3	从多个供水企业购买的水量
4	向分析范围以外区域输出的水量

水量的统计涉及水表精度的确定，水表精度一般根据厂家使用手册来确定，或者使用下游总表、插入式流量计等来核实水表的计数。如果需要，则更换或重新校验水表，并纠正系统供水量（采用95%的置信度）。

如果存在未计量的供水量，需要采用特定的方法（或综合考虑）来估计水量，主要方法包括采用临时的便捷式流量测量设备；清水池跌落试验；对水泵曲线、压力和水泵平均运行时间进行分析等。

（2）计算注册用户水量。注册用户水量由计费用水量加上免费用水量计算得到。其中，计费用水量根据用户收费系统数据或记录进行统计计算；免费用水量根据计量数据或相关单位提供的数据进行统计计算。计费用水量可分为计费计量用水量和计费未计量用水量。免费用水量一般包括水厂自用水量、喷泉、景观等公共设施用水量；冲洗、维修管道用水；储水池、新增管道储水；消防用水；绿化和浇洒道路用水。具体统计条目与注意事项见表3-9。

表3-9　系统供给（或售出）水量的统计和计算

计算水量	统计计算水量	统计条目（方法）
注册用户水量	计费计量用水量	从供水企业营业收费系统中将不同用水类型的水量数据（如生活、商业、工业）筛选出来
		分析数据（对特大用户进行单独统计），在对营业收费系统中的计费计量用水量数据进行处理时，要考虑数据的时间延迟问题，确保计费计量用水量的时间和审计时间保持同步；确定计量器具精度
	计费未计量用水量	利用供水企业的营业收费系统对数据进行处理、筛选
		在未计量用水点安装插入式流量仪表，或者选取足够的居民用户进行测试（后者可以避免用户用水习惯改变的问题），通过一段时间的监测数据，确定未计量生活用水量
	免费计量用水量	与确定计费计量用水量的方法相似
	免费未计量用水量	一般包括供水企业生产运行水量，这部分水量经常被严重高估，应确定免费未计量用水量的构成要素，并逐个进行估计，例如，管线冲洗：冲洗次数/月、冲洗管道长度/口径所需水量；消防用水：火灾次数、水量/次等

（3）计算漏损水量。漏损水量等于供水总量减去注册用户用水量。

（4）计算漏失水量。漏失水量为明漏水量、暗漏水量、背景漏失水量，以及水箱、水池的渗漏和溢流水量之和。漏失水量的构成要素及计算见表3-10。

表3-10　漏失水量的构成要素及计算

计算水量	统计计算水量	统计条目（方法）	涉及的计算指标与公式
漏失水量	明漏水量	根据供水企业提供的明漏（修漏）数据，并参考全国修漏量统计结果，依据实际的测试结果对参数进行调整，估算统计期内供水管网明漏水量	（1）漏点（明漏和暗漏）流量计算。 $$Q_L = C_1 \cdot C_2 \cdot A\sqrt{2gH} \quad (3\text{-}10)$$ 式中　Q_L——漏点流量（m³/s）； 　　　C_1——覆土对漏水出流影响，折算为修正系数（根据管径大小取值：DN15～DN50取0.96，DN75～DN300取0.95，DN300以上取0.94），在实际工作过程中，一般取$C_1=1$； 　　　C_2——流量系数（取0.6）； 　　　A——漏水孔面积（m²），一般采用模型计取漏水孔的周长，折算为孔口面积，在不具备条件时，可凭经验进行目测； 　　　H——孔口压力（mH₂O），一般应进行实测，不具备条件时，可取管网平均控制压力； 　　　g——重力加速度，取9.8 m/s²；
		以输配水干管漏失水量为例，它主要是指发生管网爆管损失的水量（特点是可见、可报告，且一般可以快速修复）。通过修漏数据，可以计算出报告周期内（12个月/年）干管修漏次数及平均流量（估算）。例如，干管漏失水量＝爆管次数×平均流量×平均漏损时间［式（3-10）、式（3-11）］	
	暗漏水量	根据供水企业检漏部门统计期内的检漏结果（漏点）统计计算，对于已经检测到的漏点，漏水持续时间可按照检漏周期的一半来估算；没有被检测到的漏点，按照整个统计期来估算	（2）漏点（明漏和暗漏）水量计算。 $$Q_{Lt} = \sum Q_L \cdot t / 10\,000 \quad (3\text{-}11)$$ 式中　Q_{Lt}——漏点水量（万m³）； 　　　t——漏点存在时间（s），明漏的存在时间为自发现破损至关闸止水的时间；暗漏的存在时间取管网检漏周期
	背景漏失水量	供水单位选择有代表性的管网区域建立独立计量区域，通过监测夜间最小流量测算管网背景漏失水量	$$Q_B = Q_n \cdot L \cdot T / 10\,000 \quad (3\text{-}12)$$ 式中　Q_B——背景漏失水量（万m³）； 　　　Q_n——单位管长夜间最小流量［m³/（km·h）］，在DMA样本区域开展检漏后测定； 　　　L——管网总长度（km）； 　　　T——统计时间（h），按1年计算
	水箱、水池的渗漏和溢流水量	根据供水单位实际情况估算	

（5）计算计量损失水量。计量损失水量计算包括居民用户总分表误差损失水量和非居民用户表具误差损失水量的统计与计算。确定用户水表的误差程度，是调整少计量或多计量的水量的关键影响因素。需要随机选取有代表性的水表进行测试，测试样表应能反映居民用户水表的各种品牌和使用年限。水表测试可以由供水企业自己的测试队伍实施，也可以外包给专业公司实施。非居民用户表具（如用水大户的水表）通常在现场用测试设备测试。可以根据进度测试结果，对不同用户组确定平均计量误差值（计量精度，即计量用水量的百分比）。

居民用户总分表差损失水量和非居民用户表具误差损失水量分别按式（3-13）、式（3-14）进行试算：

$$Q_{m1} = \frac{Q_{mr}}{1 - C_{mr}} - Q_{mr} \quad\quad (3\text{-}13)$$

式中　Q_{m1}——居民用户总分表误差损失水量（万 m³）；

　　　Q_{mr}——抄表到户的居民用水量（万 m³）；

　　　C_{mr}——居民用户总分表计量漏失率，各供水单位根据样本试验测定。

$$Q_{m2} = \frac{Q_{mL}}{1 - C_{mL}} - Q_{mL} \quad\quad (3\text{-}14)$$

式中　Q_{m2}——非居民用户表具误差损失水量（万 m³）；

　　　Q_{mL}——非居民用户用水量（万 m³）；

　　　C_{mL}——非居民用户表具计量漏失率，各供水单位根据样本试验测定。

（6）计算其他损失水量。各供水单位根据实际情况估算。

 知识拓展

管网漏失率计算方法

管网漏失率是真实漏失水量在供水总量中的占比。其计算方法为

管网漏失率 = 真实漏失水量 / 供水总量

根据漏失水量发生的地点，可以将真实漏失水量分为三个部分，即输配水干管漏失水量、水库或蓄水池的漏失水量和溢流水量、用户支管至用户水表之间的漏失水量。

（1）输配水干管漏失水量。供水企业管理人员可根据供水管网运行维护记录，统计报表周期内（通常情况下，为 12 个月）输配水干管漏失修复的次数，并对平均漏失水量进行估算，最后可根据下式计算输配水干管每年的漏失水量：

输配水干管漏失水量 = 输配水干管漏失修复的次数 × 平均漏失水量 ×

平均漏失持续时间（参考值为 48 h）

若当地供水企业没有翔实的统计数据，也可根据国际水协的漏失水量参考值进行计算，见表 3-11。

表 3-11　漏失水量参考值

管道漏失位置	明漏漏失水量 / [L·(h·m)⁻¹]	暗漏漏失水量 / [L·(h·m)⁻¹]
干管	240	120
用户支管	32	32
注：表格数据来源为国际水协漏损控制专责小组		

（2）水库或蓄水池的漏失水量和溢流水量。供水企业管理人员可通过观察溢流情况，估算漏失平均持续时间及漏失水量。因为大多数溢流发生在水量需求较低的夜间，所以可以对每个水库及蓄水池实施定期的晚间观测，采用值班人员巡检或安装数据记录仪在预设的时间间隔自动记录水位等方式。

（3）用户支管至用户水表之间的漏失水量。通常情况下，统计计算用户支管至用户水表之间的漏失水量较为困难。可以通过真实漏失水量减去输配水干管漏失水量、水库或蓄水池的漏失水量和溢流水量进行近似估算。值得注意的是，这部分漏失水量不仅包括已知并修复的用户支管漏失水量，也包括用户支管上的未知漏失水量和背景漏失水量。

（4）未知漏失水量和背景漏失水量。未知漏失水量也称为潜在漏损水量，是指通过现有的漏损控制管理策略及技术手段未能及时检测到及未被修复的漏失水量。其计算方法为

未知漏失水量 = 水量平衡中的真实漏失水量 − 已知的真实漏失水量

漏失水量较小的渗漏或节头滴水称为背景漏失水量。由于背景漏失水量较小，采用常规的漏失检测技术难以检测，但最终或因偶然，或因检漏技术提升，或因漏点扩大可以测得。背景漏失水量的估算可依据国际水协的参考值进行计算，见表 3-12。

表 3-12　背景漏失水量参考值

漏水位置	漏失水量	单位
干管	9.6	L/（km·d·m）
用户支管 – 主干管至用户边界	0.6	L/（c·d·m）
用户支管 – 用户边界至用户水表	16.0	L/（km·d·m）

注：1. L/（km·d·m）表示每千米主干管内每米压力每天所产生的以升计的漏失水量。
　　2. L/（c·d·m）表示每用户支管每米压力每天所产生的以升计的漏失水量

3.2.4　应用案例

某区域的平均供水量为 1 294.19 万 m³/月；计费计量用水量为 1 096.53 万 m³/月；计费未计量用水量总和为 17.05 万 m³/月；免费计量用水量总和为 18.12 万 m³/月；免费未计量用水量总和为 3.28 万 m³/月。

在本案例中，未计量用水量主要包括水质保障排放水量、管道抢修冲洗用水量等。

1. 免费未计量用水量

水质保障排放水量是免费未计量用水量的重要组成部分，通过设计好的排放口定期对管网末梢或流速小的管道进行冲洗，目的是保证管网中的水流动性，不产生死水。冲洗流量 Q 主要取决于排放口的口径 d 和管网压力 H，利用水力学分析及现场经验数值，制定水质保障排放水量估算表，见表 3-13，管长按照 10 m 计算。

表 3-13　水质保障排放水量估算　　　　　　　　　　　　　　　　　　m³/h

项目	0.2 MPa	0.25 MPa	0.3 MPa	0.35 MPa	0.4 MPa	0.45 MPa	0.5 MPa	0.55 MPa
DN100	214	239	262	283	302	320	338	354
DN150	519	580	636	687	734	779	821	861

DN200	960	1 073	1 176	1 270	1 358	1 440	1 518	1 592
DN250	2 247	2 512	2 752	2 972	3 178	3 370	3 553	3 726

水司应制订好每月的冲洗管段计划，同时做好现场的排污口管径、附近压力、排污持续时间的记录。利用管径、压力与流量的估算表（表3-13），查阅对应流量，并根据排污时间计算水量。

例如，某管段的排污管管径为DN100，附近压力H=0.3 MPa（若压力值在表中两个值之间，可通过线性插入估算），可得排放水量约为262 m³/h，若此时排污时间为20:00—20:20，即持续20 min，则该管段排放水量Q=262×20/60=87.3（m³）。有条件的水司，还可详细记录排放主管管径、附近阀门弯头情况、冲洗管段长度等参数，进一步进行准确估算。例如，某排污主管管径为DN600，排污口管径为DN300，阀门和弯头及丁字管的局部阻力系数为3.4（可根据实际工况进行相应修改），经计算得到冲洗主管流速V_2=2.7 m/s，排放水量Q=2 747 m³/h。因为冲洗时间t=20 min，所以冲洗水量V=Q×t=915.6 m³。该区域每月有计划地进行15条管段的水质保障排放冲洗，根据实际工单，该部分的月平均用水量为1.88万 m³。

管道抢修冲洗用水量与水质保障排放水量性质类似，区别在于水质保障排放水量是日常工作，供水单位根据管网的水力特性，定期对水质条件不好的管段进行冲洗，保障居民日常的供水安全；供水管道抢修冲洗用水量是应急处理，要对工程修复后的管道清洗杂物，保障恢复通水后的水质安全。故该部分的用水量估算可参见表3-13，根据实际工单中的冲洗持续时间，可得出抢修冲洗用水量V=Q×t。

例如，某爆管口径为DN200，消火栓排放口径为DN100。根据表3-13，得冲洗流量Q=262 m³/h，冲洗持续时间t=15 min，抢修冲洗用水量V=Q×t=65.5 m³，则该区域抢修冲洗的平均用水量约为1.40万 m³/月。

2. 漏失水量

（1）漏点流量计算。在估算明漏水量和暗漏水量时，采用式（3-10）（具体公式见表3-10）计算漏点（明漏和暗漏）流量。其中，覆土对漏水出流影响折算为修正系数，本案例中取1；参数C_2为流量系数，本案例中取0.6；漏水孔面积A可根据该市现场维修情况得到，根据历年来的维修记录，爆管的漏水孔面积取管道截面面积的30%；孔口压力H取管网的平均控制压力，在该区域中，H=28 m H_2O（管网压力是0.28 MPa，即28 mH$_2$O）。

（2）漏点水量计算。漏点（明漏和暗漏）水量采用式（3-11）（具体公式见表3-10）计算。其中，t为漏点存在时间，明漏的存在时间为自发现破损至关闸止水的时间；暗漏的存在时间取管网检漏周期。通过上述参数，可计算相应漏失水量。爆管水量是明漏水量的主要组成部分，在该区域中，有记录的爆管水量数据Q_L=15.32万 m³，取及时抢修的明漏水量占总漏点水量的60%，可得平均每月的漏点水量Q_{Lt}=15.32÷0.6=25.53（万 m³/月）。

（3）背景漏失水量计算。背景漏失水量根据式（3-12）（具体公式见表3-10）计算。该区

108

域的管线长度 $L=1\,492.9$ km，该区域单位管长夜间最小流量 $Q_n=0.8$ m³/（km·h），此时该部分月平均用水 $Q_B=0.8\times1\,492.9\times365\times24\div12\div10\,000=87.19$（万 m³/月）。

（4）水箱、水池的渗漏和溢流水量。由于水箱（池）的渗漏和溢流水量难以估计，在本案例中，初步取为明漏水量、暗漏水量、背景漏失水量之和的 10%，则这部分水量 $Q_{LE}=11.27$ 万 m³/月。

根据分项水量的总和，总漏失水量 $Q_L=Q_{Lr}+Q_B+Q_{LE}=123.99$ 万 m³/月。

在本例中，漏损水量与漏失水量根据水量平衡原则计量，该区域漏损水量 $Q_{漏损水量}=Q_{供水量}-Q_{计费计量用水量}-Q_{计费未计量用水量}-Q_{免费计量用水量}-Q_{免费未计量用水量}=159.21$ 万 m³/月。

3. 计量损失水量

计量损失水量结合该区域的水表抽样调查结果和周检记录，居民和非居民计量总水量为 Q_{mr}，水表误差比例取 $C_{mr}=2\%$，每月水表计量损失水量为 Q_m，$Q_m=Q_{mr}/(1-C_m)-Q_{mr}$，在本案例中，计量损失误差为 22.90 万 m³/月，其中居民用户水量占比 60%，非居民用户水量占比 40%。

4. 其他损失水量

其他损失水量是指未注册用户用水和用户拒查等管理因素导致的损失水量。未注册用户用水主要是指家庭用户和其他用户的非法接管；因管理因素导致的损失水量主要指非法使用消火栓用于非灭火途径、用户利用水表滴漏不计量而偷接水的行为。该区域其他损失水量 $Q_{其他损失水量}=Q_{漏损水量}-Q_{计量损失水量}-Q_{漏失水量}=12.32$ 万（m³/月）。

综上所述，该区域的水量平衡表数据见表 3-14。

表 3-14　水量平衡表数据　　　　　　　　　　　　　　　　　万 m³/月

供水总量 1 294.19	注册用户用水量 1 134.98	计费用水量 1 113.58	计费计量用水量	1 096.53
			计费未计量用水量	17.05
		免费用水量 21.4	免费计量用水量	18.12
			免费未计量用水量	3.28
	漏损水量 159.21	漏失水量 123.99	明漏水量	25.53
			暗漏水量	
			背景漏失水量	87.19
			水箱、水池的渗漏和溢流水量	11.27
		计量损失水量 22.90	居民用户总分误差损失水量	13.74
			非居民用户表具误差损失水量	9.16
		其他损失水量 12.32	未注册用户用水和用户拒查等	1.48
			管理因素导致的损失水量	10.84

一、选择题

1.《城镇供水管网漏损控制及评定标准》(CJJ 92—2016)中规定城镇供水管网基本漏损率分为两级，一级为 _____%，二级为 _____%。（　　）

  A. 15；20   B. 12；10   C. 10；12   D. 20；15

2.《城镇供水管网漏损控制及评定标准》(CJJ 92—2016)中规定的漏损指标包括综合漏损率和漏损率，其中评定指标为（　　）。

  A. 漏损率   B. 产销差率

  C. 综合漏损率   D. 无收益水量

3.（　　）不是《城镇供水管网漏损控制及评定标准》(CJJ 92—2016)中对漏损水量的定义中包括的水量。

  A. 漏失水量   B. 计量损失水量

  C. 免费水量   D. 其他损失水量

4. 根据管网系统的大小和数据分析方法的不同，可以采用区域管理和（　　）两种分区方式。

  A. 营销区   B. 调度区

  C. 独立计量区域   D. 行政区

5. 为准确掌握漏损水量的各项所占比例并选择更具有针对性的措施，供水单位应根据计量区域（　　）结果，制订对应的漏损控制目标和方案，实施差异化管理。

  A. 生产调度   B. 水量平衡分析

  C. 热线数据   D. 问卷调查

6. 关于管网漏损率的说法，下列正确的是（　　）。

  A. 管网漏损率是由综合漏损率减去三个修正系数计算得到的

  B. 漏损率高的管网一定比漏损率低的管网健康状况更差

  C. 管网漏损率是漏损水量与供水量的比值

  D. 管网漏损率反映总体供水效率，但应结合其他指标综合分析管网漏损状况

7. 某水司年供水量为1亿 m^3，其中居民用水量为4 000万 m^3，居民抄表到户率为80%，则其在计算漏损率时，按抄表到户的修正系数为（　　）%。

  A. 8.00   B. 6.40   C. 3.20   D. 2.56

8. 下列表述中，（　　）是漏损率计算公式中的修正值。（多项选择）

  A. 居民抄表到户水量   B. 单位供水量管长

  C. 年平均出厂压力   D. 最大冻土深度

9. 以下关于《城镇供水管网漏损控制及评定标准》(CJJ 92—2016)描述中错误的是（　　）。

  A. 漏损率 = 综合漏损率 – 总修正值

  B. 总修正值包括居民抄表到户水量修正值、单位供水量管长的修正值、年平均出厂

压力的修正值，最大冻土深度的修正值

　　C. 漏损率 =（总供水量 − 注册用户用水量）/ 总供水量

　　D. 漏失水量包括漏损水量、计量损失水量和其他损失水量

二、思考题

1. 产销差率和漏损率的联系与区别是什么？该如何进行计算？

2.《城镇供水管网漏损控制及评定标准》(CJJ 92—2016) 中的水量平衡表与国际水协的水量平衡表存在哪些异同？

3. 开展水量平衡分析的目的和意义是什么？

4. 简述水量平衡分析的技术要点。

5. 水量统计和平衡分析的具体实施步骤有哪些？

项目 4

供水管网漏水声波探测

思维导图

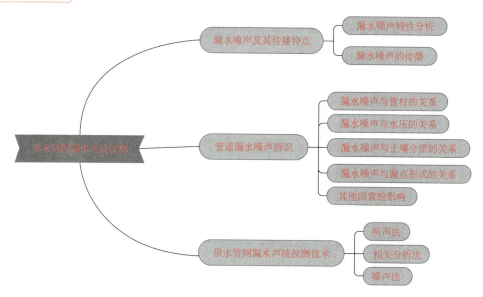

学习目标

供水管网漏水声波探测的核心知识包括漏水噪声的特性、传播规律及其辨识技术。在管网知识背景下，了解漏水噪声是及时发现并修复管网漏损的重要手段。通过深入研究漏水声波探测技术，结合管材、水压、土壤介质等管网特性，为精准定位漏点提供了科学依据。本项目内容不仅丰富了管网维护的理论基础，也为实践中的漏损管理提供了有力的技术支持。

通过本项目的学习，达到以下目标。

1. 知识目标

了解漏水噪声特性及其传播特点；了解影响漏水噪声传播的各种因素；掌握漏损探测听声法（阀栓、地面、钻孔）的探测原理、注意事项；了解相关分析法原理、技术要点和布设规定；了解噪声法漏水探测工作原理与布设方式；掌握漏水探测及声波探测各方法的优点、缺点与选择策略。

2. 能力目标

能够根据噪声特征，识别漏损噪声的种类；能够初步辨识不同工况下的漏损噪声；能够正确使用听声杆、电子听漏仪、相关检漏仪、噪声仪进行简单工况下的漏水探测，撰写漏水探测报告。

3. 素养目标

认识供水管道声波探测在供水管网漏水探测作业中的重要性，树立严谨、认真、一丝不苟的工作态度，养成爱惜仪器设备及安全、规范进行仪器操作的工作习惯，培养爱岗敬业、苦心钻研、精益求精的工作作风。

教学要求

知识要点	能力要求	权重/%
认识漏水噪声	熟悉漏水噪声的基本概念、特性；掌握漏水噪声的基本传播规律（其在不同管道材质、水压条件下的传播特性，以及土壤介质对漏水噪声传播的影响）	25
供水管道漏水噪声的辨识	了解漏水噪声与漏点形式之间的关系；熟悉不同漏点类型产生的漏水噪声特征	25
供水管网漏水声波探测技术	熟悉漏水声波探测技术的基本原理和技术方法；熟悉听声法、相关分析法的工作原理和应用场景	50

情境引入

声波检测法应用于武汉市供水管网漏水检测

武汉市作为一个人口密集、供水需求大的城市，其供水管网的运行状况直接关系到市民的日常生活。然而，随着管网的长期使用，漏水问题时有发生，不仅造成了水资源的浪费，还可能对管网设施造成进一步损害。武汉市供水管道87%的里程埋于地下、走向复杂，如何及时发现、准确定位管道破损、渗漏故障点，一直是供水运行维护单位面前的一道难题。为有效监测和及时修复地下渗漏点，武汉市水务科学研究院与水务集团合作，引入了先进的声波探测技术。

武汉市水务科学研究院团队研发了新一代分布式光纤声波传感设备，该设备中配备有先进的超声波、光纤等设备，将设备部署在供水管道高风险管段内，就如同为供水管网安装了神经末梢，光纤分布范围内任何漏点都可被敏锐探测。设备利用光纤中的瑞利散射光和OTDR（光时域反射）原理，实现了对供水管道中异常声波、振动的实时监测和精确定位，为城市地下供水管网渗漏监测提供了强有力的技术支持。

研发团队在武汉市城市供水管网的近百个关键区域和潜在漏水风险点，部署了分布式光纤声波探测设备，设备通过高灵敏度的声波传感器，实时监测管道内的声波信号，监控中心通过先进的信号处理算法对信号进行分析和处理，识别出漏水产生的异常声波信号。异常声波信号通过光纤传感，实现漏点精准点位，设备检测误差每20 km不足1 m。结合管网图纸和现场情况，对异常声波信号进行进一步分析，各类型漏点的检出率达到100%。声波探测法通过捕捉漏水时产生的特定声波特征，实现了对漏点的高效、精准定位。

2024年5月17日，武汉市水务数字技术中心研发的新一代分布式光纤声波传感设备在2024年长江经济带（武汉）水务科技博览会上亮相，武汉市水务科学研究院总工办主任蔡劲松现场演示了这一漏水探测设备的工作流程。现场准备了一段供水管浸于玻璃缸中，外部固定光纤，光纤另一端接入连接计算机的传感器。用手在缸内轻轻拨动，模拟发生管道破损时的异常轻微振动，计算机监控平台立即发出报警信号，这说明声波信号通过光纤传感，被系统识别为漏水信号，实现了故障实时报警和漏点精准定位。这种实时监测和高精度定位能力为供水管网运维单位后续的漏点修复工作提供了有力支持，确保了修复工作的准确性和有效性。

资料来源：《这设备真厉害，地面积雨管道漏水自动能"察觉"》长江日报，2024-05-18，https://baijiahao.baidu.com/s?id=1799436594196570593&wfr=spider&for=pc。

4.1　漏水噪声及其传播特点

4.1.1　漏水噪声特性分析

1. 漏水噪声的种类

物体的振动是声音产生的根源。当供水管道发生泄漏时，高压水从裂缝或孔洞中高速喷出，撞击管壁和周围的介质（如土壤或空气），从而使管道和土壤在出水点产生不同频率的机械振动。这种振动会以波的形式沿着管道和周围的介质传播。在传播过程中，部分振动能量会转化为声波，成为连续但不规则的漏水噪声向周围传播、扩散。一般所说的漏水声是指人耳可以听到的水从管道破损处喷出所产生的声音，根据漏水声产生的机理，漏水异常点的声音信号主要由以下部分组成：水从漏水孔向管外喷射时水流与管道漏水口摩擦振动产生的漏口摩擦声；喷出的水流冲击周围介质（空气、土壤、沙土、混凝土等）产生撞击、摩擦形成的冲击声；管道内的水在漏水孔周围旋转时形成涡流的声音；管道因漏水而产生的振动声等（图4-1）。因此，漏水声包含很宽的频谱范围，是一种复杂的波形。

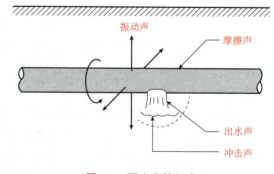

图 4-1　漏水声的组成

（1）水从漏水孔向管外喷射时产生的**摩擦声**：是指管道泄漏时，由于管道内外压差的作用，喷出管道的水与漏口边缘摩擦产生的漏水声波，其频率通常为100～2 500 Hz。

（2）喷出的水流冲击周围介质时产生的**冲击声**：是指喷出管道的水与周围介质撞击产生

的满水声波。它以漏斗形式通过土壤向地面扩散，属于球面波。其频率通常为 100 ～ 800 Hz。

（3）管道内的水在漏水孔周围旋转时形成涡流的声音：是指喷出管道的水体带动周围粒子（如沙砾、土砾及其他介质）流动并相互碰撞摩擦产生的漏水声波，其频率较低，通常无法在地面上检测到。

2. 漏水噪声的特征

漏水噪声如我们日常已知的声音一样，有三个主要特征，即声音的大小、声音的高低（简称声高）和声音的音色，也称作响度、音调和音品。

（1）声音的大小即响度或音量，人主观上感觉声音的大小由振幅和人离声源的距离决定，用声强级或声压级来表示，单位为贝（B），常用单位为分贝（dB）。正常人听觉的强度范围为 0 ～ 140 dB。声强级的计算公式为

$$L_I = 10\lg\left(\frac{I(X)}{I_0}\right) \tag{4-1}$$

式中　L_I——声强级，单位为分贝（dB）；

　　　$I(X)$——测试点处的声强（W/m²）；

　　　I_0——参照声强，通常在空气中取 $I_0 = 10^{-12}$ W/m²，这个数值对应人耳的听觉阈限，即能刚好听到的最小声强。

（2）声音的高低即声调，是指声波在 1 s 周期内的振动次数，也称为频率，单位是赫兹（Hz）。人的听力范围为 20 ～ 20 000 Hz，高于这个范围的称为超声波，低于这个范围的称为次声波。频率越高，声调越高，听觉上的感受是声音越尖锐，频率低的声音则感觉沉闷。漏水声的频率范围大致为 300 ～ 3 000 Hz。图 4-2 所示是铸铁管（DN100）和塑料管（DN75）在不同距离（1 m、10 m）的频谱图。

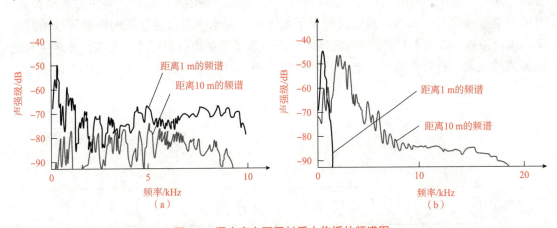

图 4-2　漏水声在不同材质中传播的频谱图
（a）铸铁管 DN100，2.8 kg；（b）塑料管 DN75，2.8 kg

由图 4-2 可见，高频漏水噪声在金属管道传播不容易衰减，在塑料管传播容易衰减。距离漏点越远，漏水噪声的高频成分越少。

（3）声音的音色是指同一频率、同一振幅的声音在不同的振动介质上感受到的听觉区别。例如，同一个频率和声强的音高用弦乐器和管乐器演奏时声音就不同，很容易分辨。同时，环境中的声音都是由基音（主频音）和不同泛音组成的，自然界没有单一频率的纯音。

鉴别漏水噪声的关键就在于区分音色。音色很难用语言描述清楚，听漏技术人员自己必须经常听各种不同的漏水声，尤其是要听不同的实际工况下（如压力、破口、材质、管道部件等）的漏水声，形成漏水噪声记忆库。大脑中形成漏水噪声记忆库一般需要一年左右的时间，在这期间，听漏技术人员必须不断强化自己对漏水噪声的记忆；否则会遗忘。当漏水噪声记忆库中有一定数量的各种工况下的漏水噪声时，可以将现实中听到的漏水噪声与记忆库中的漏水噪声进行对比分析，然后判别漏水位置。

上述两个过程就是通常所说的正演和反演，即先用正演训练识别系统，再用反演推测被识别的对象。这两个过程对于刚从事听漏的人员非常重要，应重视加强这方面的训练和实操，以便很快上手、独立工作。

当承压的管道漏水时，由于压力的作用，在漏点处及周围的土壤中将产生一定强度的振动，称为声波。平常听漏常听到有些不同的声音混合在一起，这就要靠经验和技术水平进行分析，一般常遇到的情况有下面几种。

（1）由于管道内水压的作用，漏口处发出"滋滋"的声音，像瀑布的流水声。

（2）漏口处射出的水柱撞击泥土的声音。

（3）硬物块互相撞击的声音。

（4）水在地下空间流动的声音（类似泉水声）。

4.1.2 漏水噪声的传播

供水管输送的水有一定压力，当某处漏水时，压力水从管道裂口处向外喷射，由于压力水与管口破裂缝隙间的摩擦而产生的振动会引起喷射噪声。它会沿管道向两侧传播，在管道上几十米范围内可听到相当强烈的喷射声，类似一种哨声，这种声音可沿管道传播，有的甚至可传至几百米远。当管道埋设于地下时，漏水声波沿着管道向两侧传播的同时又向地面传播，如图4-3所示。与此同时，压力水可能在裂口附近冲出空隙，并产生水流回旋式的扰动，有时伴随有气泡声。管道裂口振动时，还可能发生管道其他部位的附加振动。

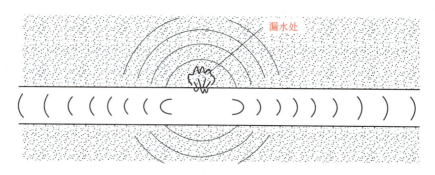

图 4-3　漏水时传播示意

1. 漏水声的传播特点

声波的传播是指物体振动形式的传播，由相邻质点间的动量传递来完成，而不是由物质的迁移来完成的。漏水声的传播具有显著的衰减特性、复杂的反射和散射行为，以及频率特征的变化。在复杂的地下环境中，声波可以通过管道本身传播，也可以通过周围的土壤或地下结构传播。

漏水噪声的声源（振动中心点）在土层中时，如果介质均匀，这一振动将以球面波的形式向四面八方传播。球面波到达地面的距离以垂直向上方向最短；漏点正上方的路径通常遇到的阻力最小，因为这条路径上的介质是相对均匀且直接的，球面波通过土壤垂直传播到地面，土壤对声波的吸收和衰减相对均匀，反射和散射较少，信号损耗最小；侧面或其他位置的声波可能穿过更多的障碍物、反射表面或密度不同的介质，导致声波的能量衰减更多，信号减弱。另外，漏点声波在传播过程中具有能量聚集的特性，越接近漏点，声波的能量越集中，密度越高，表现为信号越强。在某些情况下，漏点正上方可能发生共振现象，使特定频率的声波被放大，进一步增强了该位置的信号强度。所以可定性说，从地面上寻找漏点的位置就是寻找地面振动最强的位置，这是听声法测漏点的基本依据。

漏水声传播距离与强度关系如图4-4所示。

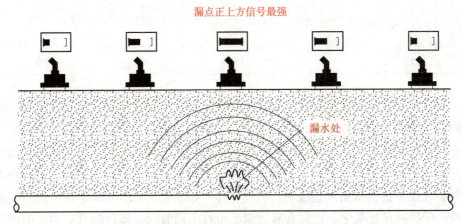

图4-4　漏水声传播距离与强度关系

2. 漏水声的衰减

声波在传播过程中会逐渐衰减，传播距离越远，振动幅度越小；距离越近，振动幅度越强。松软的土壤、岩石或高含水率的土壤会吸收和散射声波，导致声音强度迅速衰减；反之，在硬质土壤或岩石环境中，声波可以传播得更远。

高频声波（如细小裂缝产生的尖锐"嘶嘶"声）相比低频声波（如大裂缝产生的"哗哗"声）更容易随着距离强烈衰减。其中，一个例子就是鲸鱼，通过亚声速频率在海中进行超远距离沟通。另一个例子是远处的雷声，以低频的轰鸣声表现，但依然在经过长距离后也会最终衰减。小泄漏点产生的声音通常为高频成分，大泄漏点产生的声音通常为低频成分。当漏水噪声衰减到一定程度时，其他的噪声［如交通、管道内的环境噪声（管壁内粗糙表面造成的湍流）］会掩盖住漏水声，直到连检测专家也无法辨认的程度。低频波衰减得较慢，在被环境噪声完全覆盖之前可以传播较长的距离。但问题是，人耳无法听到这种低频声音。在共振下声波的衰减比较小，低于共振频率，衰减会随着频率降低而稍稍增大。高于共振频率时，衰减会随着频率增加而稍稍增大。

声波在液体管道内部传播时，距离声源 x 处的声强为

$$I_x = I_0 \times e^{-ax} \tag{4-2}$$

式中 I_0——管道泄漏声源处的声波强度（W/m²）；

I_x——距离声源 x 处的声波强度（W/m²）；

x——传播距离（m）；

a——衰减系数（m⁻¹），综合考虑了管道材质、液体特性、声波频率的影响。

从式（4-2）可见，I_x 呈指数衰减规律，即距离声源越远，来自声源的声强越小。

（1）漏水声在土壤/路面中传播的衰减。在土壤、混凝土中传播的漏水声里含有多种频率成分，而且各频率成分分别有不同程度的衰减变化（表4-1）。可见随着频率的升高，衰减也就越明显。

表 4-1　漏水声在土壤/路面中传播时的衰减

距离/m	频率	衰减
1	200 Hz	1/20
1	1 kHz	1/250
1	5 kHz	1/10 000

（2）漏水声在水中传播的衰减。漏水声在管路内水中可以传播到几百米远处。高频声波具有较短的波长，容易被水分子吸收和散射，因此高频声音在水中传播时，衰减得更快。低频声波具有较长的波长，它们不易被水分子吸收，衰减相对较慢，可以传播更远的距离。水的温度影响声波的传播速度和吸收特性。一般来说，温度较高的水体中，声波传播速度较快，但吸收也更强，从而加速衰减。温度梯度（如温跃层）还可能导致声波的反射和折射，使声波传播路径复杂化，增加衰减。漏水声在不同管材、管径的管道内水中传播距离也有着不同的衰减特性，见表4-2。

表 4-2　不同管材、管径与衰减率的关系（距漏点 10 m 处）

管材		漏水声	衰减率
主管	铸铁管 ϕ100	低频的声音	约 1/10
		高频的声音	约 1/6
	塑料管 ϕ75	低频的声音	约 1/8
		高频的声音	距离 2 m 约 1/28
支管	铅管 ϕ13	低频的声音	基本不衰减
		高频的声音	约 1/3
	塑料管 ϕ13	低频的声音	约 1/2
		高频的声音	约 1/44

管材影响漏水噪声的振动频率从高至低分别为钢管、铸铁管、塑料管。铸铁管和其他金属管道中的漏水声可以传播几百米，而塑料管中的漏水声传播距离通常只有几十米。研究表明，金属管道，如由钢或球墨铸铁制成的金属管，泄漏噪声通常集中在 $500 \sim 2\,500\,\text{Hz}$ ；而非金属管道如埋地塑料水管（PVC 或其他非金属材料制成的塑料管道）的泄漏噪声特性可能会有很大差异，在实际应用中经常观察到的漏水声频率范围为 $100 \sim 700\,\text{Hz}$。因此，与金属管道相比，要捕捉塑料管上的漏水声就显得困难些。在大直径管道中，声波的衰减速度较慢，传播距离较远；在小直径管道中，声波的衰减速度较快，传播距离较近。

3. 声阻抗

每种材料都有一定的声阻抗，这种性质是密度和声速结合的产物。如果声音在一定介质内传播，如水，遇到了具有不同声阻抗的另外一种介质，如空气，那么一部分的声波会被反射。如果声阻抗之间的差距很大，那么绝大多数的声波会被反射回来。如果两种介质拥有同样的声阻抗，那么声音就会穿越界面并没有反射。实际情况会处于这两者之间，部分的声波会被反射。气 / 水界面将反射绝大多数的声波，因为两者的密度和在其介质中传播的声速差距非常大。水 / 钢界面也同样会反射绝大多数的碰撞声音，因为钢的密度和在钢中传播的声速远远大于水的密度和在水中传播的声速。当漏水声在管道中传播时，如果遇到波阻抗（ρCA）发生变化，界面将会发生反射和透射。反射系数和透射系数的理论值为

$$K = \frac{\rho_2 C_2 A_2 - \rho_1 C_1 A_1}{\rho_1 C_1 A_1 + \rho_2 C_2 A_2}$$

$$T = \frac{2\rho_2 C_2 A_2}{\rho_1 C_1 A_1 + \rho_2 C_2 A_2} \tag{4-3}$$

式中　K——反射系数；

　　　T——透射系数；

　　　ρ_1，ρ_2——变阻抗前后管材的密度；

　　　C_1，C_2——变阻抗前后声音的传播速度；

　　　A_1，A_2——管道的截面面积。

由式（4-3）可知，当声音信号从低阻抗管道向高阻抗管道传播时，如漏水声从小管径管道向大管径管道传播时，反射系数 K 为负数，声音信号明显减小，如图 4-5 所示。入射信号与反射信号反相位，声音相抵消，声音信号会明显减小；反之，当声音信号从高阻抗管道向低阻抗管道传播时，反射系数 K 为正数，声音信号明显增大，如图 4-6 所示。漏水声从大管径管道向小管径管道传播，入射信号与反射信号同相位，声音相互叠加，声音信号明显增大。因此，管径越大，衰减率越大，特别是直径超过 $1\,000\,\text{mm}$ 的管道衰减更加明显。这也是大口径管道不易发现漏水，而容易发现异常定位漏点的原因。与金属相比，塑料具有较低的声阻抗。这意味着，当声波穿过塑料管时，很大一部分声能会在管道与周围介质（如土壤、水）之间的边界处损失，从而进一步减少可检测信号。

当声音信号到达自由端时，如图 4-7 所示，如

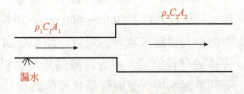

图 4-5　漏水声从低阻抗管道向高阻抗管道传播示意

消火栓、水龙头等部位，$\rho_2 C_2 A_2$ 近似为零。反射系数 $K=-1$，透射系数 $T=0$，声音信号近似全部反射回来，同相叠加在原信号上，因此，在这些部位听到的漏水声特别"大"。

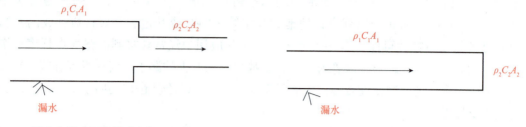

图 4-6　漏水声从高阻抗管道向低阻抗管道传播示意　　图 4-7　漏水声到达自由端传播示意

当声音信号经过三通、四通、接口、弯头等部位时，其波阻抗已发生变化，会产生反射、透射现象，使正常传播的声音信号发生变化，造成假的声音异常，在漏水声波探测过程需要特别注意。

4.2　管道漏水噪声辨识

漏水的带压水管中通常会发出以下一种或多种声音：由于管道振动和孔口压力降低产生的"嘶嘶"声或"呼呼"声、水在管道周围流动产生的"水花飞溅"声或"潺潺小溪"声、水撞击地下埋覆土时发出的快速"敲打 / 砰砰"声、石子在管道上弹跳的"叮当"声。"嘶嘶"声或"呼呼"声是一种持续噪声，是在 30 psi（2 kgf）或更高压力供水管道中听到次数最多的声音。其他几种声音视情况存在或不存在，但即便它们存在，也通常无法探测到。因此，当使用测漏仪听漏时，一般会听到"嘶嘶"声或"呼呼"声。

影响漏水声的因素有很多，包括管材、管径、水压、管道埋深、土壤介质和压实度、地面类型、漏点形式等。

4.2.1　漏水噪声与管材的关系

当供水管道发生泄漏时，漏水异常点产生的声音信号有一部分是由水和管壁摩擦形成的，而且该部分声音信号主要经由管壁传播，所以，管道材质的弹性模量是影响漏水异常点声音信号传播的重要因素。如果管壁是完全刚性的，声音会以大约 1 485 m/s 的速度进行传播。然而，管材在某种程度上总是存在弹性的，这个弹性性质在管道传播的过程中会造成声波的衰减。水管中的声速取决于管材、管径 / 管壁的比值。对于金属管道，声速放缓至 1 200 m/s，尽管金属吸收了一部分声能，但是依然可以传播得很远。塑料管道更具有弹性，将声速降低至 300 ～ 600 m/s。声能在塑料管中更容易被吸收，因此，在传播的过程中声波会变得越来越弱。所以，经非金属管道传播的声音信号，多为低频信号；经金属管道传播的声音信号，多为高频信号。也可以理解为，与金属管相比塑料管的高音部分较弱，听到的漏水声，金属管是刺耳的高音，非金属管（特别是聚酯管、塑料管）是较重的低音。不同管材漏水声频率范围如图 4-8 所示，不同材质的管道漏水声衰减规律如图 4-9 所示。

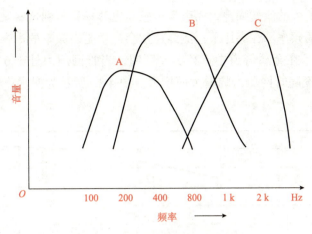

图 4-8　不同管材漏水声频率范围

A—聚乙烯管；B—球墨铸铁管；C—石棉水泥管。

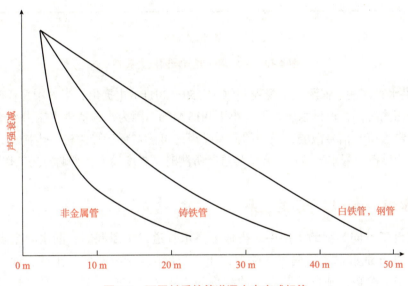

图 4-9　不同材质的管道漏水声衰减规律

　　传声好的管道（如白铁管、钢管等）漏水声能传播到很远的地方，难以从声量与音色上判断漏点的位置。在实际工作中，即使用具有频率和声强记录功能的电子听漏仪来鉴别管道上相距 3 m 的两个测量点，也可能无法判断哪个测量点更靠近漏点。铸铁管的传声在 3 m 外有明显的衰减，故铸铁管一旦听测到漏水声，则很容易准确判断漏点。传声差的管道（如 PP-R 管、PE 管、水泥管等），如果能在管道上听到漏水声，漏点一般不会超过 5 m 范围。

4.2.2　漏水噪声与水压的关系

　　供水管网的管网压力与漏水异常点声音强度呈正相关关系。随着水压的增加，水从泄漏处溢出的力量也会增加，从而导致泄漏部位的湍流增加。这种湍流会产生更强的声学信号，从而产生更大的泄漏噪声，而声学传感器更容易检测到这些噪声。较高的压力也可以改变泄漏噪声的频率。在高压下，泄漏往往会产生更高频率的声音，这些声音通常更容易被发现，尤其是在金属管道中。经实践证明，当管网压力处于 0.10 ～ 0.40 MPa 时，漏水异常点声音强度随管网压力的增大而增大。图 4-10 所示为漏水声强度与管网压力的关系。

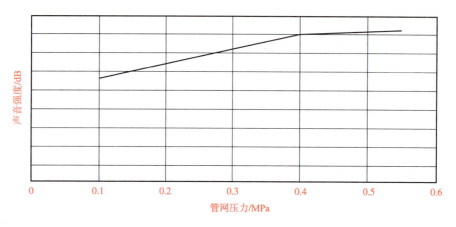

图 4-10　漏水声强度与管网压力关系

《城镇供水管网漏水探测技术规程》（CJJ 159—2011）也提出，当采用声音探测法对供水管网进行探测时，管道供水压力不应小于 0.15 MPa，因为当管道供水压力小于 0.15 MPa 时，漏水异常点声音信号微弱，微弱的泄漏噪声还可能被环境噪声进一步掩盖，检漏人员使用听声仪器设备对漏水异常点声音信号进行听测时，难度较大，影响检漏工作效率。

4.2.3　漏水噪声与土壤介质的关系

管道埋设于不同类型的土层中，当地下供水管道发生泄漏时，漏水异常点产生的声音信号有一部分是水自管道漏点外喷射而出，与周围介质（空气、土壤、沙土、混凝土等）产生撞击、摩擦形成的，其声音的频率为 500 ～ 800 Hz。其次，漏水孔口喷出的水喷到周围泥土上产生第二频率，其声音的频率为 25 ～ 275 Hz，这个频率很容易被泥土吸收掉，因此，路面上能听到的范围不大。另外，漏水的水流将附近泥土冲刷，其声音频率造成空穴，水流在空穴中旋流，产生像喷泉的声音，该声音频率为 25 ～ 250 Hz，其传送距离很短，一般不超过 2 m，是确定漏点的主要特征。由水与孔口摩擦引起振动产生的这部分声音信号主要经由地面介质传播。地面介质包括管道周围土壤介质和路面介质。

（1）**供水管线漏水声与埋设土壤条件的关系**。沙土、淤泥、疏松土壤、绿化地带和新铺管道的土壤传播漏水声较差，含水率大的土壤也是如此；坚硬密实的土壤传播漏水声的性能较好，如柏油路面、方砖路面及漏点上方没有形成空洞的路面。如果漏点在积水面以下，则只能在地面听到 0.8 ～ 1.2 m 深的漏水声；当管道埋深为 1.5 ～ 2 m 时，只有漏点较大且水压较高、能够产生足够的漏水声时，才能在地面上听到漏水声，也就是漏水与管壁摩擦的声音。例如，对于 2 m 埋深管道的漏水，发出的"嘶嘶"或"呼呼"的声音很微弱，只能听到较低频率的声音；相反，对于1 m深的管道漏水，声音更大，频率略高，如图4-11所示。

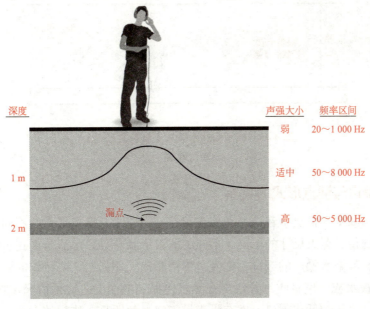

图 4-11　声音在土壤中传播

（2）**供水管线漏水声与地面土壤条件的关系**。路面介质的弹性模量是影响漏水异常点声音信号传播的重要因素。通常情况下，当路面介质为软质路面或多孔路面时，如泥土路、绿化带、草皮、砂土、炉渣路等，漏水异常点声音信号受到收、反射的影响，衰减加剧，传播漏水声较差。当路面介质为硬质路面时，如混凝土路面、沥青路面、水泥路面、方砖路面等，振动传播损失较小，传声效果较好。特别是较硬的路面和混凝土路面可与漏水声产生共振，因而可以听到1.5 ～ 2.5 m远漏水声。草地和松散土壤没有可产生共振的条件，大部分漏水声为管壁传播的漏水声，尤其是城区回填土较多时，会给检漏带来很大的困难。炉渣、碎石和泥土路面声波传播较差，但漏水容易渗出路面，如图4-12所示。

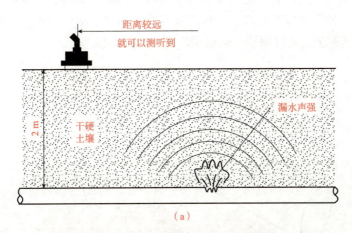

图 4-12　供水管线漏水声与土壤的关系
(a) 铸铁管、钢管

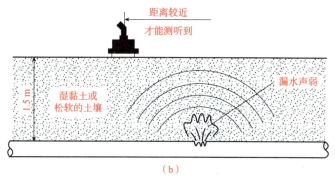

（b）

图 4-12　供水管线水声与土壤的关系（续）

（b）PVC 管

4.2.4　漏水噪声与漏点形式的关系

漏点形式与漏水异常点声音信号衰减也存在一定联系。漏点形式的不同主要体现为漏点形状、漏点部位、漏点尺寸的不同。不同的漏口形状会导致水流与漏孔边缘的摩擦方式和程度不同，影响漏水噪声的频率、幅度及传播距离。例如，一些特殊的漏口形状可能会使漏水声能量被水或土壤吸收，导致声音无法传播到地面上，这种情况在管道埋置较深、漏口被水淹没、水压较低或漏口上方有隔声设施时尤为明显。狭窄的裂缝、坚硬的铁管或钢管等发出的漏水声较大，频率也较高。

一般情况下，较规则的漏点形状，如点腐蚀、裂纹等，比不规则的漏点形状声音信号衰减快；管道接口处、阀门处的漏点比管段漏点声音信号衰减快；小尺寸漏点比大尺寸漏点声音信号衰减快。漏点越小且形状不规则，泄漏的噪声频率越高。但漏水异常点声音信由多种因素共同作用，以管道开裂为例，此时因漏点尺寸过大，引起管段失压，声音信号衰减会陡然加剧，这是因为此时声音信号衰减的主要影响因素为管道压力，而非漏点尺寸。

管道向上或向左、右方向漏水，声波在路面容易听到。管道两侧漏水时，漏水声最强的位置在管道漏水的一侧；管道的上侧漏水时，漏水声在管道正上方最强，而且频率高，有时可以听到冲击沙土的声音；漏点在管道下方时，地面听到漏点声音较沉闷，缺乏高频成分，如果漏水"捂"住管道破口，只可以听到缓慢的"咕咕"流水声，漏水处被砖块或石块压住，则声波浑浊，难以辨别正确漏水位置，如图 4-13 所示。

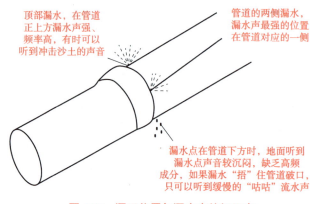

图 4-13　漏口位置与漏水声特征示意

4.2.5 其他因素的影响

1. 环境噪声

城市环境中的其他噪声如水管内的流水声、用户用水的声音、下水道的声音、地下电缆的电磁声、路面汽车行驶的声音及风声等都与漏水声有相似之处，因此，在用漏水声波探测法测漏时应特别注意。

（1）**管道内的流水声**：这种声音是水流过供水管时与阀栓等凸起物产生摩擦而形成的一种振动声，它在管道内以一定的频率传播。若阀门处于不是全开的状态下，水流的擦过声和漏水声区别很小。

（2）**电力管线产生的回路声**：地下电缆、高架变压器、路灯等电力设备会产生 300 Hz 以下的低频声，与漏水声极其相近。

（3）**用水声**：用水声是在大量用水时产生的，其声波范围为 500～2 000 Hz，如居民晚间用水时，入户管发出的声音。检漏时检漏人员只要注意即可判别。

（4）**下水声（也称排水声）**：主要是指雨水、污水流动及雨水、污水流入检查井时的声音，其频率一般为 50～2 000 Hz。这种声音发生在供水管道周围，影响路面听声的效果，其具有干扰作用，在路面听声时检漏人员只要稍加注意就可判别。

（5）**交通噪声**：来自车辆、火车、飞机等交通工具的噪声。例如，汽车行驶时轮胎与地面的摩擦声。如果车速较快一驶而过，其音量变化较大、易辨认。但有时较远的、平稳行驶的车辆，其轮胎的摩擦声为 100～1 000 Hz，与漏水声也较为相似，所以路面听声时要加以区别。

（6）**自然噪声**：风声、雨声、河流、海浪等自然界的噪声，特别是在户外或管道靠近自然水体时，会干扰漏水信号的检测。例如，听声时所用的仪器探头、连线等，在被风吹的情况下，会产生 500～800 Hz 的低频声，有时会被误认为是漏水声。当风速为 4～6 m/s 时通过听声就很难辨别漏水是否异常，因此，漏水调查时应尽量避免在大风时进行听声作业。

（7）**都市噪声**：如空调、供暖器、冰箱、加压泵、排风扇等运行时产生的噪声，其频率大多为 400～2 000 Hz，也近似漏水声，因此也对听声调查造成了困难。在居民区或商业区，来自人群、声乐、广播等的噪声也会影响检测设备对漏水噪声的捕捉。

2. 接口形式

供水管道的接口形式同样是影响漏水异常点声音信号传播的重要因素。如果接口的密封性良好，漏水可能主要通过管道壁或沿着管道传播噪声，漏水噪声可能较小且传播路径较长，容易被检测到。密封不良的接口可能成为漏水的主要通道，导致漏水噪声集中在接口处，声音可能更强烈，但局限于局部，容易在接口附近检测到。

实践证明，相较于采用柔性接口的连接方式，当管道采用刚性接口（如焊接、法兰连接）连接时，传导声音的效率较高，漏水噪声容易通过接口传播，声音信号衰减较慢，噪声信号较为清晰。**柔性接口**（如橡胶垫片连接）由于材质的缓冲作用，可以吸收一部分噪声，导致漏水噪声传播效率降低，检测难度增加。在实际案例中，钢管常用的连接形式为焊接，漏水异常点声音信号在钢管中传播，声音能量消耗较小，衰减较慢；铸铁管常用的连接形式为承插式、橡胶圈连接，漏水异常点声音信号在铸铁管中传播，声音能量消耗较大，衰减比钢管快。此外，平滑的接口设计有助于漏水噪声的传播，噪声信号相对稳定；如果接口设计复杂（如多层密封、多种材料结合），可能会导致噪声在接口处发生散射或衰减，使漏水噪声的检测更加困难。螺纹接头的缝隙和不均匀性可能成为漏点，导致局部噪声增强，但噪声可能局限在接头附近；焊接接头的完整性通常较高，漏水噪声较小，传播更均匀，但可能会有局部的高频噪声。

3. 管道口径

管道口径对漏水噪声的强度、频率、传播距离及检测难度都有显著影响。在相同管材的情况下，由于不同的管道口径声阻抗不同，因此造成漏水异常点声音信号的衰减程度也不同。不同管径漏水声响度与传播距离的关系如图 4-14 所示。

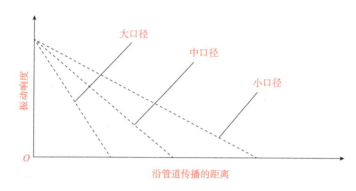

图 4-14　不同管径漏水声响度与传播距离的关系

大口径管道具有较大的水流量和较高的压力，漏水噪声通常更为低沉，即频率较低，因此，漏水信号在较远处仍可能被检测到。而且，大口径管道内部的声波在管壁上的反射较少，噪声信号相对稳定。此外，较大口径的管道通常水压较高，可输送更大的水量，当发生漏水时，漏损水量也可能较大，会产生较强的噪声，噪声信号在水流湍动下较为明显，而且管壁较厚，噪声可能会通过管壁向外部传播，使管外检测变得更加有效。

小口径管道漏水噪声的频率通常较高，高频噪声传播距离较短，衰减较快，容易被环境中的其他噪声所掩盖。而且小口径管道中的声波可能受到更多的反射，噪声信号容易发生散射和干扰，导致检测信号的不稳定性增加。此外，小口径管道漏损水量通常较小，产生的噪声可能较弱，而且容易受到环境干扰，检测难度较大。

4. 气阻现象和水包管

气阻现象（或称为气锁现象）是指管道中的空气或气体积聚在某个位置，形成一个气泡或气袋，阻碍水流的正常流动。有压输配水管道在供水、排水过程中，均需要排出或吸入同等体积空气，当管道内部空气未得到及时排放时，就会产生气阻现象。气泡的存在会吸收部分漏水产生的声能，极大加剧了漏水异常点声音信号衰减，提高了探测难度。而且，气泡或气袋的存在会使水流断续，改变水流的动力学特性，导致漏水噪声的频率发生变化。由于气体的存在，噪声频率可能会变得不稳定或表现出较高的频率成分，漏水检测设备难以捕捉到稳定的噪声信号，增加了漏水检测的复杂性。此外，气阻现象会引起噪声传播路径的改变，使漏点的准确定位变得更加困难。同时，气泡可能会导致噪声在管道内反射或折射，干扰检测设备对噪声源位置的判断。气阻现象通常出现于过河拱形桥管、试压管等。一般情况下，为避免气阻现象导致检漏人员使用检漏仪器探测不到漏水异常点声音信号，检漏人员需要先从管道高处将管内气体排出，方可进行探测。

"水包管"现象是指管道漏点位置低于地下水水位高度或管道漏水异常点因漏损水量过大，导致漏点位置被水浸没，此时虽然水与水之间的摩擦振动更为剧烈，但是由于水介质的阻隔，漏水噪声变得很低沉，就像一个水龙头放进水中一样，只冒水花，声音很小，声音信号衰减加剧，难以探测。

5. 管道附件干扰

声波探测的应用成效由多种因素共同决定。上述因素为影响漏水异常点声音信号本身强度及传导过程的客观因素。以下将对影响漏水异常点声音信号分辨、甄别的主观因素展开讨论。

管道附件干扰是影响检漏人员分辨的重要因素。因为地下供水管网存在各种管道附件，如变径管件、变向管件、阀门、泵机等，当管网中流速较大的水在急转弯或变径时，对弯头或接头产生冲击而引发振动。如果漏点附近有三通、弯头等，则可能会产生附加振动，进而产生较强烈的声音信号。在某些情况下，水流经过弯头、三通的声音信号强度可能会大于漏水异常点声音信号强度。图4-15所示为漏点附近的三通、弯头等对检漏的影响。对于小口径浅埋水管，尤其要特别注意的是，不要把三通和弯头的干扰信号当成漏点，有时即使没有漏点，在管道中流速较大时，三通和弯头处也会产生较强的振动。

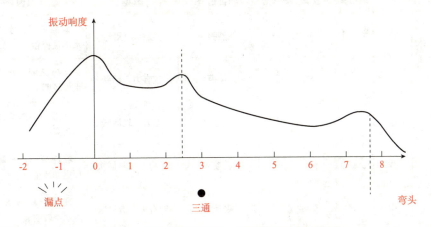

图4-15 漏点附近的三通、弯头等对检漏的影响

综上所述，高质量的漏水声取决于高水压、压实的回填土、裂痕小、干净的管道内部、金属管材及小口径等因素。对比之下，产生低质量漏水声的因素包括低水压、软性回填土、大裂口、被腐蚀的管道内部、软性管材和大口径。漏水声与管线状态、漏孔形状、水压等的关系见表4-3；不同工况下漏水声的表现形式见表4-4。

路面下的漏水声会受到上述因素的影响，因此用听声式探测法来捕捉漏水声时，有必要充分把握以上特点。

表 4-3　漏水声与管线状态、漏孔形状、水压等的关系

条件		对调查的影响	备注
埋设深度	浅	容易	注意共振的影响
	深	困难	埋设较深的管路，漏水声易衰减
土层密度	粗	困难	介质较粗糙时，漏水声的衰减较大
	密	容易	—
管道材质	软	需多注意	塑料管等软质管对漏水声的衰减大，可听到的漏水声处于很狭小的范围内
	硬	影响较小	
管道口径	小	无影响	—
	大	有影响	大口径管道不容易引起振动
漏损水量	少	困难	极少量的漏水因漏水声较小不易捕捉
	多	容易	注意漏水孔附近"水包管"现象
水压	低	困难	通常 1 kgf/cm^2 以上容易探测
	高	容易	一般较高的水压造成的漏水声较大

表 4-4　不同工况下漏水声的表现形式

影响因素		漏口声	水头声	流水声	特征信号	耳感	原因分析
压力	大	↑↑↑	↑↑	→	强烈啸声	强劲、活跃	摩擦加剧，水头有力，流水声被掩盖
	中	↑	→	↗	啸声	较有力、活跃	摩擦减弱，水头无力，流水声较明显
	小	→	↓	↑	咕咕声	无力、较活跃	摩擦弱，水头无力，流水声较突出
埋深	深	↓↓↓	↓	→	弱嗡声	无力、少有层次	埋深越深，衰减越大，高频更加严重
	中	↓	↑	↑↑	嗡呼声	较有力、有层次	高频衰减较大，水头声、流水声较明显
	浅	↑↑	↑↑	↑↑	啸声	较强劲、活跃	衰减小，水头声、流水声略被掩盖
土质	碎料	↑	↑	↑↑	啸哧声	很活跃、层次强	反射、绕射增加，衰减较少
	沙土	→	↓	↓	呼声	较无力、单调	介质颗粒细小，低频振动衰减较大
	黏土	↓	→	↑	嗡声	无力、较有层次	介质弹性增大，衰减增大，低频反应较好一些

影响因素		漏口声	水头声	流水声	特征信号	耳感	原因分析
路面	方块	↑↑	↑↑	↑↑	啸声、哨声	强烈、活跃	容易激发振动
	柏油	→	→	→	嚓啸声	活跃、有层次	集料性质和弹性性质互相作用
	混凝土	→	↑	↓	哧声	较有力、层次感好	较高频率段振动衰减小
漏口方向	向上	↑	↑↑	↑	哧啸声	高昂、层次感好	水头声较接近地面，衰减小，明显
	向下	→	↓	↑↑	咕嘟声	活跃、有层次	流水声增大、明显
漏口周长	长	↑↑↑	↑↑	↑	强烈啸声	强劲、活跃	摩擦面积增大，漏口声大
	短	→	↑	↓	哧声	较有力、层次感差	摩擦小，出水少，水头较有力
漏口面积	大	↑↑	↓	↑↑↑	呼啦声	活跃、变化大	出水多，流水声大，容易形成水没式
	小	↑	↑↑	↓	哧声	有力、较有层次	摩擦减小，出水较少，水头较强
含水率	大	↓	↓	↓	嚓声	较无力、单调	声音衰减大
	小	↑	↑	↑	啸声、哨声	较有力、有层次	含水率小，声音衰减小
水渗出路面		↓↓	↓↓	↓↓	呼声	无力、单调	对应含水率很大，声音衰减很大，有时无声
水流入下水道		↑	→	↑↑	哗啦声	很活跃、变化大	水流落差大，击水声明显

4.3 供水管网漏水声波探测技术

4.3.1 听声法

听声法是指借助听声仪器设备，通过识别供水管道的漏水声的大小与音质特点来判断漏水位置的方法。听声法从本质上说应叫声振法，是目前国内外应用得较为成熟、最为普遍且有效的方法。根据听测对象的不同，听声法可分为阀栓听声法、地面听声法和钻孔听声法。第一种方法用于查找漏水的线索和范围，简称漏点预定位；后两种方法用于确定漏点位置，简称漏点精确定位。

听声仪器设备包括简单的机械式听声杆和各类听漏仪。

1. 阀栓听声法

阀栓听声法（也称为阀门听声法）是指通过在管道系统的阀门或栓门处使用听声设备（如听声杆或听声仪）来检测漏水噪声的技术。

所有的听声设备直接接触管道时都会产生更好的声音效果，尤其是在金属管道上。利用机械式听声杆、电子听声杆/听漏仪等设备直接听取接触裸露地下管道、阀栓、水表及其他供水管道附属设施上的漏水声波，根据噪声强度及频率判断有无漏水，以及漏水发生的大致范围。阀栓听声法探测到的声音信号主要以漏口摩擦声、管道共振声为主，声音信号传播较远。因此，阀栓听声法只能粗略判断漏水的存在和大致位置，难以准确定位漏点，简称漏点预定位（图4-16）。

图4-16 阀栓听声法示意

阀栓听声法适用于供水管道漏水普查，可快速覆盖较大区域，是目前漏水调查特别是城市范围漏水调查的有效方法。阀栓听声法既可发现漏点，又可探测漏水异常的区域和范围，指导地面听声工作，为路面听声和相关检测做好准备。阀栓听声法基于人的听觉、比较和推断能力及实践经验的累计，经验丰富的人员能够更好地识别和定位漏水噪声，而缺乏经验的人员可能会错过微弱的噪声信号。

阀栓听声法技术要点如下所述。

（1）当采用阀栓听声法时，应先观察裸露的地下管道或附属设施如节门、阀门、消火栓、表杆等有无漏水现象。如果听声点存在明漏点，则无法通过该点判断相关管道是否存在漏水，应把明漏点处理后再进行阀栓听声（实际上在阀栓听声的过程中就能发现很多明漏点，修复后节约的水量也不小）。

（2）当运用阀栓听声法对供水管网进行声音探测时，因为探测到的声音信号主要经由管壁传播，所以听测到声音信号相对容易，但是同时也意味着干扰噪声更容易被侦测。因此，对漏水异常点声音信号的分辨显得异常重要。当探测到管道异常时，不应过早断定管道泄漏，应做到"寻声觅迹，循声溯源"。首先判断声音来源、声源性质。其次根据不同声源性质，采取相应举措。如果初步判断为环境交通噪声，则可待干扰车辆行驶出较远距离后，再进行听声。如果初步判断声源在管道上，则可对管道多点进行听测，比对分析声音信号，初步判断声源方向。最后追踪声源方向。如果在追踪过程中发现存在管道附件，可重点听测并判断是否为声源，若不是，则继续寻找并确定声源。

（3）在管道附件上听到的最大漏水噪声点可能并非真正的漏点，仅仅代表漏点距离这个管道附件已经非常接近。如果两相邻听声点的距离过长，即使没有听到漏水声，也不能保证两点之间的管段没有漏水。遇到这种情况应做好记录，之后采用其他方法排查。

（4）探测记录应及时整理，便于后续工作。

阀栓听声案例

某石化厂区在漏水普查过程中发现一处阀门井内有积水现象，怀疑为埋地管道泄漏所致，于是成立项目工作组前往开展漏水检测工作。

（1）对现场实地情况进行了勘察，并与管网图进行了比对和分析。

1）该厂区位置特殊，地下管网复杂繁多，各种管线（生产水、消防水、循环水等）参差交错，情况复杂，排查工作量大，难度高。

2）由于厂区处于生产运行状态，无法安排全部停工，装置区域有运行噪声等干扰源，对查漏工作会造成一定影响。

3）图纸中管线走向与现场情况不符，需要对管线走向追踪确认后再继续查漏工作，增加了检测的难度。

（2）根据分析结果及沟通情况，漏水检测工作组确定漏水检测方案，开展漏水检测工作。

1）根据该厂区管道特有的工作环境和工作条件综合考虑，检测采用以阀栓听声、路面检测、相关检测和区域流量测试比对为主的技术方法，对厂区范围内的消火栓、阀门井、水表等使用听声杆进行听声探测，查明可疑漏点区域。

2）对已经发现的漏水异常区域周围的管线进行探测，确定管线准确位置，并进行深度探测，利用漏水探知机对可疑管线按 S 形线路反复听声定位，初步确定最有可能存在漏水的范围。

3）利用相关检漏仪对该范围内管线的两端漏点进行相关分析，以锁定漏点具体位置，缩小漏点的可疑范围。

4）利用勘探棒和听声杆直接扎到缩小范围后的管线上进行听声，判断漏点的准确位置。

经过工作组 40 天的漏水检测工作，该厂区业务工作范围内的所有地下供水管网均使用相关检漏仪进行检查，完成漏点的排查。共检测出漏点 6 个，计量漏点 6 个，漏水合计 15.01 m³/h（图 4-17）。

主要漏点说明如下。

水种：消防水；管径：$DN100$；管线材质：碳钢；管线压力：11.0 kg/cm²。

管线埋深：2.0 m。

图 4-17　漏点

2. 地面听声法

漏水声源通过管道覆土将声波传输到地面，垂直管道距离地面最短处，声波振幅最强，频率最大（常用电子听漏仪），此处即漏点，如图 4-18 所示。

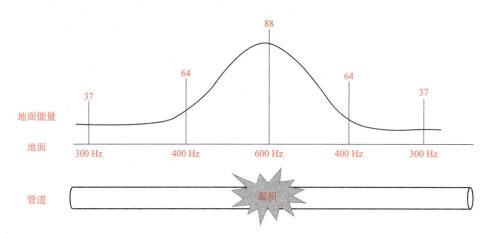

图 4-18　地面听声能量波分布图

地面听声法是指检漏人员利用听声杆或电子听漏仪，沿管道走向在地面上听取从漏点直接传播到地面的漏水声波，发现漏水声波异常，确定漏点的方法，如图 4-19 所示。

图 4-19　地面听声法示意

其中，听声杆是传统工具。电子听漏仪（地面听声器）是现代化的电子听声设备，通常配有耳机和数字显示器，能够更加精确地捕捉和分析泄漏声波，其使用方法如图4-20所示。地面听声有时使用数据记录器，记录不同地点的声音强度以供后续分析。地面听声法成本相对较低。

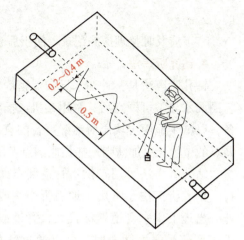

图 4-20　电子听漏仪的使用方法

地面听声法的优点是操作简便，设备便携，现场操作灵活，其探测点更多，分布更广，也更容易进行探测；缺点是主要依靠人们的听觉，识别声强、声频及异常的特征，对漏点进行探测，对操作人员的经验要求高，特别是在嘈杂的环境中进行检测时，受环境噪声影响较大，判断难度增加；在深埋或管径较大的管道上，效果不佳。

地面听声法适用于无法直接接触到管道的情况，尤其是当管道布局复杂或无法通过阀栓直接检测时。因为通过地面听声法听测到的声音信号是以漏斗形式，由土壤向四周传播，所以在一般情况下，管道漏水异常点附近声音信号较强烈，较易被探测。因此，地面听声法多用于供水管网漏水普查和定性分析漏失发生的可能性及漏点位置。

地面听声法技术要点如下所述。

（1）在进行地面听声之前，必须掌握被测管道准确的地下空间位置，也就是管道的水平位置、埋深和走向。漏水探测这个行当中有一句名言，即"没有找不到的漏点，只有搞不清的管线"。

（2）在管道漏水普查时，应沿供水管道走向，在管道上方逐点听测。

（3）听声杆或拾音器应紧密接触地面，若地下管道为金属管道，测点间距不宜大于2.0 m；若地下管道为非金属管道，测点间距不宜大于1.0 m；当发现漏水异常可疑区时，漏水异常点附近应加强测点密度，测点间距不宜大于0.2 m。

（4）管道的埋深一般控制在2.0 m之内，埋深大于2.0 m时，不宜采用。因为按照漏水声在土壤中的传播规律，深度超过2 m的管道漏水声传到地面时一般的听漏仪已经不能清晰地拾取到。这个深度随着经验的增多和漏点的增大，以及高性能听漏仪的出现而增加。

（5）当管道上方路面为硬质路面（混凝土路面、沥青路面、水泥路面）时，探测点间距宜采用1.0 m；当管道上方路面为柔性路面（泥土路、绿化带、炉渣路）时，探测点间距宜采用0.5 m。

（6）利用路面听声法，如果在听声位置听到了漏水声，就可判断该点地下的管道中存在漏水。根据地面上漏水声变化曲线的规律可初步确定漏点的位置，再对这一小范围区域反复测听，综合比较不同点漏水声的大小和音色，即可定位漏点，但此时这个点仍然是漏水异常点。进行漏点精确定位或对管径大于300 mm的非金属管道进行漏水探测时，应沿管道走向以S形推进听测，但为避免偏离距离过大，而导致漏点声音无法被测得，检漏人员在听测时，听声杆或传感器偏离管道中心线的最大距离宜小于管径的 1/2。

（7）应及时整理探测记录，便于后续工作。

3. 钻孔听声法

钻孔听声法是一种漏水异常点精确定位的方法。其核心原理是检漏人员在检测出供水管网漏水异常可疑点后，利用钻机或插钎等工具在漏水异常可疑点附近钻孔，插入听声设备，以减少地面土壤层对泄漏声音的衰减和干扰，用最不失真的传声工具，在最接近真实漏点的位置，更加清晰地捕捉泄漏点发出的声音，达到提高泄漏定位精度的目的。

钻孔听声法可用于供水管道漏点的精确定位，应在供水管道漏水普查发现漏水后进行。钻孔听声法还常用于地面听声法或阀栓听声法难以准确定位泄漏点的复杂情况，此外，当地下供水管道埋深较大、管道或地面环境复杂、噪声干扰大，难以听测到漏水声或声音信号强度微弱时，可以通过钻孔听声法进行辅助检测。图 4-21 所示为钻孔听声示意。

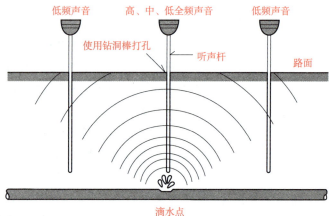

图 4-21　钻孔听声示意

钻孔听声除听外，还有一个很重要的，就是"看"。大多数情况下漏点附近的土壤由于漏水会发生明显变化，由干土变成泥浆，这时如果钻孔听声的位置确实接近漏点，听声后听声杆的下端会将这个信息带上来。这不是绝对的，只是为人们提供了这个异常点的参考信息之一，这一点是经验，与听声法无关。

钻孔听声法技术要点如下所述。

（1）在进行钻孔听声之前，必须确保已经掌握被测管道准确的地下空间位置，确保已经详知管道上方及邻近旁侧其他管线的有关资料，包括电力、电信、燃气、光缆和其他地下设施的分布情况和埋深，不可盲目钻孔。钻孔深度一般控制在接近管道的高度，通常略低于管道顶部的位置，这样可以确保传感器能够最大限度地接触到管道内部，同时避免对管道造成损伤。也可用管线定位仪进行探测，确定无其他障碍后方可进行，避免发生安全事故。

（2）当采用钻孔听声法探测时，为进一步提升探测精度，需要在漏水异常可疑点附近钻取至少 3 个探测点，而且钻孔间距不宜大于 0.5 m。

（3）钻孔听声法应使用听声杆听声的拾音点，也就是听声杆的前端要尽量接近管体。

（4）应对所有探测点的声音信号进行重复听测和对比，并仔细观察伸入的听声杆杆体是否有水渍。通常情况下，若有水渍，则说明该处为漏水异常点。在确定泄漏点后，应及时对钻孔进行封孔处理，避免对环境造成长期影响。同时，若在道路等公共区域进行钻孔，需要进行适当的地面修复。

（5）钻孔机的选择应根据地面的硬度和土壤类型进行，确保能够高效钻孔，并且不会对周围环境造成过多破坏。若通过其他方法可实现漏水异常点的精确定位，原则上不提倡采用钻孔听声法。因为电锤在钻穿路面的过程中可能会伤及其他管线，造成人身安全事故。

（6）对开挖非漏水点或超出定位误差范围的漏水异常点，进行现场听声分析与资料整理工作，为后续工作积累经验。

4. 管道内置听漏

管道内置听漏是一种利用专业设备和技术，通过监听管道内部漏水声音来定位漏点的检测方法。管道带压内检测技术是一种在带压管道中投入检测装置，通过检测分析漏水声波信号，确定漏点位置的方法，按检测装置投放方式不同，可分为无缆作业模式和有缆作业模式。

（1）管道内置听漏仪。管道内置听漏仪为供水管道内的检测有缆设备。常见配置为玻璃纤维绳（装有水听传感器）、主机蓝牙耳机或防水音响、仪器箱等。通过将玻璃纤维绳伸进管道内部，使纤维绳上的水听传感器接收经水介质传播的声音信号，并通过蓝牙传输的方式将声音信号传输至主机，经声音处理后，由主机传输至耳机或音响，供技术人员进行分析和判断。图4-22所示为管道内置听漏仪。因为仪器操作过程较为烦琐，所以不适用于日常的供水管网漏水普查，可用于供水管网漏水异常点的精确定位，尤其是大口径管道或非金属管道的疑难漏点定位。

图4-22 管道内置听漏仪

管道内置听漏仪在沿水流方向推进线缆的过程中，可能会产生刮线噪声，此时可用主机的静音功能消除该声音，以免损害听力。在开启静音功能后，应密切关注主机上的噪声指示灯，当噪声强度下降后，可关闭静音功能，以免错过漏点。每次推进长度宜保持在 30 ~ 50 cm，而且需要保持一定时间的听测。管道内置听漏仪的水听传感器采集到的声音是经水介质传播的，因此灵敏度极高，可以听测出极小的声音信号，而管件干扰声也更明显。与地面听声法类似，当水听传感器接近漏水异常点时，其接收的声音信号强度也呈现由小到大的趋势，但灵敏度较高，故而须仔细甄别声音强度的差异，应在可疑点附近推拉数次，反复对比声音表现情况，最后根据推进的线缆长度，确认漏水异常点的距离和位置。此外，对于植入金属线的管道内置听漏仪，还可以通过加载磁信号到金属线的方式，在地面上测量信号的大小，从而达到测量塑料管线走向和深度目的。

管道内置听漏技术不受环境噪声影响，听声探头最远可达 300 m，可以在带压、带水的情况下进行安装和使用，具有高效、准确的优点。此外，该技术还结合了管线定位功能，能够同时确定管道的走向和深度，为漏点的精确定位提供了有力支持。

需要注意的是，使用管道内置听漏仪时，需要将玻璃纤维绳伸入待测管道，因此需要严格做消毒措施，确保伸入的水听传感器和线缆不会影响水质安全。为防止线缆被卡在管内或被折断，须均匀、缓慢地将线缆推进管道。为预防线缆卷进，形成死结，引起卡在管道的事故，待测管道管径不宜过大，一般在 DN1 500 以下。此外，若使线缆转弯，也应缓慢推进，且弯角不应大于 90°，以小角度或直管段为宜。若线缆被卡住，应轻轻推拉线缆，使其离开卡缝。同时，为避免管道压力过大、水流流速过快，对水听传感器造成损坏，在使用管道内听漏仪进行检测时，管网压力可适当减小，宜在 1.0 ～ 1.5 MPa，若听测效果不好，可适当增压。在使用前应检查线缆初始长度，确保在测量前清零，以免测量距离时产生误差。

（2）智能球。智能球检测技术是一项基于声学原理，同时，综合其他多种感知手段的新型检漏技术。智能球系统包括球形检测器、声接收器、GPS 接收能量供应器。球形检测器是核心部件，其配置包含声波发射器、声音板式内存传感器、旋转传感器、温度传感器、微处理器、板式内存、能量供应等成部分。智能球作为无缆内检测设备，相较于有缆内检测设备，更为灵活，行进不受变向管件变截面的约束，可顺利通过各种弯头、开启的直通阀（包括蝶阀）、渐缩管等多种管件，如图 4-23 所示。

图 4-23　智能球铝制核心、泡沫球套和信号接收器

在检测过程中，智能球被放置于中空套球内部，套球一般为聚酯泡沫材质，具备一定的可压缩性，然后将智能球放入待测管道，智能球随水流滚动前进。在行进过程中，通过高灵敏的声音传感器不断采集供水管道内的声波信息，当智能球经过漏水异常点的位置时，智能球与漏水异常点的空间关系是由远及近，在经过漏水异常点后，又逐步远离漏水异常点位置，因此，智能球收集到的声音信号将呈现波峰状。除声学原理外，智能球综合了其他多种类型传感器的感知数据，可综合分析供水管道是否存在漏水异常现象，并可初步估算漏失水量。其具有检测灵敏度高、定位精准、处理速度快等优势，可实现供水管道不停水、多点微小泄漏的检测与精确定位。

🔍 知识拓展

智能球探测

在压力管道内的泄漏会产生声波信号，当管道内的高压流体流向压力较低的管道外时会形成声波。当智能球在管道内穿行时，会持续记录这些声波数据，通过后续对声波的评估与分析，即可识别存在于管道内与泄漏相关的声活动。当智能球沿着管道底部滚动时，经过漏点时智能球到漏点的距离小于 1 倍管径，所以，接收的信号衰减小、检测精度高。

如图 4-24 所示，智能球逐步靠近漏点时检测到的声波强度会逐步增大。当智能球经过漏点时声波会形成一个强度最大的尖峰，随着智能球逐渐远离漏点，声波也逐渐变弱。

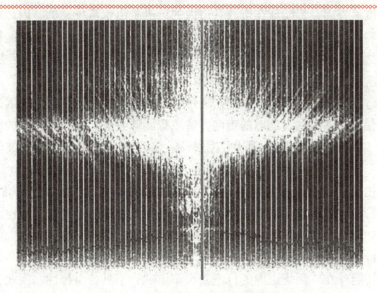

图 4-24 分析软件显示的漏点信号

通过对可能的泄漏做进一步的评估可以估计泄漏的大小。可以将泄漏分为小泄漏、中等泄漏和大泄漏三类。0 ~ 7.5 L/min 的漏点属于小泄漏，漏损水量在 7.6 ~ 37.5 L/min 的漏点属于中等泄漏，漏损水量超过 37.5 L/min 的漏点属于大泄漏。

管道内的气囊会引起一种特殊的声波信号，可以被智能球检测到。压力管道内的气囊通常是空气阀故障或缺乏造成的，位于管线的高处。在水和空气的交界处，由于液体湍流产生声信号。气囊具有很明显的声波特征，经培训的技术人员很容易通过智能球分析软件找到。图 4-25 所示为智能球检测到的气囊所呈现的异常声波特征。

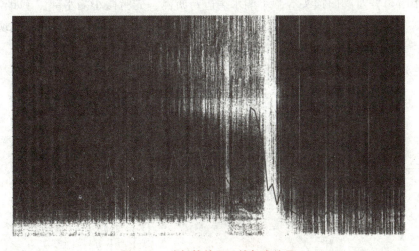

图 4-25 分析软件显示的气囊信号

1）智能球检测技术要点。

①在管网压力方面，因为智能球的声音传感器灵敏度较高，所以相较于传统声音探测法而言，对于管网压力的要求可适当下降，但仍应不小于 0.1 MPa。

②在水流流速方面，智能球在待测管道内的行进是由水流推动的，因此水流流速应在一个合理范围内，水流流速过大，将导致智能球对管内探测点位的探测时间较短，影响探测精度，同时，还可能导致智能球丢失等；水流流速过小，将导致智能球无法在管内通行，因此，水流流速宜处于 0.15 ～ 1.8 m/s 的范围内。

③传感器行进方面，智能球可以轻松通过各种弯头、阀门等障碍物，因此待测管道不宜有分支，以免无法追踪到智能球的走向，造成智能球丢失。在条件允许的情况下，可在待测管道上以 500 ～ 1 000 m 的间距加装跟踪器，以接收智能球发出的声波信号，避免智能球丢失。

④智能球主要适用于供水管网较大口径管道（DN300 以上）的漏水异常点精确定位，对于小管径的管道可能难以适用或效果不佳。最后需要考虑的是，智能球检测技术的研发和应用成本相对较高，可能不适用于所有地区的所有供水管道的检测需求。

2) 智能球检测注意事项。

①考虑到智能球在待测管道内的行进受水流影响，不具备可控性，因此，智能球较适用于管道拓扑属性简单、支管较少的管网区域检测，如长距离无支管的输水管道检测。在遇到严重堵塞或管道结构复杂的情况下，可能会影响其正常移动和检测效果。

②为确保智能球在投入和回收时，均有充足的作业空间，投放点外部最小作业高度不应小于 1.2 m，回收点外部最小作业高度不应小于 4.0 m。

③智能球中的微处理器可通过编程的方式，实现延迟记录功能，即智能球在行进一段时间后，才开始采集、记录声音信号。通过该技术手段，在多次对长距离管道检测后，将数据进行拼接。

5. 典型漏水声的分辨

（1）用听声杆对阀门顶头等微小漏水声进行听测。先听微小漏水部位（如顶头消火栓的防冻孔等）的漏水声，再比较井内不漏水部位（如法兰）的漏水声。可以发现，这些微小部位的声音频率很高，漏水部位可以直接听到具有金属特质的"沙沙"声，而附近部位（如法兰）的声音就陡然减小很多，听测时须认真区分两者的差别，如图 4-26、图 4-27 所示。

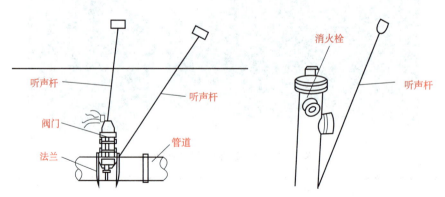

图 4-26　阀门顶头的微小漏水听测示意　　图 4-27　消火栓防冻孔的微小漏水听测示意

另外，对于井内充满杂物的阀门、水表，因无法直接看见阀门、法兰等部位，只能用听声杆判断阀门和管身是否漏水。

（2）铸铁管、镀锌管的管身漏水的听测。室内的铸铁管、镀锌管弯头是易发生漏水的部位，但由于传声效果好，即使其他部位漏水，在立管弯头上也可以听到非常清楚的漏水声。因此用听声杆（或听漏仪）听测立管附近的地面，可以听到水冲击泥沙、混凝土等的声音，同时，注意与管道周围地面的振动声音的区分，如图4-28所示。

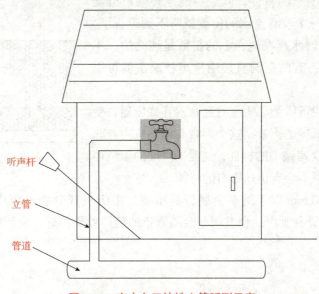

图4-28　室内白口铸铁立管听测示意

（3）在有风情况下的路面听测。听漏时，风的干扰不可避免。没有经验的听漏人员有时会分不清风声与路面漏水声，听测时要注意风声缺乏厚实的低频声；如果在漏点正上方，风声则缺乏"沙沙"的高频声。风声对听声杆的干扰小于对听漏仪的干扰，因此，在风声较大的环境中要尽量使用听声杆，如图4-29所示。

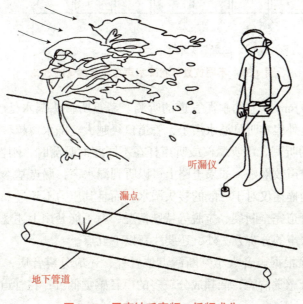

图4-29　风声缺乏高频、低频成分

（4）在地下有空腔情况下的路面听测。在人行道或自行车道听漏时，地面下经常有空洞。空洞上方的声音一般大于其他位置的声音。空洞中的空气受外界空气振动的影响，使空洞内形成新的振动源，从而在路面上有异常的响声。这个响声和漏水声较相似，但它有一个明显的特征，就是空洞之外响声会陡然减弱，在附近换一个没有空洞的位置就听不到声音了，如图 4-30 所示。而漏水声在地面上的扩散是连续的，不会陡然降低。另外，有的空洞直接用听声杆敲击就可以鉴别。

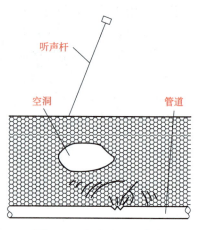

图 4-30　有空腔听测示意

（5）在变压器附近听测。听漏时经常遇到变压器，变压器附近可以听见低频的声音，这个声音与电动机声音非常接近，具有连续快速敲击的特征，这是 50 Hz 的工频声音的特性；而漏水声不会有快速敲击的特征。

（6）直径在 300 mm 以下的非金属管的听测。用听声杆分别于距离漏点 5 m、10 m、15 m、20 m 处接触管身听声，会发现非金属管道的传声效果不好，高频漏水声被压制，如图 4-31 所示。

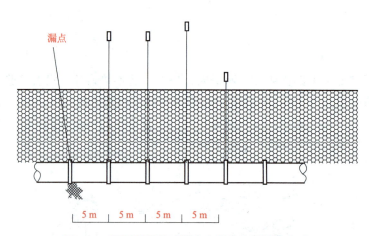

图 4-31　不同位置体验漏水声在非金属管的衰减

（7）直径在 500 mm 以上的水泥管道的听测。着重听接头漏水处、5 m 外、10 m 外的管身，会发现 5 m 之外很难听见漏水声了，管道口径越大，漏水声越容易衰减。

（8）不同路面的听测。用听漏仪或听声杆在不同路面听测时，刚性路面的传声效果远强于土路。土路的吸声效果好，如果土路上可以听到漏水声，漏点基本就在附近。

以上对漏水声的描述仅对于一般的接头漏水，而且其压力不超过 0.2 MPa，漏水流速不超过 5 t/h。若存在管道完全断裂、拉脱等特殊情况，就不能套用上述规律了。

除掌握以上漏水声的分辨方法外，还要注意以下五点。

（1）听漏时，除根据声音大小判断漏点位置外，还应分辨音质，主要就是频率组成。高频成分较多的声音感觉清脆，低频成分较多的声音感觉低沉；在管道上漏水声传播越远，高频成分损失就越多，听起来越低沉，而靠近漏点的位置，声音就比较清脆，所以有经验的听测者根据频率的变化可大致估计漏点距离的远近。

（2）要掌握漏水声的连续性。漏水一旦发生，且尚未修堵或因久淤堵塞，则在相当长的时间内一直在漏，它不同于自来水龙头或某种定时、定量放水的装置。根据管道漏水的这种连续性特点，在夜晚测听时（因为这时不会有多少用户交叉用水）很容易区分是漏水还是放水。

（3）要掌握漏水声的稳定性，管内压力大时，漏水的声响也大；反之亦然。

（4）要掌握漏水引起的振动随位置的变化而变化的特点，检测定点的关键是"比较"，只在一点听测是没有多大意义的，只有比较不同点的相对值才有意义。

（5）应特别注意管道因弯头、三通、马鞍、接头凸起等因素引发的振动。因为管道中正常过水或漏水会引发管道上某些点共振，这个共振所发出的声音有时会比实际漏点的声音更响，所以需要事先了解管道的实际结构，注意提高实测技术和积累经验，才能准确判断漏点。漏水时，三通和弯头的位置也会出现类似漏水的声音，但略有区别：弯头位置的声音一般发闷，振动感较强，声音没有方向性；三通位置的声音较弯头位置要尖锐，同时有过水声；无论三通还是弯头，都没有漏水处声音急。由于漏水有方向性，声强分布有差异，凭借这一点可区分漏水处与三通和弯头处的声音。实在区分不了时，可通过关闭阀门错开用水高峰等方法来识别真实的漏水。

6. 影响听漏的因素

在听漏实践过程中，主要影响听漏效果的因素如下。

（1）管道内水压低于 0.1 MPa。

（2）漏点的大小和形状。

（3）漏点被水淹没或被锈皮及防腐层包裹。

（4）管道埋置太深（2 m 以下）。

（5）管道材质（如塑料管、石棉水泥管、橡胶管）传声效果不好。

（6）下水道内流水声的影响。

（7）变压器、冷暖风机、鼓风机、空调等设备运行声音的影响。

（8）土质的影响。

（9）车辆行驶的连续干扰。

（10）风声（风力不宜大于三级）的干扰。

（11）工地噪声、装修噪声的干扰。

（12）地面堆积物的影响。

 知识拓展

共振声与漏水异常声的识别

2017 年 4 月，北京富急探仪器设备有限公司技术人员同某水司工程部李经理、潘经理就城市的两处测漏疑难点进行了现场分析。

疑难点一

该处为两栋住户房中间的小巷，水泥路面，曾进行过若干次定位，但开挖后只发现了一根 $DN63$ 的 PE 管，管壁的振颤非常明显，无水，因此不是漏点的位置。这次对 $DN300$ 与该管道的三通连接处一带进行了听声，在旁侧的水表井和消火栓听到了些许漏水异常声，需要进行进一步的判断。

从当时耳机中传来的清晰、响亮的中频声，结合之前开挖时发现的管壁强烈振动，再结合之前所判断的异常点的四周为两面水泥墙，可以初步判定管壁共振产生了一个四方形的共振区，在这个范围内的声音都比较接近漏水声，而根据声强以球面波扩散并按指数规律衰减，与管道垂直点的正上方声音能量衰减最低、信号最强，因此，在这个共振区的正中心点声音最接近漏水异常声。

结合机械式听声杆和听漏仪，在路口 $DN300$ 水泥管与 $DN63$PE 管的三通处附近的消火栓和水表井听到了些许漏水异常声，判定可能在三通接口处存在漏水现象（图 4-32、图 4-33）。

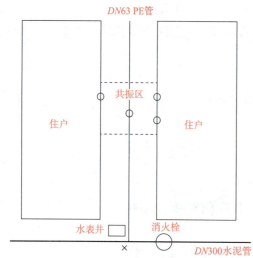

○ 之前判断过的异常点
× 可能的漏水异常点

图 4-32　简易现场解释

图 4-33　探测现场

疑难点二

该点在一处繁华的商业地段，车辆多、人员嘈杂，地面材质为方砖地。在之前定的位置点反复听声，拾取到了冲击力非常强、响亮的中高频声，但同疑难点一一样的现象，缺乏一些关键的带水的声音，加之旁边存在电缆井，可能是共振＋空腔回声叠加后出现的假漏水异常声。之前在前方大概 1.5 m 的四周再次进行听声，发现了更接近漏水异常的声音，而这个声音的频率尽管没有假漏水异常声高，但是出现了"水"的感觉。由于这两者之间存在的差异比较明显，特意用录音机记录下真假漏水异常之间的区别（图 4-34）。

假漏水异常声 vs 真漏水异常声（反复聆听，找到规律）：

第一段声音："干干"的声音，但是很响亮，很"冲"。

第二段声音：带水感强烈，高低频都存在，且丰富饱满有层次感。

产生共振音的因素

三通、弯头、马鞍、接头凸起、废弃井造成的空洞、水泥面薄壳。

结论

管道因管件自身的因素（弯头、三通、马鞍、接头凸起）及探测环境本身的因素（路面材质等引发的振动），结合正常过水或漏水而引发的管壁共振声，经常会比实际漏点的声响更强，掩盖真正的漏水声。通过这次疑难点的现场探测，可以反映出听漏技术人员对于现场实际地面和地下信息的掌握程度、技术的过硬程度及经验积累的重要性。在进行定点之前需要反复思考和分析；否则会错判漏点。

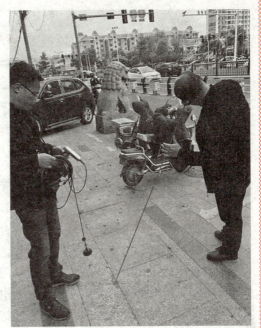

图 4-34　现场

知识拓展：
边缘计算

7. 常用仪器介绍

供水管道漏水听声法检测常用的仪器主要有机械式听声杆、电子听漏仪。

（1）机械式听声杆。机械式听声杆（简称听声杆）是一种传统的听声工具，主要由传声杆和听筒两个部分构成。听声杆是用坚实木料或某种金属做成棒体，并在顶端加谐振腔及振动膜片，棒体前端接触管道暴露点，如阀门、消火栓、裸露的管道部位等。当杆体接触阀门、消火栓、管道、地面时，声音信号将沿传声杆传导至听筒谐振腔，引起膜片振动，人耳贴附于听筒上便能听测经机械结构放大后的声音。使用时耳贴近谐振腔的开孔仔细辨别有关声响。它的优点是音质单纯、无杂音、易分辨且声音强度变化明显、无附加的电气噪声；缺点是灵敏度低、低频损失较多、劳动强度大、需要经验，对于深埋水管的地面巡测则难以胜任。机械式听声杆如图 4-35 所示。

听声杆是检漏工手中最简便、最基本且用量最大的检测工具，常用于供水管网漏水普查时的阀栓听声法和地面听声法，其中阀栓听声法尤为常用。其也可用于漏水异常点的精确定位、定位后的复核校验，以及抢修施工后尚未回填土时，听测管道修补位置，同时对抢修质量进行复核校验。作为一种辅助性工具，尤其是对已用其他方法定位的校验，具有良好效果。

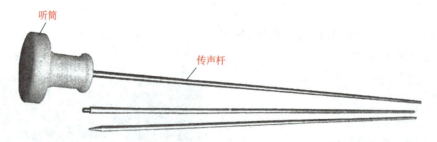

图4-35 机械式听声杆

听声杆的功能特点如下。

1）可以插入草坪、松软地面、小孔间隙处，深入被测点，适应各种水管道。

2）有三种型号杆长，即1m、1.5m、1.8m。

3）防振；不需要电源，自身无噪声，音色纯正。

4）听筒采用尼龙材质，内置感应膜片，灵敏度更高。

5）只要将机械式听声杆放置在管道阀门或暴露的管道上，就能听出附近是否漏水。

6）机械式听声杆还可以用来诊听电动机、泵、轴承等工作状态是否异常。

7）机械式听声杆具有直接传导声音的特性和价廉物美的优点。

机械式听声杆正确操作姿势如图4-36所示。

（2）电子听漏仪。电子听漏仪又称为地面检漏仪，其基本构成为传感器、内置放大器、滤波电路、显示器、供电电源和耳机六个部分，如图4-37所示。高灵敏度的传感器（或麦克风），能够捕捉管道内外的声音振动，特别是漏水引起的高频声音。内置放大器可以放大这些声波，以便检测人员更容易听到。电子听漏仪通常配备了滤波器，能够过滤掉不相关的低频噪声或高频噪声，只保留与漏水相关的声音。经过放大和滤波处理的声音会通过耳机或扬声器传输给检测人员，帮助他们准确定位漏点。数字显示屏能够实时显示声音信号的强度或频谱，帮助检测人员更直观地判断漏点的位置。部分电子听漏仪可以记录检测过程中获取的声音数据，方便后续的分析和报告生成。

图4-36 机械式听声杆正确操作姿势

电子听漏仪灵敏度和抗干扰能力均优于机械式听声杆，常用于供水管网漏水普查时的地面听声法和漏水异常点的精确定位。在使用电子听漏仪对地下管网进行探测前，应先根据工作环境和管道参数调节仪器灵敏度。

在使用电子听漏仪对地下管网进行探测前，应先根据工作环境和管道参数选择拾音器和频段。当工作环境风力较强时，为避免风声影响检漏人员对声音信号的判断，宜采用防风拾音器。如果探测目的为供水管网漏水普查，则可选用较宽的频段范围进行听测。如果探测目的为漏水异常点的精确定位，则需要根据现场情况合理选择频段。若待探测管道为塑料管道，可选用中、低频段，如 $200 \sim 600\,Hz$；若待探测管道为金属管道，可选用中、高频段。

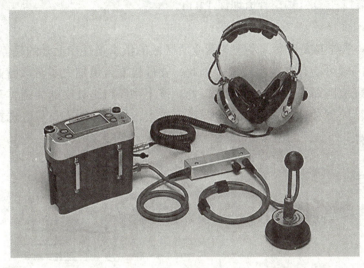

图 4-37　电子听漏仪及其使用

　　漏点声音信号具备连续性和稳定性，因此在一般情况下，可通过电子听漏仪的最小值（有效值）检测功能，排除某些非连续、突发激增的环境干扰。但因为拾音器拾取到的声音信号是由漏点声音信号与环境干扰信号等多种声音信号复合形成的，所以最终仍是基于检漏人员的经验对声音进行分析、研判，因此，不可盲目遵从电子听漏仪上最小值（有效值）的示数，仅可将其作为参考。

视频：
电子听漏仪

8. 应用案例

案例 1： D 市农村老旧管线漏点预定位。

漏点详细信息如下：管道口径 $DN200$；管道埋深 3.0 m。

漏点形式：铸铁管侧边小洞。

　　在一次供水管网漏水普查中，检漏人员通过机械式听声杆探测到某农户房屋附近一处阀门有极微弱的漏水声，检漏人员将阀门井打开后，观察到井内清水流动。因为附近缺少管道附属设施且管道基础资料不全，所以无法使用相关检漏仪进行定位。而且管道埋深达 3.0 m，检漏人员采用地面听声法也探测不到漏点的声音信号。因此，检漏人员改用延长机械式听声杆，通过阀栓听声法判断漏点方向，并沿可疑方向继续听测，对该漏点进行预定位，最终用管道内置听漏仪对该漏点进行精确定位。第二天开挖后，在距离阀门 10 m 处确认漏点位置，漏点为 $DN200$ 铸铁管侧边小洞，漏损水量较小。

　　分析： 本应用案例中主要体现了机械式听声杆的轻便、灵活两个特性。当工况环境不能满足相关检漏仪的使用要求时，如管道附近缺少阀门、消火栓等管道附属设施，无法选取合适位置放置两个传感器。或者当管道埋深过大时，地面听声法探测效果不佳，机械式听声杆以其轻便性、灵活性可在复杂工况中发挥一定效用。此外，本应用案例中检漏人员的工作态度和工作方法均有一定借鉴意义，在采用阀栓听声法发现阀门有漏水声时，即使是较微弱的声音也没有草率处理，第一时间打开阀门井观察，最终查出声音来源，形成漏水分析逻辑链的闭环。

案例2：S市交通要道地下复杂管线漏点。

漏点详细信息如下：管道口径 DN150；管道埋深 1.0 m。

漏点形式：铸铁管断裂。

S市调度中心经分区计量系统多次观察，发现某营业所区域的供水量存在上升的趋势，在排除其他因素后，认为该区域可能存在漏水现象。因此，安排检漏人员加大了对该营业所片区的检漏力度，并将可疑范围缩小到一个十字路口处。该十字路口地处交通要道，车流量大，大型车辆多，地下管线复杂且管材多样，检漏难度较大，因此检漏人员只好选择晚上开展漏水检查工作。检测工作分区如图 4-38 所示。

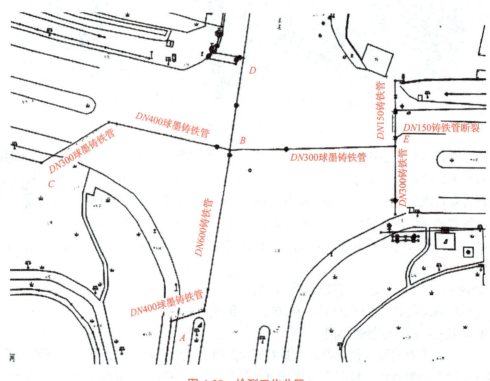

图 4-38　检测工作分区

检漏人员首先利用电子听漏仪排除了 A 点 DN400 球墨铸铁管，然后使用电子听漏仪逐步向路口中间管道四通位置处 B 点进行听测，均未发现异常。而后检漏人员兵分多路向 C、D、E 方向同步进行排查。该地区的管道情况较为复杂，主要有 DN600 铸铁管、DN300 铸铁管、DN400 球墨铸铁管、DN400 钢管和 DN150 铸铁管等多种管材和管径。经过检漏人员几个小时的排查，最终于 E 点附近确定有较强烈的漏水异常声音。在该工况环境下，漏点精确定位难度极高，因此只能选择钻孔听声法。但该管道处于主干道三环线道路中间，埋置较深且地面介质密实度较高，钻孔听声法也存在一定难度。两次钻孔至

30 cm、40 cm 处就无法继续进行，最终只好放弃钻孔听声法，改用地面听声法对该漏点进行精确定位。针对车流量大这一不利环境，检漏人员只能利用红绿灯车流量间隙的几秒钟时间进行听声定位。第二天开挖后，发现漏水原因是 $DN150$ 铸铁管断裂，漏损水量适中，但是因为该路段工况环境较差，不利于检漏工作开展，所以探测该漏点消耗较多的人力、物力。

分析：本应用案例是一个典型的综合运用多种检漏技术方法的案例。

（1）分区计量法（DMA），该供水企业通过分析 DMA 的流量数据，发现漏损异常现象并将范围缩小至一个有效的探测范围。

（2）地面听声法，因为本案例区域探测难度较大，所以检漏人员选用了灵敏度较高的电子听漏仪。在复杂的检测环境条件下，如不同地面材质、不同管材、不同管径，检漏人员使用电子听漏仪进行听测时，科学利用了电子听漏仪的滤波功能，选用合适的频段范围，有效提高了检漏效率和检漏精度，将范围进一步缩小。

（3）漏水异常点的精确定位，由于该漏点定位难度较大，检漏人员先是考虑了钻孔听声法，但因为地面介质密实度较高，管道埋设较深，所以未能奏效，只得改用地面听声法。而在采用地面听声法时，因为环境噪声对检漏人员地面听声影响较大，所以可适当调整利用时间差，设法减轻环境噪声的干扰。

4.3.2 相关分析法

目前，对漏点位置的确定方法是以地面听声为主。地面听声是一种好方法，简单、实用、工作效率高。但是有的漏点因周围的介质传声效果差，漏水声传不到地面，有的漏点受环境条件限制（如外界干扰噪声大，管道穿越建筑物、河流等），无法进行地面听声。在这种情况下，确定漏点可以用相关检漏仪（以下简称相关仪）。

1. 工作原理

漏点相关分析法通过比较两个不同点探测到的管道内的声音进行漏点定位。假设一段管材和直径一致的管道，漏水声从漏点向两边传输的速度一致，如果漏点与两边探头的距离是相等的，那么这两个探头探测到同一声音的时间也应是相同的；相反，如果漏点和两探头间的距离不等，那么探头探测到的同一声音所需要的时间就不同。这个时间差可通过相关过程进行测量。

一套完整的相关仪主要是由一台相关仪主机（包含无线电接收机和微处理器等）、两台无线电发射机（带前置放大器）和两个高灵敏度振动传感器组成的，如图 4-39 所示。其工作原理为当管道漏水时，在漏口处会产生漏水声波，并沿管道向远方传播，当把传感器放在管道或连接件的不同位置时，相关仪主机可测出由漏口产生的漏水声波传播到不同传感器的时间差 t_d，只要给定两个传感器之间管道的实际长度 L 和声波在该管道的传播速度，漏点的位置 L_x 就可按下式计算：

$$L_x = (L - v \times t_d) / 2 \qquad (4-4)$$

式中，声速 v 的大小取决于管材、管径及周围土壤类型（m/s）。

一般情况下，在第一次进行漏点判断时会设置一个理论声速值。然而，声速会随着多种因素发生改变，尤其发生在修补管道使用的材料不同时。此时，必须测量声速，或者进行多次相关分析法测量。所有使用相关分析法探测的技术人员都需要清楚，任何噪声源都会产生相关分析法计算中的峰值。因此，所有的测量结果都应被视为"可能性漏点"，然后通过筛查进行进一步确认。

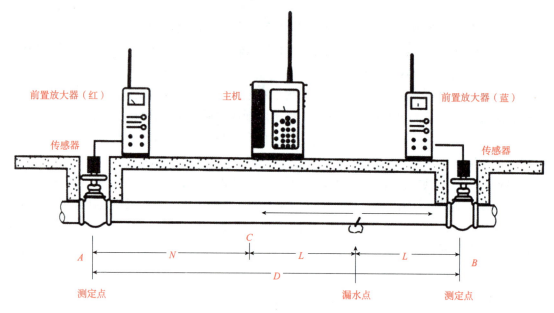

图 4-39　相关分析法原理示意

相关仪的能力取决于管网中的管道压力和背景噪声级。当管道的衰减作用使漏水声信号消失时，探头会无法接收到任何信息。

2. 技术要点

相关分析法可用于漏点预定位和精确定位。当采用相关分析法探测时，管道内水压不应小于 0.15 MPa，布设间距应随管径的增大而相应减小，随水压的增减而增减。

探测作业时，首先应准确测定两个传感器之间管段的长度，准确地输入管长、管材和管径等信息。其次根据管道材质和管径设置相应的滤波器频率范围，金属管道设置的最低频率不宜小于 200 Hz，非金属管道设置的最高频率不宜大于 1 000 Hz。如果同一管段上有两个漏点，则相关仪显示的是最大的漏点，只有修复此漏点，才能探测下一个漏点。

3. 布设规定

相关仪传感器的布设应符合下列规定。

（1）相关仪的两个传感器必须放置在同一条管道上。

（2）传感器宜竖直放置，放置点要有漏水声。

（3）管道和管件表面应清理干净，尤其是传感器与管道的接触点不宜有淤泥等其他介质，确保传感器与管道接触良好。

（4）传感器宜安装布设于金属管道的管背或阀门、水表、消火栓等管道附属设施的金属部分。

（5）发射机与相关仪信号应能正常传输。

（6）在探测时应尽量增加被测管段的水压，降低流速。

（7）需要被探测定位的可能漏点要在两个传感器之间，当两个传感器安装布设完毕后，应准确测量并输入两个传感器之间的实际距离，根据管道声波传播速度进行相关分析，确认漏点。

（8）直管段上两个传感器的最大布设间距宜参考表4-5。

表 4-5　直管段上两个传感器的最大布设间距参考

管材	管道压力	最大布设间距 /m
钢管	0.15 MPa ≤水压≤ 0.3 MPa	150
	水压≥ 0.3 MPa	240
灰口铸铁管	0.15 MPa ≤水压≤ 0.3 MPa	120
	水压≥ 0.3 MPa	180
球墨铸铁管	0.15 MPa ≤水压≤ 0.3 MPa	70
	水压≥ 0.3 MPa	100
水泥管	0.15 MPa ≤水压≤ 0.3 MPa	80
	水压≥ 0.3 MPa	120
塑料管	0.15 MPa ≤水压≤ 0.3 MPa	50
	水压≥ 0.3 MPa	80

4. 注意事项

在得出第一组相关结果后，可互换两个传感器的位置，多测量几组数据，观察相关结果情况，如果多组相关结果均在相同位置，仍须结合管道情况进行分析。

视频：
相关仪测漏

（1）若相关结果定位于待测管道的变向管件处，如支管弯头，则可在支管处选取一处管道裸露位置作为测点，以原测点位置作为另一测点，分别做相关分析。若两组相关结果均定位于支管弯头处，说明可能是管件干扰，相关结果不可信，可再通过地面听声法或钻孔听声法听测。

（2）若相关结果定位于相同位置，而且该位置并非待测管道的变向管件，说明相关结果为真实结果，可通过地面听声法或钻孔听声法确认。

（3）当相关结果处于两个测点中心时，应挪动其中一个传感器的位置，再进行分析。若结果仍在测点中心，说明是中心相关的假象，相关结果不可信。若结果显示与另一未移动传感器的距离不变，说明相关结果为真实结果。

（4）相关分析法具备较强的抗干扰能力，而且不受管道埋深限制，针对穿越建筑物或河流、管道埋设于柔性地面以下等特殊环境均有良好表现，是地面听声法的有力补充，并且相较之下，相关分析法在一定程度上减少了人为经验因素的影响。但是相关分析法同样也存在局限，其使用效果在很大程度上取决于管道信息的准确性。若输入管长 L 与实际管长有 1 m 的偏差，则计算出的结果会有 0.5 m 的偏差。此外，若待测管道两端的阀门间距过大，可能会导致一端的传感器无法接收到声音信号，则相关分析同样无法进行。

5. 应用案例

案例： S 市农村老旧管线漏点。

漏点详细信息如下：管道口径 $DN80$；管道埋深 1.0 m。

漏点形式：管道伸缩节脱落，在一次供水管网漏水普查中，检漏人员在某农村内 $DN100$ 桥管上探测到可疑漏水声，但因该区域管线长、范围广，检漏难度较大，所以 S 市曾针对该区域派出多个检漏班组进行排查，但未找到漏点。图 4-40 所示为检漏工作计划。

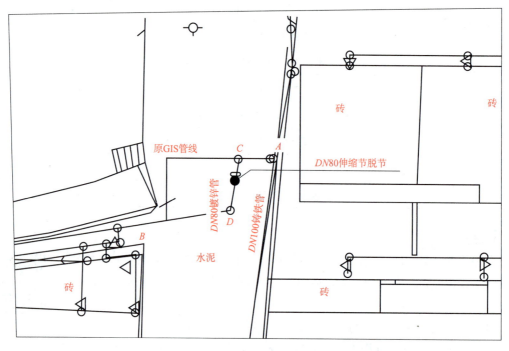

图 4-40 检漏工作计划

因为 S 市 GIS（地理信息系统）建设较为健全，该村管道基础信息齐全，所以检漏人员通过对点的三通位置和 B 点的表前阀门进行相关分析，判断漏点应在路中间，但检漏人员通过钻孔听声法，并未探测到漏水声音信号和漏水痕迹。

最后检漏人员使用管线探测仪再次对管线进行定位，探测到 C 点和 D 点的两头转角，与原有 GIS 的管线情况不符。在查清管线真实情况后，检漏人员再用相关仪进行定位，最终找到漏点。第二天开挖后，发现漏水原因是 $DN80$ 管道伸缩节脱落，漏损水量较小。

分析： 本应用案例主要体现了相关仪用于定位的精确性，但是需要有准确翔实的管线信息为基础。另外，本应用案例还体现了相关仪的抗干扰能力，该农村因道路拓宽和建设桥梁，在原有的水泥路面上又覆盖了一层 40～50 cm 的混凝土路面，漏水异常点的声音信号传播经由多层介质而剧烈衰减，导致检漏人员无法通过地面听声法和钻孔听声法对漏点进行听测定位，而相关仪的应用是直接将传感器吸附于管道或管件上，路面介质和管道埋深对相关仪的干扰基本无影响。

4.3.3 噪声法

噪声法基于漏水时产生的噪声进行检测，即借助相应的仪器设备，通过检测、记录供水管道漏水声音，并统计、分析其强度和频率，推断漏水异常管段的方法。

1. 工作原理

采用噪声法进行供水管道漏水探测时，利用安装在管道上的漏水噪声传感器，采集管道漏水的最小噪声强度和噪声频率，将测定的噪声信号数字化并存储到记录器中，然后将这些漏水数据上传到手机和漏水预警平台，通过计算机软件进行数据分析，给出管道漏水的评估结果（有漏、可能漏、无漏）。

三项相关参数表示漏点的状态（有漏、可能漏、无漏）：前一天夜间获得的最小夜间噪声水平、测量质量、最小噪声水平的趋势。

噪声记录仪工作通常设定在深夜，也就是在干扰噪声（交通，用户用水等）最小时进行记录。《城镇供水管网漏水探测技术规程》（CJJ 159—2011）规定噪声记录仪的记录时间宜为夜间 2:00—4:00。噪声记录仪通过漏点发出的噪声特征和声响来判断漏点。一般情况下，测量出的持续的噪声会通过一系列图形呈现给操作者。漏点在区域内会通过这些记录仪"预定位"出来，然后通过其他设备进行精确定位。其主要目标就是在低成本的前提下最大化大区域的普查效率。噪声记录仪数据收集、传输的整个流程如图 4-41 所示。

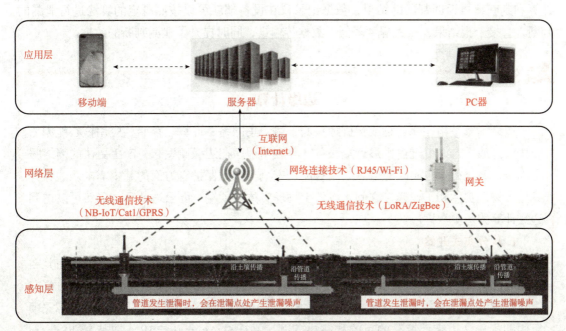

图 4-41　噪声记录仪数据收集、传输的整个流程

漏水探测过程中应用的噪声记录仪又可分为非相关式噪声记录仪与相关式边缘计算噪声记录仪，如图 4-42 所示。非相关式噪声记录仪主要由传声器、放大器、衰减器、计权网络、电表电路及电源等部分组成。其工作原理是通过传声器将声信号转换成电信号，再经过一系列处理，最终在电表上显示所测的声压级数。这种记录仪通常用于对噪声进行简单的测量和记录。相关式边缘计算噪声记录仪则更为先进，它结合了无线传输、智能监控和数据处理等技术，除能实时采集和显示噪声数据外，还能通过无线方式将数据传输到调度中心软件系统，实现远程监控和数据处理。这种记录仪适用于需要实时监控和管理的噪声环境。

（a）　　　　　　　　　（b）

图 4-42　噪声记录仪

（a）非相关式噪声记录仪；（b）相关式边缘计算噪声记录仪

在信息技术和微计算机技术高速发展的今天，边缘计算以其独特的数据和传输优势受到智慧城市、智能制造等领域的青睐。数据记录仪不再需要将庞大的数据传输至云端进行计算和判断，再返回判断的结果，数据记录仪在设备端就可以按照既定的算法进行泄漏的判断，直接上报结果，极大程度降低了数据传输量，同时提升了泄漏判断的效率。

🔍 知识拓展

边缘计算

边缘计算是指在靠近物或数据源头的一侧，集网络、计算、存储、应用核心能力为一体的开放平台，就近提供最近端服务。其应用程序在边缘侧发起，产生更快的网络服务响应，满足行业在实时业务、应用智能、安全与隐私保护等方面的基本需求。边缘计算处于物理实体和工业连接之间，或处于物理实体的顶端。而云端计算，仍然可以访问边缘计算的历史数据。

1. 从分布式开始

边缘计算并非一个新鲜词。作为一家内容分发网络 CDN 和云服务的提供商 Akamai（阿夫迈），早在 2003 年就与 IBM 合作"边缘计算"。作为世界上重要的分布式计算服务商之一，当时其承担了全球 15%～30% 的网络流量。在其一份内部研究项目中即提出"边缘计算"的目的和解决问题，并通过 Akamai 与 IBM 在其 WebSphere

上提供基于边缘 Edge 的服务。对物联网而言，边缘计算技术取得突破，意味着许多控制将通过本地设备实现而无须交由云端，处理过程将在本地边缘计算层完成。这无疑将大大提升处理效率，减轻云端的负荷。由于更加靠近用户，还可为用户提供更快的响应，将需求在边缘端解决。

2. vs. 云计算

在国外，以思科为代表的网络公司以雾计算为主。思科已经不再为工业互联网联盟的创立成员，但集中精力主导 OpenFog 开放雾联盟。无论是云、雾还是边缘计算，本身只是实现物联网、智能制造等所需要计算技术的一种方法或模式。严格来讲，雾计算和边缘计算本身并没有本质的区别，都是在接近现场应用端提供的计算，而且都是相对于云计算而言的。从两者的计算范式可以看出来，边缘侧的数据计算，一下子变得丰富起来。这里产生了全新的想象空间。

3. 物联网应用

全球智能手机的快速发展，推动了移动终端和"边缘计算"的发展。而万物互联、万物感知的智能社会，则是与物联网发展相伴而生的，边缘计算系统也因此应运而生。事实上，物联网的概念已经提出有超过 15 年的历史，然而并未成为一个火热的应用。从一个概念到真正应用有一个较长的过程，与之匹配的技术、产品设备的成本、接受程度、试错成本都是较高的，因此往往不能很快形成大量使用的市场。未来 5 ~ 10 年内 IoT 会进入一个应用爆发期，边缘计算也随之得到更多的应用。

4. 架构

在中国，边缘计算联盟（ECC）正在努力推动三种技术的融合，也就是 OICT 的融合［运营（Operational）、信息（Information）、通信（Communication）、技术（Technology）］。而其计算对象，则主要定义了四个领域，第一个是设备域的问题，出现纯粹的 IoT 设备，与自动化的 I/O 采集相比较而言，有不同但也有重叠部分。那些可以直接用在顶层优化，而并不参与控制本身的数据，可以直接放在边缘侧完成处理。第二个是网络域的问题。在传输层面，末端 IoT 数据与来自自动化产线的数据，其传输方式、机制、协议都会有所不同，因此，这里要解决传输的数据标准问题。当然，在 OPC UA 架构下可以直接访问底层自动化数据，但是，对于 Web 数据的交互而言，这里会存在 IT 与 OT 之间的协调问题。尽管有一些领先的自动化企业已经提供了针对 Web 方式数据传输的机制，但是大部分现场的数据仍然存在这些问题。第三个是数据域的问题，包括数据传输后的数据存储、格式等需要数据域解决的问题，也包括数据的查询与数据交互的机制和策略问题。第四个是最难的应用域的问题，针对这一领域的应用模型尚未有较多的实际应用。边缘计算联盟（ECC）对于边缘计算的参考架构的定义，包含了设备、网络、数据与应用四个领域，平台提供者主要提供在网络互联（包括总线）、计算能力、数据存储与应用方面的软硬件基础设施。从产业价值链整合角度而言，ECC 提出了 CROSS，即在敏捷联结（Connection）的基础上，实现实时业务（Real-time）、数据优化（Data Optimization）、应用智能（Smart）、安全与隐私保护（Security），为用户在网络边缘侧带来价值和机会，是联盟成员要关注的重点。

5. 计算的本质

自动化事实上以"控制"为核心。控制是基于"信号"的进行，而"计算"是基于数据进行的，更多意义是指"策略""规划"，因此，它更多聚焦于"调度、优化、路径"。就像对全国的高铁进行调度的系统一样，每增加或减少一个车次都会引发调度系统的调整，它是基于时间和节点的运筹与规划问题。边缘计算在工业领域的应用更多是这类"计算"。简单来说，传统自动控制基于信号的控制，而边缘计算可以理解为"基于信息的控制"。值得注意的是，边缘计算、雾计算虽然说的是低延时，但是其 50 ms、100 ms 这种周期对于高精度机床、机器人、高速图文印刷系统的 100 μs 这样的"控制任务"而言，仍然是非常大的延迟，边缘计算所谓的"实时"，从自动化行业的视角来看——很不幸，它依然被归在"非实时"的应用里。

6. 产业

边缘计算是在高带宽、时间敏感型、物联网集成这个背景下发展起来的技术，"Edge"这个概念的确较早被包括 ABB、B&R、Schneider、KUKA 这类自动化 / 机器人厂商所提及，其本意是涵盖那些"贴近用户与数据源的 IT 资源"。这是属于从传统自动化厂商向 IT 厂商延伸的一种设计，2016 年 4 月 5 日，Schneider 已经号称可以为边缘计算定义物理基础设施——尽管，主打的还是其"微数据中心"的概念。而其他自动化厂商提及计算，都是表现出与 IT 融合的一种趋势，并且同时具有边缘与泛在的概念。

IT 与 OT 事实上也是在相互渗透的，自动化厂商都已经开始在延伸其产品中的 IT能力，包括 Bosch、Siemens、GE 等厂商在信息化、数字化软件平台方面，也包括贝加莱、罗克韦尔等在提供基础的 IoT 集成、Web 技术的融合方面的产品与技术。事实上IT 技术也开始在其产品中集成总线接口、HMI 功能的产品，以及工业现场传输设备网关、交换机等产品。

IoT 被视为未来快速成长的一个领域，包括最前沿的已经出现了各种基于 Internet的技术，高通已经提出了 Internet of Everything——可以称为 IoX。因此新一个产业格局呼之欲出，就边缘计算联盟（ECC）的边界定义而言，华为的主旨是提供计算平台，包括基础的网络、云、边缘服务器、传输设备与接口标准等，而 Intel、ARM 为边缘计算的芯片与处理能力提供保障，信通院则扮演传输协议与系统实现的集成，而沈阳自动化所、软通动力扮演实际应用的角色。边缘计算 / 雾计算要"落地"，尤其是在工业中，"应用"才是最为核心的问题，所谓 IT 与 OT 的融合，更强调在 OT 侧的应用，即运营的系统所要实现的目标。

7. 大融合下分工

在工业领域，边缘应用场景包括能源分析、物流规划、工艺优化分析等。就生产任务分配而言，需根据生产订单为生产进行最优的设备排产排程，这是 APS 或广义

MES 的基本任务单元，需要大量计算。这些计算是靠具体 MES 厂商的软件平台，还是"边缘计算"平台——基于 Web 技术构建的分析平台，在未来并不会存在太大差别。从某种意义上说，MES 系统本身是一种传统的架构，而其核心既可以存在专用的软件系统，也可以存在云、雾或边缘侧。总体而言，在整个智能制造、工业物联网的应用中，自动化厂商提供"采集"，包括数据源的作用，这使自动化已经在分布式 I/O 采集、总线互联，以及控制机器所产生的机器生产、状态、质量等原生"信息"。

资料来源：百度百科，https://baike.baidu.com/item/%E8%BE%B9%E7%BC%98%E8%AE%A1%E7%AE%97/9044985?fr=ge_ala

2. 设置方式

应用噪声法进行供水管道漏水探测时，可采用固定和移动两种方式设置噪声记录仪，具体应用如下。

（1）固定设置方式：主要用于长期性的漏水监测与预警（图 4-43）。在此模式下，噪声记录仪被固定在特定位置，持续监测和记录供水管道的漏水声音，以便及时发现并预警潜在的漏水问题。

（2）移动设置方式：主要用于对供水管网进行漏点预定位。在此模式下，检测人员携带噪声记录仪沿着管道移动，通过在不同位置检测和记录漏水声音，推断漏水管段的位置，为后续的漏点精确定位和修复工作提供依据。

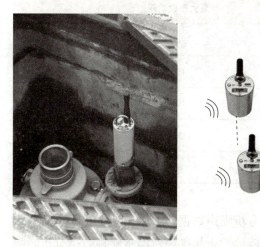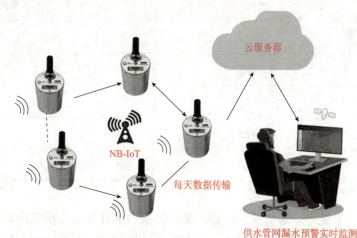

图 4-43　噪声记录仪进行管网漏水长期监测示意

3. 布设要求

噪声记录仪布设方式可分为单点布设与多点布设。单点布设通常适用于探测区域较小或管道布局简单，以及初步筛查或临时监测情况。单点布设可能无法全面覆盖所有潜在的漏点，因此在复杂管道网络或高漏损风险区域，可能需要考虑多点布设以提高监测的准确性和全面性。多点式布设是指在探测区域内布置多个噪声记录仪，通过同时采集和分析各点的漏水噪声信号，实现漏点的精确定位。这种布设方式提高了漏水探测的覆盖范围和准确性，特别适用于复杂管道网络和长距离管道的检测。噪声检测点的布设需根据管道布局和漏水可能发生的区域，合理设置噪声记录仪的数量和位置，确保能够全面捕捉漏水噪声信号。同时，还需要注意避免持续干扰噪声的影响，确保监测数据的准确性。

（1）噪声记录仪布设位置。

1）检查井中的供水管道、阀门、水表、消火栓等管件的金属部分。

2）分支点的干管阀栓。

实际布设信息应在管网图上标注，管道和管件表面应清洁。此外，噪声记录仪应处于竖直状态且需要根据被探测管道的管材、管径等情况确定布设间距。

（2）布设间距。

1）应随管径的增大而相应递减。

2）应随水压的降低而相应递减。

3）应随接头、三通等管件的增多而相应递减。

4）当噪声法用于漏点探测预定位时，还应根据阀密度进行加密测量，并相应地减小噪声记录仪的布设间距。

5）直管段上噪声记录仪的最大布设间距不应超过表4-6的规定。

表4-6　直管段上噪声记录仪的最大布设间距　　　　　　　　　　　　　　　m

管材	最大布设间距
钢	200
灰口铸铁	150
水泥	100
球墨铸铁	30
塑料	60

此外，需要注意的是，噪声法采用统计方法分析噪声数据，非持续性干扰噪声对漏水噪声数据分析影响较小，不会改变分析结果，而持续性干扰噪声对漏水噪声数据分析影响较大，甚至可改变分析结果。因此，检测点不应存在阀栓漏水、环境噪声等持续性干扰噪声，在检测时应选择合理的检测时段和检测点，避开持续性干扰噪声。

4. 注意事项

（1）基本性能要求。《城镇供水管网漏水探测技术规程》（CJJ 159—2011）规定，噪声记录仪应符合下列规定：灵敏度不低于1 dB，能够记录两种以上的噪声参数，性能稳定且测定结果重复性好，防水性能符合IP68标准。另外，频响范围应不低于0～2 000 Hz，以保证噪声记录仪可检测到低中高各种频率的漏水噪声信号，能够用于各种管材的漏水探测。

（2）检验和校准。噪声记录仪的检验和校准应符合下列规定：时钟应在探测前设置为同一时刻、灵敏度应保持一致、允许偏差应小于10%，当采用移动设置方式探测时，应在每次探测前进行检验和校准；当采用固定设置方式探测时，应定期检验和校准。

（3）探测前，应选定测量噪声强度和噪声频率等参数，并应在所选定的时段内连续记录。接收机宜采用无线方式接收噪声记录仪的数据。应分别对每个噪声记录仪的记录数据进行现场初步分析，推断漏水异常。在现场初步分析的基础上对记录数据和有关统计图进行综合分析，推断漏水异常区域。根据同一管段上相邻噪声记录仪的数据分析结果确定漏水异常管段。

（4）噪声法探测的基本程序。

1）设计噪声记录仪的布设地点。

2）设置噪声记录仪的工作参数。

3）布设噪声记录仪。

4）接收并分析噪声数据。

5）确定漏水异常区域或管段。

复习思考

一、选择题

1. 下列关于听声法必须满足的条件说法，错误的是（　　　）。

A. 管道内压力不能小于 0.15 MPa，压力太小会影响听声效果

B. 检漏前需要掌握被检测管道的走向、埋设深度、分支管道、弯头、供水压力、阀门敷设情况等相关资料

C. 管道埋深不能太深，在 2 m 以内探测效果较好；超过 3 m 听声效果较差，就不宜采用此方法

D. 环境对听声法的影响较小，不用考虑噪声的问题

2. 金属管道漏水声频率一般在_____，而非金属管道漏水声频率在_____。（　　　）

A. 700～4 000 Hz；100～700 Hz

B. 2 500～4 000 Hz；100～700 Hz

C. 300～2 500 Hz；100～700 Hz

D. 300～2 500 Hz；500～1 200 Hz

3. 下列关于漏水声音在不同管材中传导距离性能说法，正确的是（　　　）。

A. 塑料管（PE，PVC 等）＞钢管＞铸铁管＞钢筋混凝土管

B. 钢管＞铸铁管＞钢筋混凝土管＞塑料管（PE，PVC 等）

C. 钢筋混凝土管 > 塑料管（PE，PVC 等）> 钢管 > 铸铁管

D. 铸铁管 > 钢管 > 钢筋混凝土管 > 塑料管（PE、PVC 等）

4. 钻孔听声法一般采用钻机钻探，然后利用听声杆直接接触管体听声，此方法可用于漏点（　　　）。

A. 线索查找   B. 预定位

C. 精准定位   D. 模糊定位

5. 漏水声在介质中传播时会因为受到摩擦而将部分动能转化为热能，漏水声逐渐被吸收，高频的漏水声衰减比低频漏水声（　　　）得多。

A. 慢   B. 快

C. 弱   D. 强

6. （　　　）可用于供水管网漏水普查和漏水异常点的精确定位。

A. 阀栓听声法   B. 地面听声法

C. 钻孔听声法   D. 噪声法

二、判断题

1. 单个探头可进行相关检测。　　　　　　　　　　　　　　　　　　　　（　　　）

2. 相关分析法只适合金属管道漏水检测。　　　　　　　　　　　　　　　（　　　）

3. 相关仪对比电子听漏仪更适合小深度简单管网状况。　　　　　　　　　（　　　）

4. 水在管道破损口喷射形成压力差，当压力差大时，水通过破损处快速流出，产生强且清晰的漏水声。　　　　　　　　　　　　　　　　　　　　　　　　　（　　　）

5. 疏松的介质传播漏水声的距离较紧密的介质远。　　　　　　　　　　　（　　　）

6. 使用电子听漏仪探测一般在地面上沿管线以 S 形前进，感应器距离管线为 20～40 cm，每步前进间距约 3 m。　　　　　　　　　　　　　　　　　　（　　　）

7. 鉴别漏水声的关键在于区分声强。　　　　　　　　　　　　　　　　　（　　　）

8. 对于小于 $DN300$ 金属管道，当管内供水压力大于 0.2 MPa 时，漏水声一般能传播 20～30 m。　　　　　　　　　　　　　　　　　　　　　　　　　（　　　）

9. 供水压力小于 0.15 MPa，漏水声波较小时，听声检测很难发现漏水。　（　　　）

10. 漏水声的大小与管道内水压成反比。　　　　　　　　　　　　　　　（　　　）

11. 漏水异常点是掩埋于地下、需要借助一定的手段和方法才可能确定的供水管道漏点。　　　　　　　　　　　　　　　　　　　　　　　　　　　　　　（　　　）

12. 当采用地面听声法进行漏水普查时，金属管道的测点间距不宜大于 2.0 m。（　　　）

13. 当采用听声法进行管道漏水探测时，每个测点的听声时间不应少于 5 s；对怀疑有漏水异常的测点，重复听测和对比的次数不应少于 2 次。　　　　　　　（　　　）

14. 当采用阀栓听声法探测时，听声杆或传感器应直接接触地下管道或管道的附属设施。　　　　　　　　　　　　　　　　　　　　　　　　　　　　　　（　　　）

15. 听声法的优点是使用范围广，不论什么管材、管径、主管或支管都适用。（　　　）

16. 相关仪对比听漏仪更适合小深度简单管网状况。　　　　　　　　　　（　　　）

17. 供水压力小于 0.05 MPa，漏水声波较大，听声检测较容易发现漏水。 （   ）

18. 一般测得夜间最小流量小于 0.5 m³/h 认为有漏点。 （   ）

19. 相关仪布设两个传感器时两点距离一般不大于 250 m。 （   ）

三、简答题

1. 简述漏水噪声传播的特性。
2. 比较听声法和相关分析法的特点及其适用性。

项目 5

供水管网漏水非声波探测

思维导图

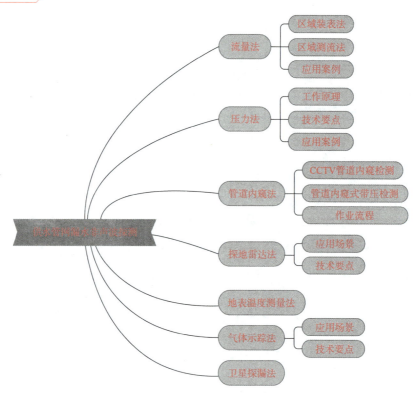

流量法
- 区域装表法
- 区域测流法
- 应用案例

压力法
- 工作原理
- 技术要点
- 应用案例

管道内窥法
- CCTV管道内窥检测
- 管道内窥式带压检测
- 作业流程

探地雷达法
- 应用场景
- 技术要点

地表温度测量法

气体示踪法
- 应用场景
- 技术要点

卫星探漏法

供水管网漏水非声波探测

学习目标

　　在应对城镇供水管网漏损这一挑战时，仅依靠单一技术或传统方法已难以满足日益增长的精准化、高效化管理需求。必须综合运用多学科方法，结合先进的技术理念，针对供水管网漏水异常点的特性，全方位开展高质、高效的管网漏水探测工作。本项目主要介绍非声波技术的原理、应用优势及最新进展，包括压力监测分析、流量平衡测试、管道内窥式带压检测、卫星探漏等。这些技术能够在不依赖声音信号的情况下，判定漏水异常区域或精确定位漏点，提高漏水探测的效率与准确性。

通过本项目的学习，达到以下目标。

1. 知识目标

熟悉供水管网漏水检测中的非声波探测技术，包括流量法、压力法、管道内窥法、探地雷达法、地表湿度测量法、气体示踪法及卫星探漏法等的基本原理、工作流程、适用条件及各自的优点、缺点；了解各项技术的实施步骤和实际应用中的技术要点，构建起对供水管网漏水检测技术的全面知识体系。

2. 能力目标

能够根据具体情况选择合适的非声波探测技术，对采集到的压力、流量、温度等数据进行处理和分析，具备识别管网漏水异常、定位漏点的基本能力。

3. 素养目标

培养漏水探测工作的责任感和使命感；在漏水检测项目中，能够与团队成员有效沟通，协同工作，共同解决问题，提升团队整体效能；不断学习和掌握新的漏水检测技术，提升个人专业素养和竞争力。

教学要求

知识要点	能力要求	权重 /%
流量法	熟悉流量法的基本原理、探测方法及适用范围；掌握流量法可采用的两类探测方法，包括区域装表法和区域测流法；理解设定流量测量区域的要求及流量法所使用的仪器及其计量精度要求	20
压力法	熟悉压力法的基本原理、探测方法及适用范围；了解安装压力计量仪表的有关要求；了解压力法判定管段存在漏水异常及确定漏水异常范围的方法	15
管道内窥法	了解管道内窥法的基本原理、探测方法及适用范围；掌握管道内窥法的两类探测方法的技术路线，包括 CCTV 管道内窥检测与管道内窥式带压检测的联系和区别	15
探地雷达法	了解探地雷达法的基本原理；熟悉采用探地雷达法应具备的条件；了解探地雷达法测点和测线布局的技术要求	10
地表温度测量法	了解地表温度测量法的基本原理；熟悉采用地表温度测量法应具备的条件	10
气体示踪法	了解气体示踪法的基本原理、探测方法及适用范围；熟悉气体示踪法所采用示踪介质应满足的条件；熟悉气体示踪法检测的最佳工作时段及注意事项	20
卫星探漏法	了解卫星探漏法的基本原理、探测方法及其优缺点；了解卫星探漏法的工作流程及应用	10

情境引入

开封城市水务集团引进内窥检测新技术做好供水管道"肠胃镜"

多年来，供水企业高度重视供水管网改造工作，每年投入大量资金有计划地实施老旧管道升级改造，但仍有局部供水管道超期服役，引起管道破损，造成供水安全隐患，因此需要通过测漏仪器和技术手段快速检测到漏点，并及时修复。为进一步降低城市供水管网的漏损率，保证居民用水的质量与安全，开封市城市水务集团引进内窥式带压检测技术，为供水管道进行了一次"体检"。

传统检漏方式主要是"听漏"，即借助听漏仪、听声棒等设备，在地面通过捕捉地下漏水声，判断隐患点位，如同为供水管道"听诊"。但是由于管道埋深大，受土层厚度、密实度、供水压力、管道破损口大小等因素影响，检漏人员很难获取全部漏点。为解决这一问题，企业决定尝试在"听诊"初步探测的基础上，为供水管道做"肠胃镜"。

供水管网的"肠胃镜"其实就是管道内窥检测技术，该技术集音频、视频检测于一身，配备声学传感器、高清摄像头、定位发射器，快速、直观识别管道内部缺陷，并实时监测和精确定位供水管道的泄漏点、滞留气囊、管道阀门、支管、非法接头、管瘤、堆积物及局部堵塞等缺陷情况，快速生成检测报告，预警爆管事故。

2023年，工作人员在检测管网压力过程中发现开封市西环路北段供水管网存在内漏问题，利用现有测漏技术无法检测到漏点部位，于是利用引进的内窥检测技术，对该路段供水管网进行"诊治"，很快发现在 DN400 的供水管道上有一处破损，通过探头信息的精确定位，准确标定到漏点，经开挖维修，及时治好了管道"病患"。从下内窥镜到发现漏点，仅用了两个小时，极大地缩短了测漏时间，提高了维修及时率，减少了水资源漏失，也降低了公司经济损失。

此外，智慧化管理是供水企业未来的方向，包括继续完善供水智慧化监控系统，增设远传水表数量等工作的推进。力争实现漏损重点控制区域内智能计费水表全覆盖，将供水监测网络"织得更密"，让水资源得到更充分的利用，居民用水幸福感更高！

资料来源：河南省城镇供水协会网站来稿登选（2023年），http://www.hnczgs.org/xuandeng/2232.html

城镇供水管网漏水探测应选择适宜的探测方法确定漏水位置，目前有效的方法多为物理探测手段，每一种方法都具有其局限性和条件适应性。在项目4中已经介绍了管网漏水声波探测技术的几种方法，包括听声法、相关分析法、噪声法等，这些技术均属于声学检漏的范畴。本项目将重点介绍基于其他原理的管网漏水探测方法，包括卫星探漏技术等新方法及其应用。常用供水管网漏水探测方法及其机理见表5-1。

表 5-1　常用供水管网漏水探测方法及其机理

管网漏水探测方法分类		探测获取的信息	细分方法
声波法	听声法	拾取因漏水产生的声波信号变化（漏水噪声沿管壁、管道水中和通过管道周围介质传播，接收漏水噪声的强度、频率等）	阀栓听声法、地面听声法、钻孔听声法
	相关分析法		—
	噪声法		—
非声波法	流量法	管道供水流量的变化	区域装表法、区域测流法
	压力法	管道供水压力的变化	—
	管道内窥法	管道内部视频（光学影像）数据	CCTV 管道内窥检测、管道内窥式带压检测

管网漏水探测方法分类		探测获取的信息	细分方法
非声波法	探地雷达法	管道漏水及其冲刷管道周围介质导致的介电性变化	—
	地表温度测量法	漏水水温导致的环境温度变化	
	气体示踪法	施加气体泄漏的浓度变化	
	卫星探漏法	提取介电常数信息来分析土壤含水率，解译疑似泄漏点范围	—

5.1 流量法

流量法是通过安装在供水管道的水表或流量计监测其流量的变化，从而推断漏水异常区域。流量法是建立水量平衡，开展供水系统诊断分析（漏损程度和漏损在系统中分布情况），确定经济的控漏水平及产销差水控制策略的重要手段，在供水企业漏损管理效率提升进程中，占据了举足轻重的地位。其不仅是确定经济控漏标准、制定漏损率控制策略的重要依据，也是推动企业管理现代化、精细化的重要一环。监测特定区域内的流量波动，精准掌握该区域的漏水状况，可以为后续的漏水调查工作提供基础和明确的方向。基于流量数据的深入分析，合理设定漏水目标防治量，并据此优化漏水探测的优先次序，确保资源的高效配置与利用。此外，流量法提供了一种科学评估漏水探测效果的方法论，通过对漏水量的精准估算，能够客观评价不同探测技术的实际效果，为技术选型和优化提供有力支持。

流量法是一种基于水量平衡原理的检测方法，对于大型供水管网的管理和维护尤为重要。目前，国内绝大部分采用网状供水，形成封闭供水区域，需要关闭阀门，安装水表；相对来说，效率较低，费用较高，难度较大。因此，实施流量法时，通常需要结合供水管道实际条件来设定流量测量区域，并确保探测区域内及其边界处的管道阀门均能有效关闭。有效的阀门关闭是确保测量区域内的流量能够被准确测量和控制的关键因素。如果阀门无法有效关闭，流量测量将不准确，从而影响探测结果的可靠性。此外，准确的阀门控制还有助于确定漏水异常发生的范围，以及评价其他漏水探测方法的效果。因此，为了保证探测的准确性和有效性，确保探测区域内及其边界处的管道阀门均能有效关闭至关重要。流量测量区域的设定应秉持"由小及大，循序渐进；新区统筹，前瞻设计"的原则，不断提升流量管理的智能化、精细化水平。在规划流量测量区域的设定时，应遵循由微观至宏观的渐进原则，即从小规模、特定区域着手，逐步扩展至更大范围乃至整体区域，便于管理与优化。对于新区而言，更需要具备前瞻性与系统性，应将流量测量的规划与区域的整体发展蓝图紧密结合，提前布局，精心设计并高效实施。通过提前在新区内构建完善的流量监测系统，更加精准地掌握区域内管网的流量动态。

流量法包括区域装表法与区域测流法两种主要方式，见表5-2。

表 5-2 流量法分类及原理

分类	基本原理	适用范围
区域装表法	通过某个区域的进水口、出水口的流量检测，减去区内正常用水量，计算出该区域的漏水量	适用于水司一级、二级、三级管网的分区计量
区域测流法	一般指最小夜间流量法监测，即某个区域最小的夜间流量（凌晨 2:00—4:00）减去区域内正常用水量（区域内夜间用水量较大的用户应单独监测，如果存在大用户用水量，需要减去该项），测算该区域的物理漏失水量	探测区域内无屋顶水箱、蓄水设备或一般居民小区、夜间用水较少区域的供水管网漏水探测

区域装表法侧重于在特定区域内直接安装流量计表，通过物理测量手段精确获取该区域的流量数据。这种方法能够直接、实时地反映区域内流量的变化情况，为精细化管理提供坚实的基础。通过合理布局流量计表，可以实现对区域内不同节点、不同时段的流量进行精确监控，为区域规划、资源调度及优化提供可靠依据。区域测流法相较于区域装表法，更加注重采用非接触式或间接测量技术，对较大区域内的流量进行估算或监测。这种方法可能涉及遥感技术、数学模型模拟、大数据分析等多种手段，以实现对区域内流量状况的全面掌握。区域测流法适用于难以直接安装流量计表或需要快速获取流量概况的场合，具有灵活性高、覆盖面广的优势。

在实际应用中，应根据区域特点、监测需求及成本效益等因素综合考虑，灵活选择并优化组合这两种方法，以实现对区域内流量的科学、高效管理。同时，随着技术的不断进步，还应积极探索和应用新的流量监测技术，以不断提升流量管理的智能化、精细化水平。

流量法的流量仪表可采用机械水表、电磁流量计、超声流量计或插入式涡轮流量计等，其计量精度应符合现行行业标准的有关规定。《城镇供水管网漏损控制及评定标准》（CJJ 92—2016）中规定，水量计量方式的选择和计量器具的选配、维护、检定及更换工作，应符合《城镇供水管网运行、维护及安全技术规程》（CJJ 207—2013）和《城镇供水水量计量仪表的配备和管理通则》（CJ/T 454—2014）的规定。计量仪表的性能及安装应符合《饮用冷水水表和热水水表》（GB/T 778.1 ~ 778.5—2018）、《电磁流量计》（JB/T 9248—2015）和《超声波水表》（CJ/T 434—2013）的有关规定。

5.1.1 区域装表法

1. 工作原理

区域装表法的基本原理是在进入特定供水区域的水管中安装水表，在流出的水管中也安装水表，在同一时间跨度内对流入、流出和区域内的用户水表进行抄表，计算该区域的漏损水量，以此判断探测区域是否发生漏水：

$$Q_{漏损} = Q_入 - Q_出 - Q_{用户} \tag{5-1}$$

式中 $Q_{漏损}$——探测区域漏损水量；

$Q_入$——探测区域流入水量；

$Q_出$——探测区域流出水量；

$Q_{用户}$——探测区域用户水量。

在采用区域装表法进行流量监测时，需要对该供水区域的进水情况进行调查和分析。具体而言，应重点区分单管进水与多管进水两种不同的进水模式，如图 5-1 所示。

图 5-1　区域装表法适用区域

(a) 单管进水；(b) 多管进水

（1）单管进水情况。在单管进水区域，流量监测相对直接且集中。在此情况下，可以选择在进水管道的区域安装高精度的流量计表，以实现对整个区域进水量的准确测量。这种方式能够直观反映区域的总进水量，为水资源管理、供需平衡分析及潜在漏点的排查提供重要数据支持。

（2）多管进水情况。与单管进水区域相比，多管进水区域的流量监测更为复杂。由于存在多个进水点，每个进水点的流量可能因管道直径、水流速度及水压等因素而有所不同。因此，在采用区域装表法时，需要综合考虑各进水管道的实际情况，合理布局流量计表。除主要进水管外，其他与本区域外联系的阀门均应严密关闭，主要进水管段均应安装计量水表。在多管进水的区域中，总流入水量是通过将各条进水管分别流入的水量进行累加计算而得出的。这可能包括在每个进水管道上分别安装流量计表，以实现对各进水点流量的独立监测；或者通过汇总计量方式，在主要汇流节点安装大型流量计表，以估算整个区域的进水量。无论采用何种方式，都应确保测量结果的准确性和可靠性，以满足区域流量管理的需求。进水管上安装的计量水表应符合 3 个基本要求：能够连续记录累计量；能够满足区域内用水高峰时的最大流量；小流量时有较高计量精度。为了减少装表和提高检测精度，测定期间该供水区域宜采用单管或两个管进水，其余与外区联系的阀门均应关闭。

此外，对于多管进水区域，还应特别关注不同进水管道之间的流量平衡问题。通过定期比对各进水点的流量数据，可以及时发现并处理可能出现的流量偏差或异常情况，从而确保区域供水系统的稳定运行。

2. 技术要点

在运用区域装表法进行漏水检测时，关键在于精确同步地记录该区域内所有用户水表及主要进水管道水表的读数。这一步骤确保了数据的时间一致性，有效消除了因时间差而产生的测量误差。通过分别汇总这些水表的流量数据，可以获得该区域在同一时间段的准确进水量与总用水量。

根据式（5-2）计算进水量与同期用水量的差异阈值：

$$m = \frac{Q_{漏损}}{Q_入 - Q_出} \tag{5-2}$$

式中　m——进水量与同期用水量的差异阈值；

$Q_漏损$——探测区域漏损水量；

$Q_入$——探测区域流入水量；

$Q_出$——探测区域流出水量。

若计算结果显示，进水量与同期用水量的差异维持在 5% 的阈值以内，则可视为该区域漏水情况符合正常标准，可不再开展专项漏水探测。然而，一旦这一差值超出 5% 的界限，可判断为漏水异常。此时，可依托更为精细的检测手段，如听声法、相关分析法等，对疑似漏水区域进行深入排查，即

（1）$\dfrac{Q_漏损}{Q_入 - Q_出} \leq 5\%$ 时，可不再进行漏水探测；

（2）$\dfrac{Q_漏损}{Q_入 - Q_出} > 5\%$ 时，可判断为有漏水异常。

注：5%——引用《城市供水管网漏损控制及评定标准》（CJJ 92—2016）的有关规定的上限。原规定为"进水量与同期用水量的差值小于 3% ～ 5% 时可认为符合要求。对于漏损率大于 15% 的管网可取上限。"

需要特别说明的是，为了减少装表和提高检测精度，测定期间该供水区域宜采用单管或两个管进水，其余与外区联系的阀门均关闭。区域装表法安装在进水管上的计量水表要求：能连续记录累计量；满足区域内用水高峰时的最大流量；小流量时有较高的计量精度。

区域装表法作为漏损控制分区管理的一种精确且有效的技术手段，已得到广泛应用。例如，在用水量分析层面，通过系统化的数据收集与处理，能够精确计算并分析年、月、日等不同时间尺度上的最大流量、最小流量及平均流量等核心指标（图 5-2）。这些数据不仅为水资源管理部门提供了全面的用水概况，还为其制订科学的用水规划、优化资源配置策略提供了坚实的数据支撑。

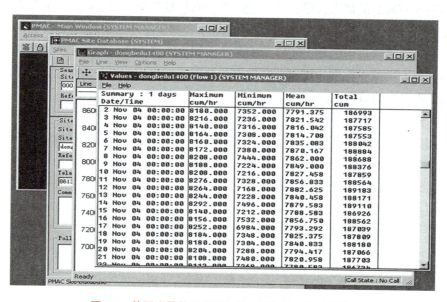

图 5-2　管网流量监测（最大值、最小值，平均值等）

在区域漏水探测方面，流量法同样展现出了其独特的优势。当监测到管道流量出现异常波动，特别是显著增加时，流量法能够迅速响应，通过对比分析进水管总流量与区域内用户水表总和之间的差异，初步判断是否存在漏水情况。这一过程遵循严格的数学逻辑与统计原理，确保了判断结果的准确性与可靠性。图5-3显示了供水管网的流量监测数据。

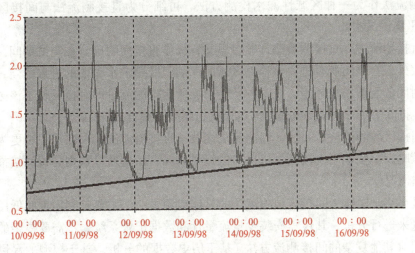

图 5-3　供水管网流量监测数据

5.1.2　区域测流法

1. 工作原理

区域测流法是目前供水管道漏损探测中较为常见和有效的方法之一。它是一种能同时测出漏水量和漏点范围的检漏方法，通过逐步开关阀门流量数据分析判定供水异常区。该方法运用阀门操作与流量数据分析技术，通过系统地开关特定区域的阀门，并细致记录旁通水表的瞬时流量变化，从而精准识别出供水系统中的异常区域。在具体实施过程中，区域测流法采取分段操作策略，逐步缩小漏点的搜索范围，直至将其精确定位在两个相邻阀门之间。这种策略不仅提高了检测效率，还显著降低了对正常供水服务的影响。

区域测流法的特点是利用测量探测区域夜间最小流量来判断漏水，宜选在夜间0:00—4:00用户用水量最小时间段进行探测。在这一时段内，由于居民及商业活动基本停止，用水量降至最低，管道系统中的漏水量相对突出，便于准确测量与判断。此外，要求管道边界处均能关闭，确保了检测过程的封闭性和结果的准确性。

为高效、精准地评估区域内漏水状况，区域测流法通常选取长度为2～3 km的管道区段，或选取覆盖2 000～5 000户居民的区域作为流量测量区域。流量测量区域的科学设置有助于确保监测范围的适度性，既能够全面捕捉该区域内水流变化动态，又便于实施高效的操作管理和深入的数据分析。通过区域内测流，能够更加高效地识别出潜在的漏点，为后续的修复工作提供坚实的数据支撑和行动指导。对于超出上述推荐范围，但仍符合探测条件的地区，可采取灵活的策略，将其细分为多个独立的流量测量区域。这种分区管理的方式不仅有助于提升检测效率，还能确保每个区域都能得到详尽而准确的评估，从而避免遗漏任何可能的漏点。

值得注意的是，有屋顶水箱和蓄水设备的用户在蓄水过程中，会对夜间最小流量的测量产生显著的干扰。为了消除这一影响，确保测量结果的准确性，在规划流量测量区域时，尽量规避这些存在特殊用水模式的区域，或者采取额外的校正措施来消除其影响。

2. 技术分类

区域测流法作为一种区域性漏水检测方法，可细分为直接测流法与间接区域测流法（也称为水平衡测试法）。

（1）直接测流法。直接测流法，顾名思义，操作直接而明确。在测试期间，除保留必要的测漏表外，会关闭所有进入该检测区域的库闸门及用户水表前的进水闸门，以此创造一个相对封闭的管道系统环境。在这种条件下，所测得的流量即直接反映了该区域内管道的漏水量，排除了用户用水等其他因素的干扰，结果直观且准确。

（2）间接区域测流法。间接区域测流法相较于直接测流法，采取了一种更为灵活且考虑全面的策略，不依赖于直接测量进出口的流量差异，而是通过数据分析间接推断供水系统中的漏损情况。

夜间最小流量法作为间接区域测流法的具体应用之一，主要是利用夜间低用水量时段的最小流量来进行分析，其仅需安装少量流量计和数据记录系统，不需要复杂的建模或额外设备，相对其他复杂的间接测流方法（基于历史数据的分析、基于模型的水量平衡分析等）更容易实施。在测试时，原则上需要关闭进入该区域的闸门，但不包括测漏表，保持用户进水闸门的开启状态。这样，测得的流量便包含了管网漏水量、用户夜间最小用水量及少数大用户的用水量。通过深入分析这些数据，并依据历史记录或估算方法确定夜间背景流量（用户夜间最小用水量），同时剔除明确的大用户用水量，从而计算出该区域的漏水量，即漏水量 = 夜间最小流量（实测）－夜间背景流量（估算）－大用户用水量（抄表）。这一过程体现了对数据的细致挖掘和精确处理，使漏水量的评估更加科学、合理（图5-4）。

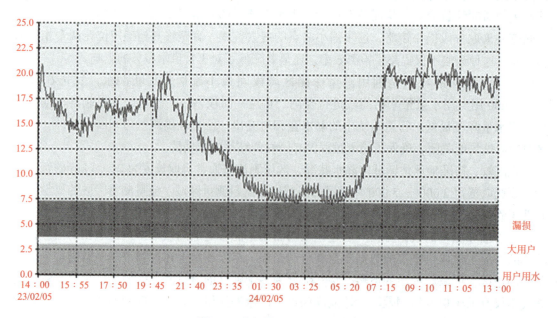

图5-4　夜间最小流量监测数据

直接测流法以其直接性和准确性见长，适用于需要快速准确判断漏水情况的场景；间接区域测流法则通过综合考虑多种因素，提供了更为全面和深入的漏水分析，适用于需要精细化管理和长期监测的区域。两者相辅相成，共同构成了区域测流法的完整体系。

区域测流法是一种专业的漏水探测技术，其工作要求极为严谨，以确保测量结果的准确性和可靠性。首要条件是确保进入探测区域的供水全部通过管径不小于 $DN50$ 的进水管道，即探测时应保留一条管径不小于 $DN50$ 的管道进水。这样操作的目的是减少因管道口径过小可能引起的流量测量误差，同时保证水流顺畅。此外，为了实现精确的流量监测，必须在选定的进水管道上安装高精度的计量仪表，该流量仪表需要具备连续测量的能力，而且其精度必须达到 1 级标准。在测流过程中，为了维护探测区域的完整性和独立性，原则上需要关闭其他所有进入该区域的管道阀门。这一步骤至关重要，它有效隔绝了外部水源的干扰，使测量数据能够真实反映该区域内管网的漏水状况。经过一段时间的稳定测量后，水表所记录的最低流量值即可被视为该流量区域管网的漏水量或近似漏水量。

其中，流量测量区域内夜间测得的单位管长流量是判断是否漏水的重要指标。单位管长流量等于水表测得最小流量与测区内管道长度的比值，即

$$q = \frac{Q_{\min}}{L}$$
(5-3)

式中　q——单位管长流量 $[m^3/(km \cdot h)]$；

　　　$Q_{\min}$——水表测得最小流量（m^3/h）；

　　　L——测区内管道长度（km）。

为了精准定位漏水管段，一种高效的方法是策略性地关闭区域内特定管段的阀门，并细致对比阀门关闭前后的流量变化。具体操作时，若观察到在关闭某管段阀门后，流量仪表所显示的单位流量 $[$ 通常以 $m^3/(h \cdot km)$ 为单位 $]$ 出现了显著的减少，则表示该管段很可能存在漏水问题。此时，为了进一步确认并精确到漏点的位置，可以辅以听声法或采用其他漏水探测技术，如相关仪检测等方法进行综合分析和定位。

值得注意的是，在设定单位管长流量的判断标准时，应遵循《城市供水管网漏损控制及评定标准》（CJJ 92—2016）中的相关规定，并特别选取了该标准中有关单位管长流量上限的数值作为参考，即 $1.0 \, m^3/(km \cdot h)$，当单位管长流量大于 $1.0 \, m^3/(km \cdot h)$ 时，可判断为有漏水异常。这一标准的采用，有助于确保漏水探测工作既符合行业规范，又能在实践中保持较高的灵敏度和准确性，有效避免因标准过低而遗漏漏水问题，或因标准过高而增加不必要的检测成本和工作量。

5.1.3　应用案例

某市老旧小区漏点详细信息：管道口径 $DN100$；管道埋深 1.0 m。

漏点形式：PE 管与铸铁管直套筒头连接处漏水。

为了改善小区居民的水质，某市水务公司斥资对老旧小区场外管进行改造。改造结束后发现一处老旧小区总分表水量存在异常。检漏人员多次对该小区进行全面排查，但均未发现漏水异常情况。检漏人员经过总分表分析，发现仍有 55% 的漏损率，分析讨论后，检漏人员决定对该小区进行关阀检查试验，缩小漏点区域范围。关阀检查试验成效显著，检漏人员马上将漏

损异常区域锁定在3幢住宅楼范围内，但这3幢住宅并未被列入小区改造范围，而且没有详细的管线信息，检漏人员只能对该区域范围内进行地毯式监听，经过较长时间的排查，最终发现该漏点。第二天开挖后，发现 DN100 PE 管与铸铁管直套筒头连接处漏水，漏损水量较小。

分析： 本案例采用了流量监测法和关阀检查试验法，检漏人员通过关闭小区支管的阀门缩小范围，为检漏提供了便利条件。由于小区场内管道材质以塑料管材为主，漏水异常点声音信号传播衰减明显，采用阀栓听声法时，极有可能探测不到声音信号，因此，检漏人员在小区检漏时，需要格外注意，不应草率忽略。

5.2　压力法

5.2.1　工作原理

压力法作为一种高效且广泛应用的供水管道泄漏探测技术，利用精密的压力仪表，精准捕捉管网内压力的动态变化，以判断供水管网是否发生漏水，并确定漏水发生的范围。在实施过程中，由专业人员选择在管网的关键位置，如压力测试点、消火栓及排气阀等位置，安装压力表或压力传感器。这些设备如同敏锐的"压力侦探"，全天候不间断地监测并记录着管网内部的压力波动情况。一旦管网某处发生泄漏，该区域的压力将会迅速下降，形成明显的压力异常变化。通过对这些压力数据的实时分析，系统能够迅速响应，自动或人工判断是否存在漏水情况，并进一步缩小漏水范围，为后续的维修工作提供准确指引。

供水管道是借助压力把水送到用户的，当管网正常用水时，压力和流量是变化的，如图 5-5 所示。图 5-5 中下方曲线是流量数据的时间变化情况，上方曲线是压力数据的时间变化情况，在夜间出现最小流量的同时，对应的压力值达到最大。

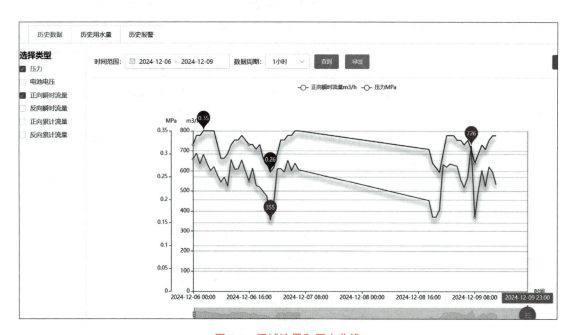

图 5-5　区域流量和压力曲线

当管网存在漏水时，管网压力在漏水区域会降低，以此来判断该区域是否有漏水发生。如图 5-6 所示，虚线为流量曲线，实线为压力曲线，流量增加，压力下降，表明该段时间管道存在泄漏。

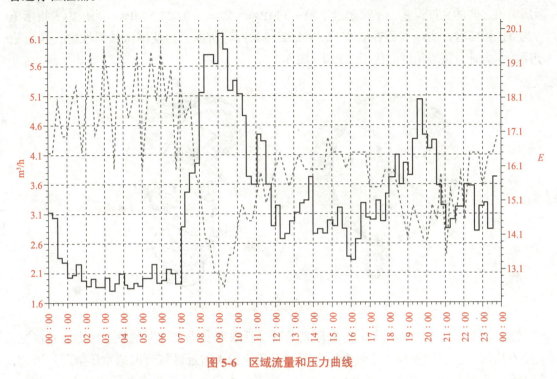

图 5-6　区域流量和压力曲线

5.2.2　技术要点

运用压力法探测供水管道泄漏时，根据供水管道条件布设压力测试点，并做好编号工作。宜选择能代表某区域的压力测试点，如测压点或消火栓等位置，当压力降低时（如平时压力为 0.3 MPa，某天降至 0.2 MPa），可以初步判断该测压区域有漏水发生。需要注意以下七个方面。

（1）漏水量与管道压力呈指数规律变化，因此当供水管道发生漏水时，漏点区域的管网压力会随之降低。压力法可以判断供水管道是否发生漏水，并确定漏水发生范围，起到漏点预定位的目的。

（2）压力法所使用的压力仪表计量需要满足基本精度要求。压力表通过表内敏感元件（波登管、膜盒、波纹管）的弹性形变，再由表内机芯的转换机构将压力形变传导至指针，引起指针转动来显示压力。当特制的弹簧管内受到介质的压力时，就会使其自由端向外移动，再经过连杆带动扇形齿轮与小齿轮转动，使指针向顺时针方向转动一个角度。介质的压力越大，指针转动角度也越大。当压力降低时，弹簧弯管会向里收缩，使指针返回到相应的位置。当压力消失后，弹簧弯管恢复到原来的形状，借助游丝的帮助作用，指针回到始点（零位）。

弹簧管式压力表具有结构紧凑、精确度较高、测量范围广、使用方便等优点，多用于测量管道内的介质压力值。弹簧管式压力表的精度等级，是以允许误差占压力表量程的百分率来表示的，一般分为0.5、1、1.5、2、2.5、3、4七个等级，数值越小，其精度越高。例如，表盘量程0～1.5 MPa、精度1.5级的压力表，它的指针所示压力值与被测介质的实际压力值之间的允许误差，不得超过上限1.5 MPa×1.5%=±0.022 5 MPa；当压力表指示压力为0.8 MPa时，实际气压在0.777 5～0.822 5 MPa。所以，为使测试结果准确，压力法使用的压力计量仪表精度应优于1.5级（图5-7）。

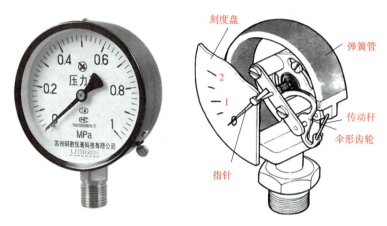

图5-7 弹簧管式压力表及内部结构

（3）供水管道压力测试点的选取原则是既要反映真实供水管网的整个压力分布情况，又要有均匀、合理的布局，使每个压力测试点都能代表附近区域管网的水压情况。因此，压力测试点最好布设在已有压力测试点上，或者根据管网条件布设在消火栓上，并统一编号。

（4）在压力测试点上安装压力计量仪表时，应排尽压力计量仪表前的管内空气，这是为了保证测试压力的准确性。同时，应保证计量压力仪表与管道连接处不得漏水。

（5）压力法探测时，由于用水高峰期管网压力波动较大，测试的效果不佳，应避开用水高峰期，选择供水管道压力相对稳定的时段，观测记录各测试点管道供水压力值。

（6）为准确计算管段理论压力坡降和绘制理论压力坡降曲线，需要测定每个压力测试点的高程，把高程压力加进去，这样才能取得理论压力坡降。实际上应测量每个压力测试点的高程，并根据供水管道输水和用水条件计算探测管段的理论压力坡降。理论压力坡降曲线加进了测试点的高程，因此在实测过程中也要考虑高程压力的影响因素，可以把各测试点实测的管道供水压力值换算为绝对压力值，并绘制沿管段的实测压力坡降曲线。绝对压力值的换算按式（5-4）进行：

$$P_a = P + P_t \qquad (5\text{-}4)$$

式中　P_a——绝对压力值（MPa）；

　　　P——压力测试点的大气压（MPa），当供水管道所处地形较平坦时，P值可以忽略；

　　　P_t——测试的压力值（MPa）。

（7）利用压力法精确识别管道系统中的漏点及其异常范围，核心在于精准比对管段实际测量的压力坡降曲线与基于正常工况计算得出的理论压力坡降曲线。这一过程旨在通过细微差异来揭示潜在的漏水情况。具体而言，当在某一测试点观测到压力值出现显著或非正常的降低，并且该降低值低于基于无漏水状况预测的理论压力值时，可以判定该测试点所在管段存在漏水异常。这种方法不仅能够有效定位漏点的大致位置，也为后续管网维修与维护工作提供重要参考。

5.2.3　应用案例

图 5-8 所示为某个区域供水管网示意，由一路供水，并安装压力流量计，以监测该区域的漏水情况。

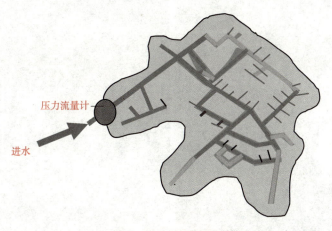

图 5-8　区域供水管网示意

图 5-9 所示为压力监测曲线。接近 3 月 10 日压力突然下降，说明该区域有漏水发生。在该区域采用听声法和相关分析法定位四处漏点，如图 5-10 所示。

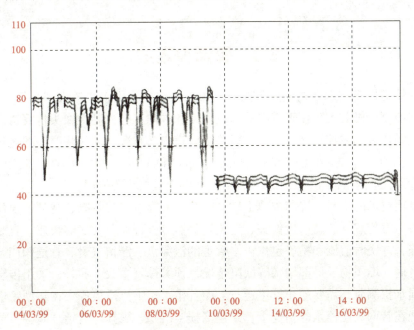

图 5-9　压力监测曲线

图 5-10 漏水现场

5.3 管道内窥法

狭义的管道内窥技术是指使用闭路电视摄像系统查视供水管道内部缺损，探测漏点。通过主控器控制"机器人"在管道内的前进速度和方向，并控制摄像头将管道内部的视频图像通过线缆传输到主控器显示屏上，以检测管道内部状况，同时将原始图像记录存储下来，做进一步的分析。运用 CCTV（Closed Circuit Television，闭路电视）管道内窥检测法能清晰地看到管道内壁情况，为及时发现和修复漏点提供重要依据。

随着该项技术的不断发展和成熟，广义的管道内窥技术集音频、视频、定位等检测于一体，配备声学传感器、高清摄像头、定位发射器等多种设备，能够快速、直观地识别管道内部缺陷，并实时监测和精确定位供水管道的泄漏点、滞留气囊、管道阀门、支管、非法接头、管瘤、堆积物及局部堵塞等缺陷情况，预警爆管事故。此外，采用传统管道内窥技术进行漏水探测时，需要停止管道运行，而且排水至不淹没摄像头；新型管道内窥技术则可以实现在管网无法停水的情况下，定位漏损及沉积、破损等管道"病害"位置，具有更高的应用价值。

5.3.1 CCTV 管道内窥检测

1. 工作原理

CCTV 管道内窥检测也称为管道闭路电视检测，是用于检测管道状况的一种高效手段。该方法不适用于供水管网漏水普查，而较适用于供水管网漏水异常点精确定位，尤其适用于探测非金属管道、大口径管道、长距离管道等听声法、相关分析法探测效果受限的场景，是漏水探测技术的一项有力补充。

CCTV 摄像系统由摄像机、传输线路、录像设备和控制设备等组成。其中，摄像机负责捕捉监控区域的图像信息；传输线路将这些信息传输到控制中心；录像设备则负责录制这些图像，以便日后查证和分析。《城镇供水管网漏水探测技术规程》（CJJ 159—2011）规定，CCTV 的主要技术指标应满足如下条件：摄像机感光灵敏度不应大于 3 lux；摄像机分辨率不应小于 30 万像素或水平分辨率不应小于 450 TVL；图像变形应控制在 ±5% 范围内。可以用推杆式探测仪或爬行式探测仪（图 5-11）进行不同大小管径的检测，并适合相对复杂的管道情况。

（a） （b）

图 5-11 闭路电视（CCTV）摄像系统设备
（a）推杆式探测仪；（b）爬行式探测仪

CCTV 摄像系统通过手持式控制器控制镜头焦距。操作人员在地面通过控制器或推杆，对放入管道内的携带摄像镜头的爬行器进行有线控制，使其在管道内行走，工作人员可通过监视器观察管道中的实际情况并进行实时录像。运用管道检查软件对录像结果进行分析，以确定管道的破坏程度、病害情况等（图 5-12）。

图 5-12 管道内窥法探测作业示意

2. 技术要求

一般情况下，进行 CCTV 管道内窥检测时不应带水作业。当现场条件无法满足时，应采取降低水位措施，确保管道内水位不大于管道直径的 20%。当探测仪在行进过程中被局部淹没时，应即时调整探测仪的行进速度，以保证图像清晰度。爬行器的行进方向宜与水流方向一致。管径不大于 200 mm 时，直向摄影的行进速度不宜超过 0.1 m/s；管径大于 200 mm 时，直向摄影的行进速度不宜超过 0.15 m/s。检测时摄像镜头移动轨迹应在管道中轴线上，偏离度不应大于管径的 10%。当对特殊形状的管道进行检测时，应适当调整摄像头位置并获得最佳图像。在使用推杆式探测仪时要求管道相邻出入口间距不大于 150 m，使用爬行式探测仪时要求管道相邻出入口间距不大于 500 m，同时要求管道的弯曲程度不影响摄像头在管道内的运行。将载有摄像镜头的爬行器安放在检测起始位置后，在开始检测前，应校准电缆长度，将计数器（测量起始长度）归零。当检测起点与管段起点位置不一致时，应做补偿设置。每一管段检测完成后，应根据电缆上的标记长度对计数器显示数值进行修正。在检测过程中发现缺陷时，应将爬行器在完全能够解析缺陷的位置至少停止 10 s，确保所拍摄的图像清晰完整。

图 5-13 所示为供水管道 CCTV 管道内窥检测影像数据。图中 DN1 000 铸铁输水管建设于 1953 年，管龄超过 50 年。通过检测发现存在管道内锈蚀结垢、管壁粗糙度增加、管壁断面不规则等问题，会影响自来水的水质，并导致流水速度减缓，此外，还存在爆管、供水不稳定等隐患。

图 5-13 供水管道 CCTV 管道内窥检测影像数据

5.3.2 管道内窥式带压检测

1. 工作原理

供水管道内窥式带压检测是一种在管道系统带压（正常运行）的情况下检查管道内部状况的新型无损评估技术，通过将检测设备投入运营中的压力管道，利用检测设备在管道内采集视频及声波信息，对供水管道泄漏、破损、管瘤、气包、异物等进行实时采集与记录。相比外部检测方法（如压力测试或声波检测），能够更加准确地评估管道的健康状况，并有效避免了停水检测带来的不便和经济损失。管道内窥式带压检测可用于检测管径不小于 400 mm 的各种类型和材质的供水管道。其工作原理是利用一个专为直径不小于 100 mm 的供水管道设计的插入装置，将管道内窥传感器安全送入目标管道内部。该传感器通过一条高度可靠的光缆，与地面上的精密光缆卷筒紧密相连，确保了数据传输的稳定与高效（图 5-14）。

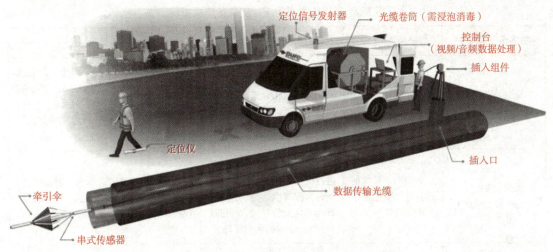

图 5-14　管道内窥式带压检测工作原理示意

设备插入装置主要用于投放探视器，并防止管道内承压水溢出。插入装置由下部的投放筒和上部的送缆器组成。投放筒用于连接阀门与送缆器，并在内部形成水密空间，放置探视器。送缆器主要用于投送电缆及回收电缆，并对电缆长度进行记录，以确定探视器在管道中行进的距离。传感器随光缆进入管道后，其在管道内的行进方式可分为水流驱动和自带动力两种运动模式，如图 5-15 所示。水流驱动是指传感器上内置的牵引伞在水流的自然动力驱动下沿管道前行，并对管道内的情况进行音频数据采集和视频数据采集。自带动力设备则无须配备动力伞，适用于无水流检测。

（a）　　　　　　　　　　　　（b）

图 5-15　内窥式探视器运动模式
（a）水流驱动；（b）自带动力

2. 技术特点

目前，管道内窥式带压检测已实现多传感器融合，配备声学传感器、高清摄像头、定位发射器等多种设备，兼容视频检测、声呐检测，通过监听带压管道中的声音活动发现漏点和气囊，并通过闭路电视发现潜在的管道结构缺陷，见表 5-3。供水管道发生泄漏时会产生噪声，该噪声会沿着管道向两侧传播或沿介质传播到地面，因此，地面拾音检测就是通过仪器从地面拾取这种漏水声音从而判断漏点的准确位置。但漏水噪声声波在土壤中衰减大，在管壁上易受接口、阀门等物体影响；但声波在水中以纵波形式传播，衰减小，易探测。通过在管道中放置水听设备的方法，探测水流中的噪声，定位渗漏点，在一定程度上能够解决传统探漏方法受埋深、管材、环境噪声干扰等因素影响，无法对精确探测漏点的难题。

表 5-3　管道内窥式带压检测设备集成模块

探视器内置模块	数据采集与传输	数据处理	模块作用及特点
音频采集模块（水听器）	管道内部声波信号，并由线缆传送至控制终端	通过解析软件将音频信号转化为可视化数据，最终通过数据特征确定管道渗漏点位置	声波在水中以纵波形式传播，衰减小，易探测。通过管道内声呐探测能够解决传统声波探漏方法受埋深、管材、环境噪声干扰等影响，无法精确定位漏点的难题
视频采集模块（传感器前端摄像头）	管道内部影像信息，并由线缆传送至控制终端	运用专用软件对摄像结果进行分析［视频的清晰度可能因水流浑浊、湍流、管壁状况不佳或管径过大（超过1 200 mm）等因素而降低］	识别供水管道的泄漏点、滞留气囊、管道阀门、支管、非法接头、管瘤、堆积物及局部堵塞等缺陷情况
定位模块（微型信号接收器）	接收地面超低频发射的极低频率信号，保证管内外的精确通信	内窥传感器在管线中每行进一段距离进行一次地面定位，发现漏点等异常事件时也须进行定位	当管材为金属时，信号可抵达埋深达10 m的管道中的传感器，确定漏点位置。埋深较大时，内窥法地面定位信号较差，通过光缆长度进行定位，特殊工况时校核检测点位

　　检测要求管道内外压差不小于 0.1 MPa。设备控制台操作人员可通过声音信号处理设备及配套软件实时监听和分析由传感器传回的管内声音。因此，可实时报告管内的异常声事件和可视异常情况。声音信号处理软件将声音信号转化为频谱图，控制台操作人员可在图上定位声事件并定性估计漏点大小或气囊的严重程度。操作人员还可以通过传感器前端摄像头提供的闭路电视影像识别管道中的特征建筑物和其他需要注意的异常情况。视频的清晰度可能因水流浑浊、湍流、管壁状况不佳或管径过大（超过 1 200 mm）等因素而降低。

　　工作人员将现场采集到的检测数据发送至计算机，通过专业分析软件进行数据分析。在进行数据判读分析时，应结合现场记录表及软件解析得到的音频、视频、频谱图、时频图对管道缺陷情况进行综合分析。分析渗漏缺陷时，通过时频图预览当前管段所有的音频强度，对比缺陷数据库进行缺陷定位分析，初步定位泄漏位置，利用频谱图详细分析缺陷；根据视频数据分析其他结构性、功能性缺陷。检测数据分析判读软件界面如图 5-16 所示。

　　管道内窥式带压检测是供水管网漏水探测的一种新技术，该方法的适用场景受检测设备主要参数的影响，包括设备主体尺寸、防护等级、允许投放条件、适用检测管径、定位精度、线缆长度、插入装置尺寸等。

　　（1）探视器尺寸：探视器直径决定了最小可投放的闸阀或球阀的管径，直径越小，适应范围越广；探视器长度决定了可检测管径的范围，长度越小，可检测的管径越小。

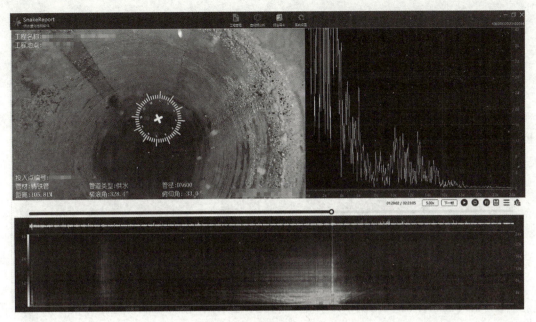

图 5-16　检测数据分析判读软件界面

（2）探视器定位精度：在发现管道缺陷后，需要立刻记录缺陷位置，以便后期进行修复，定位精度越高，后期修复施工越精准，施工成本越低。

（3）线缆长度：线缆长度可等同于设备单次最大检测距离，此参数受线缆中信号衰减、电压衰减等因素影响。

（4）插入装置尺寸：插入装置需要连接闸阀或球阀的法兰。闸阀或球阀一般位于检查井内。井室空间较狭小，若插入装置太大，则无法在井室内安装。因为插入装置要容纳探视器，所以其高度主要受探视器长度限制，探视器长度较小时，插入装置高度可相应变小。

5.3.3　作业流程

管道内窥式带压检测实施过程主要包括现场踏勘、制订检测方案、安装投放装置、设备投放、管道检测、设备回收、检测结果分析等工作步骤。

（1）现场踏勘。现场踏勘主要工作内容包括以下三项。

1）复核图纸。根据图纸复核检查井、消火栓等管线及附属设施位置是否有偏差、是否有遗漏。

2）查看地面作业条件。包括检查井位于人行道还是车行道，周边是否有停车位置，是否需要进行交通导行，井口周边是否开阔，井口上方是否有架空线路等，综合评估地面作业条件。

3）查看检查井。打开检查井，查看井室尺寸、阀门安装方向、阀门养护状态，确定是否具备安装插入装置的条件；使用气体检测仪检测井室内气体是否符合有限空间作业条件；

179

若阀门在高处，判断是否涉及高处作业（图 5-17、图 5-18）。

图 5-17　现场踏勘并进行记录

图 5-18　有毒气体检测

（2）制订检测方案。根据图纸等相关资料及现场踏勘情况，制订检测方案，明确以下内容。

1）检测管线分段情况。确定将待检测管段分为几段检测，每一段的起点及终点井号。

2）如不具备检测条件，应采取措施，如开挖检查井、更换阀门等。

3）施工组织情况，确定设备配置、人员安排、施工工期等。

4）编制安全文明施工措施及突发情况应急预案，涉及有限空间作业或高处作业的，应编写相应方案及应急预案。

（3）安装投放装置。检测方案被批准后，开始实施管道检测作业。实施步骤如下。

1）检查拟投放探视器的阀门，确保可以安全使用。

2）关闭阀门，清除投放口周边锈蚀、残渣，拆除阀门上部的封板或排气阀。

3）对探视器、投放筒等设备及线缆进行消毒。

4）通过转接法兰安装投放装置，并使用螺栓将其固定在阀门法兰上，如图 5-19（a）所示。

5）将探视器放入投放筒，锁紧端盖、管夹，如图 5-19（b）所示。

6）安装送缆器，并连接线缆，如图 5-19（c）所示。

若阀门为闸阀，则可正常进行安装；若阀门为球阀、蝶阀等旋转开合的阀门，则阀门通道中部可能存在转轴等部件，影响设备正常投放，此时需要先行安装偏心转接法兰，再安装投放装置。

（4）设备投放。设备安装、连接完成后，打开闸门，将探视器送入管道。探视器由阀门进入管道后，将送缆器计米数据清零（图 5-20）。

对于使用牵引伞提供动力的设备，若此时管内水流速度过小，设备无法顺流前行，则需要在报备相关部门同意的前提下，打开下游排泥阀、消火栓等设施，通过排水加快管内流速，推动设备前进。

图5-19 设备安装

(a) 安装投放筒；(b) 探视器放入投放筒；(c) 安装送缆器

图5-20 设备投放

（5）管道检测。操作人员使用操作终端控制设备，并通过音频和视频，实时记录、分析检测情况。对疑似存在缺陷的位置进行反复排查；当确定管道存在漏点或异常点时，操作人员根据计米数据在相应地面位置实时标记，并在现场记录表中进行记录。

（6）设备回收。检测完毕后，回收探视器至插入装置内部；通过探视器的视频观察，确保牵引伞和探视器都已经脱离阀门后关闭闸阀；打开插入装置泄压阀泄压，直至确保插入装置内部无承压水，拆除送缆器，取出探视器，拆除插入装置并恢复管道原有状态。

（7）检测结果分析。将现场采集到的检测数据发送至计算机，通过专业分析软件进行数据分析。在进行数据判读分析时，应结合现场记录表及软件解析得到的音频、视频、频谱图、时频图对管道缺陷情况进行综合分析。分析渗漏缺陷时，可通过时频图预览当前管段所有的音频强度，对比缺陷数据库进行缺陷定位分析，初步定位泄漏位置，然后通过频谱图进行详细分析缺陷。通过视频数据可分析其他结构性、功能性缺陷。完成管段的缺陷判读后，通过分析软件内置的报告生成功能生成检测报告，并对检测报告进行人工复核。

（8）注意事项。

1）设备进入供水管道前应取得相关管理方的书面认可，同时注意按照规范对设备进行消毒并对整个检测流程进行录像。

2）拆、装压力管道附属设施及插入装置时注意关闭对应的阀门，禁止在阀门开启状态下拆卸压力管道附属设施及插入装置。

3）探视器检测过程中应每前进 50 m 左右单击一次回收线缆，观察终端显示的回收拉力值，若回收拉力在危险范围，需要分析检测风险后方可继续检测。

4）探视器前方尖锐的金属、锋利的焊缝、插入的支管等容易刮断线缆或卡住探视器时，应终止检测，记录异常位置，回收探视器。

5）若回收探视器过程中遇到回收不顺畅的情况，不宜强硬拽扯线缆，可以适当释放部分线缆后再回收。若一次不行，可以重复几次。

5.4　探地雷达法

探地雷达法是通过探地雷达（Ground Penetrating Radar，GPR）对漏点周围形成的浸湿区域或脱空区域进行探测，推断漏水异常点的方法。探地雷达的使用方法和原理是通过发射天线向地下发射高频电磁波，通过接收天线接收反射回地面的电磁波，电磁波在地下介质中传播时遇到存在电性差异的界面时发生反射，根据接收到的电磁波的波形、振幅强度和时间的变化特征推断地下介质的空间位置、结构、形态和埋藏深度，如图 5-21 所示。

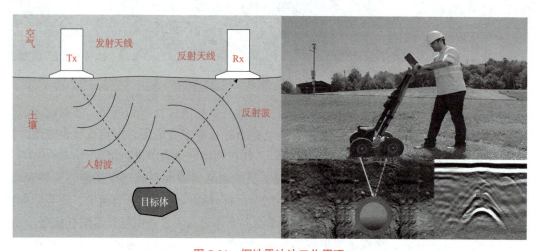

图 5-21　探地雷达法工作原理

5.4.1　应用场景

　　针对供水管网漏水探测工作，探地雷达法适用于管道漏水形成的浸湿区域或脱空区域的漏点探测，为间接探测方法。其工作原理是运用探地雷达技术对供水管线进行快速无损探查，根据雷达图像，以及管道周围介质情况、漏水可能的泄水通道及规模等情况综合判断是否发生管线漏水。理论上，探地雷达法能够探测漏点；在应用实践中，由于道路下方管线复杂、周边构筑物较多、检测过程中干扰较大，导致探地雷达法的有效性较低。只有满足地下介质均匀、供水管道位于地下水水位以上、漏点形成的浸湿区域或脱空区域与周围介质存在明显的电性差异等条件，才可能探测到漏水异常点。探地雷达法适用性见表 5-4。在供水管道位于地下或探地雷达法探测的最终结果为具有一定分布范围的漏水异常区域时，对于疑似管道漏点需要进一步采用听声法予以验证和精确定位。

表 5-4　探地雷达法适用性

分类	特点	具体工况
适宜	用于探测不宜采用声波法的特殊漏点	塑料管道的漏点
		包覆在漏水中、已形成浸湿区域的漏点
		已形成脱空区域的漏点
不适宜	地下水水位较高、地下介质不均匀等特殊地段	供水管道位于地下水水位以下
		地下介质严重不均匀

5.4.2　技术要点

　　由于探地雷达的探测对象为浸湿区域或脱空区域界面，采用探地雷达法进行漏水探测时，应具备足够的分辨率和足够的穿透深度，在穿透深度与分辨率之间应取得平衡。鉴于国内供水管道埋深一般为 1.0 ～ 2.0 m 范围，采用的天线频率宜为 200 ～ 300 MHz。当频率低于 200 MHz 时，其分辨率过低；当频率高于 300 MHz 时，其穿透深度过小。选用的天线频率应与管道埋深相匹配，其有效穿透深度应达到供水管道埋深的 2 倍以上。当探测条件复杂时，需要选择两种或两种以上不同频率的天线进行探测，并根据干扰情况与图像效果及时调整工作频率、介电常数、传播速度等工作参数，以确保获得最佳的探测效果。

　　进行探测作业时，将雷达天线贴近管道上方，从管道起点开始，沿着管道走向进行测量，其测线布置应符合下列规定。

　　（1）测线宜垂直于被探测管道走向进行布置，并应保证至少 3 条测线通过漏水异常区。

　　（2）测点间距选择应保证有效识别漏水异常区域的反射波异常及其分界面。

　　（3）在漏水异常区应加密布置测线，必要时可采用网格状布置测线并精确测定漏水浸湿区域或脱空区域的范围。查找漏水异常区域时的测线布置与确定漏水异常区域中心点时的测线布置要求各有不同。查找漏水异常区域时，应平行于目标管道走向布设两条测线，两条测线与目标管道边缘的距离宜为 1.0 m，沿着两条平行测线查找漏水异常区域的特征反射波形。确定漏水异常区域中心点时，测线应垂直于目标管道走向进行布置，并应保证至少 3 条测线通过漏水异常区，如图 5-22 所示。一般测线间距可为 2.0 m。在漏水异常区应加密布置测线，必要时可采用网格状布置测线并精确测定漏水浸湿区域或脱空区域的范围。因此，探地雷达法的应用具有相当的局限性，目前仍处于研究和完善过程中。

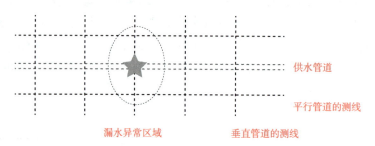

图 5-22　探地雷达法探测漏水测线布设

雷达探测资料包括雷达剖面图像、管道的位置和深度及漏水形成的浸湿区域或脱空区域范围图等。雷达数据视图中反射波波形特征见表 5-5。

表 5-5　漏水区域反射波波形特征

漏水区域分类	反射波波形特征	
	相同点	不同点
漏水脱空区域	地层同相轴不连续	脱空区域具有明显的顶面反射波和底面反射波
		脱空区域下方的反射波形具有明显的低振幅和宽波形特征
		有明显的供水管道反射波
漏水浸湿区域		浸湿区域的波形具有明显的低振幅和宽波形特征
		浸湿区域下方的反射波具有明显的白噪声特征
		供水管道反射波不明显

管道和一般脱空在纵断面图都是抛物线形状。其中，管道在平面图有明显的贯穿图形，而脱空在水平面会有局部高亮反应，复杂情况需要具体分析。图 5-23（a）所示为在漏点正上方的垂直测线的雷达探测图像；图 5-23（b）所示为在漏水浸湿区域之外的垂直测线的雷达探测图像。

图 5-24 所示为在漏水浸湿区域内的平行测线的雷达探测图像，图 5-25 所示为在供水管道正上方的平行测线的雷达探测图像，图 5-26 所示为布置于供水管道旁侧的平行测线的雷达探测图像。

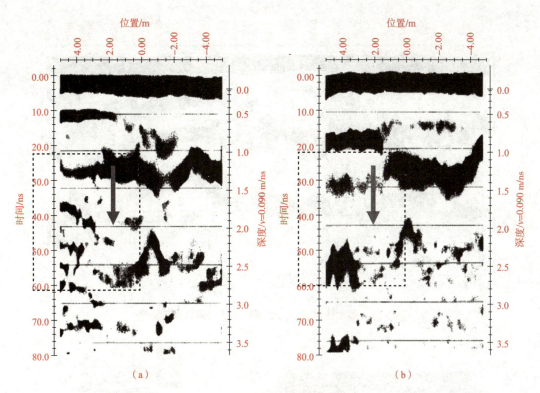

图 5-23　探地雷达法探测漏水实例
（a）漏水点正上方；（b）水浸湿区域之外

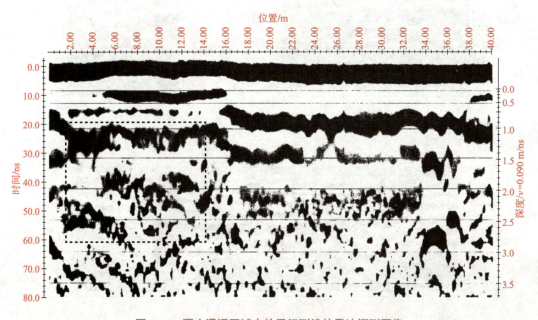

图 5-24　漏水浸湿区域内的平行测线的雷达探测图像

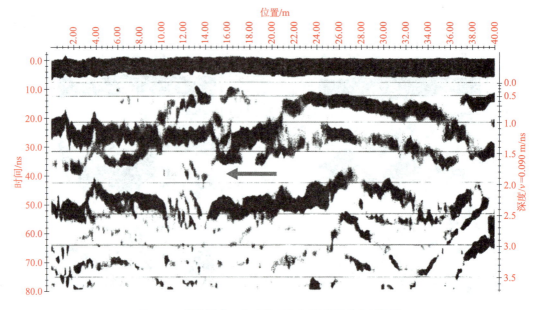

图 5-25　供水管道正上方的平行测线的雷达探测图像

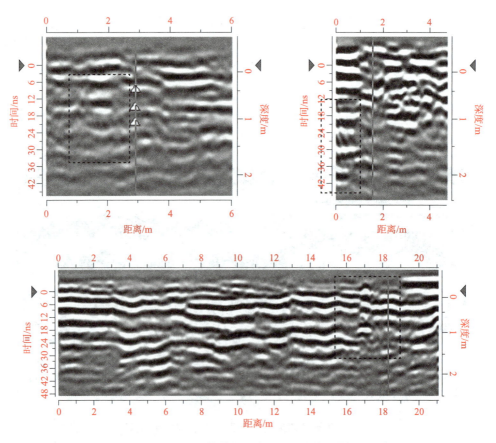

图 5-26　布置于供水管道旁侧的平行测线的雷达探测图像

5.5　地表温度测量法

地表温度测量法（简称地表测温法）是借助测温设备，通过检测地面或浅孔中供水管道漏水引起的温度变化，推断漏水异常点的方法。地表温度测量法是漏水探测的间接方法，应用实践证明，热力管道的漏水探测不宜采用声波法，宜采用地表温度测量法。在水温与周围介质温度具有明显差异的冬季或夏季，地表温度测量法可在非中心城区域用于探测供水管道的漏点。使用该方法进行供水管网漏水探测时，应具备两个基本条件：探测环境温度应相对稳定；供水管道埋深不应大于 1.5 m。其中，环境温度应相对稳定，是指漏点与周围介质之间有明显温度差异；供水管道埋深不应大于 1.5 m 是经验推荐值。供水管道埋深较大时，漏水无法对地表温度造成影响或影响较小，难以进行有效探测。另外，在采用地表温度测量法探测前，应进行方法试验，并确定方法和测量仪器的有效性、精度和工作参数。

地表测温法使用的测温仪器包括精密温度计或红外成像仪。测温仪器的主要性能指标满足的温度测量范围为 $-20 \sim 50\ ℃$ ；温度测量分辨率应达到 $0.1\ ℃$ ；温度测量相对误差不应大于 $0.5\ ℃$ 。按照这样的要求，目前可用于地表测温法的仪器也不排除使用红外热成像仪。图 5-27 所示为红外热成像仪及探测实例，多用于建筑物内部供水管道的漏水探测，黄红颜色越深的位置（可扫描彩图 2-27 查看），代表离漏点距离越近。

图 5-27　红外成像仪及探测实例

地表测温法宜分为普查、精确定位和确认三个过程，选择测点应避开对测量精度有直接影响的热源体，避免出现结果的误判。

（1）漏水异常区域的普查：在目标管道正上方测量地表温度异常，测点间距不宜大于 2.0 m。探测方法类似地面听声法。

（2）漏水异常点的精确定位：在温度异常区域，应垂直于管道走向布置测线，有必要时采用网格状测线，定位温度异常区域的分布范围和中心点；宜采用地面打孔测量方式，孔深不应小于 30 cm，测点间距不宜大于 0.2 m。采用打

彩图 5-27

孔测量方式，测量孔深不应小于 30 cm，这样，才能够剔除阳光、气温等环境因素的影响。探测方法类似钻孔听声法。具体测点和测线布置的方法要求见表 5-6。

表 5-6　地表测温法适用性

分类	要求	具体规定
测点和测线布置方法	测线垂直于管道走向布置，每条测线上位于管道外的测点数不得少于 3 个 / 每侧	保证每条测线管道上方的测点不少于 3 个；当发现观测数据异常时，对异常点重复观测不得不少于 2 次，并应取算术平均值作为观测值
	宜采用地面打孔测量方式，孔深不应小于 30 cm	

（3）漏水异常点的确认：对红外测温法定位的漏水异常点，宜采用钻孔听声法进行确认。根据观测成果编制温度测量曲线或温度平面图，确定漏水异常点。

5.6 气体示踪法

气体示踪法是通过在供水管道内施放气体示踪介质，借助相应仪器设备通过地面检测泄漏的示踪介质浓度，推断漏水异常点的方法。具体操作上，利用示踪气体的特性，在管道中注入一定量的示踪气体，检漏人员通过使用气体传感器沿管道上方探测示踪气体浓度，进而探测漏点的位置。

常见的示踪气体有氢气、氮气、二氧化碳等，这些气体的相对分子质量较轻，具有轻、易扩散、不易燃等特性，适用于管道泄漏检测。示踪气体在供水管道内停留一段时间后，如果管道存在泄漏，示踪气体会从供水管道泄漏处逸出，并扩散至地面。泄漏处的示踪气体浓度会明显高于其他部位，从而被管道测漏仪迅速检测出来。通常情况下，示踪气体浓度最大位置的下方即漏点位置，如图 5-28 所示。

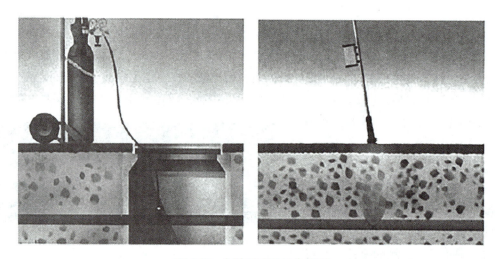

图 5-28　气体示踪法工作原理

5.6.1　应用场景

在实际应用领域中，气体示踪法主要用于以下三类复杂或特殊情境下的漏点定位。

（1）塑料管道漏水检测。鉴于塑料管道材质对声波传导的阻碍，传统声波法往往难以捕捉到清晰的漏水声波信号，导致定位困难。气体示踪法通过向管道内注入特定气体，并利用该气体的独特性质（如可检测性、扩散性等）进行追踪，能够准确识别并定位塑料管道中的漏点，弥补了声波法的不足。

（2）低水压管道漏水检测。在水压低于 0.15 MPa 的管道系统中，水流动力较小，漏水时产生的声波信号极其微弱，甚至可能被环境噪声所掩盖，使声波法难以发挥作用。气体示踪法凭借不依赖于水压的独特优势，能够稳定且可靠地检测出漏水位置。

（3）漏水噪声微弱或环境干扰大的情况。在阀栓间距较远、管道传声效果差或外界噪声干扰严重的环境中，漏水产生的声波信号极易被削弱或掩盖，给声波法检测带来极大挑战。气体示踪法通过引入外部可追踪的气体信号，有效避开了这些环境因素的干扰，即便在漏水噪声微弱的情况下，也能实现漏点的精准定位。

尽管气体示踪法具有特定的探测优势，但该方法属于漏水探测的一种间接方法，探测对象为从漏点处泄漏的示踪气体，探测结果为具有最大示踪气体浓度的地面漏气点，可能存在漏点定位上的误差，需要采用钻孔听声法进行确认和精确定位。气体示踪法适用于供水管网漏水量小或采用其他探测方法难以解决的漏水探测。

5.6.2 技术要点

运用气体示踪法进行管网漏水探测，工作流程及注意事项如下。

（1）示踪介质的选择是实施气体示踪法的关键技术，示踪气体的选择应满足表5-7中的各项要求。目前，实践较常采用5%氢气和95%氮气的混合气体作为示踪介质。

表5-7　示踪介质的特点和要求

序号	具备特点或要求	作用
1	无毒、无色、无味、无腐蚀性，不易燃、易爆	避免示踪气体影响水质和供水管道使用寿命
2	具备稳定性，并且不易被土壤等管道周围介质所吸收	确保示踪气体能被探测检出
3	具有相对密度小、可向上游离、穿透性强、易被检测出的特性	提高气体示踪法的检测效率
4	示踪气体密度与空气的密度差不宜过大	确保不会出现示踪气体浓度垂直分布明显分层现象
5	示踪气体在大气中的背景浓度宜处于较低水平	避免大气成分的干扰
6	获取难度不宜过大，获取成本不宜过高	考虑使用该方法的经济性

（2）当采用气体示踪法进行探测前，应根据式（5-5）计算待测供水管道的容积，并准备充足的示踪气体，确保示踪气体在待测管道内能正常传播到管段远端。

$$p_{气瓶} \cdot V_{气瓶} = p_{管道} \cdot V_{管道} \tag{5-5}$$

式中　$p_{气瓶}$——气瓶中气体的压强；

　　　$V_{气瓶}$——气瓶体积；

　　　$p_{管道}$——管道中气体的压强；

　　　$V_{管道}$——管道体积。

根据波义耳定律，当温度不变时，气体的压强与其体积的乘积是一个常数。因此，在气瓶和管道中的气体，温度相同的情况下，其压强和体积的乘积也相等。当采用5%的氢气和95%氮气混合气体作为示踪气体时，可选配40 L容积且输出压力为10 MPa的气罐，外置0~2.5 MPa的减压阀。当待测供水管道内流体流速较高，并且通过其他探测方法得知该漏水异常点漏量较大时，可以考虑加入示踪气体气泡，以节省大量示踪气体。

（3）向待测供水管道内注入示踪气体前，应关闭相应阀门，检测供水管道的密闭性，确保阀体及阀门螺杆和相关接口密封无泄漏。注入示踪气体前宜排空管道内的积水，管道两端应采取密封措施。

（4）注入点可选择在消火栓、水压表、排气阀、排水阀等带有阀门的管道附件处；也可直接将示踪气体减压后注入大口径管道，注入点宜选择在管道上游位置。通过开孔、排气阀、水表或消火栓等接口点，将示踪气体导入待测管道。示踪气体应沿着水流方向注入，可用导入杆将示踪气体在管道中间或底部注入管内。示踪气体的气瓶、注入点和高氢气浓度测点附近应严禁明火。

（5）示踪气体需要在管段内停留一段时间，实时检测管道末端的示踪气体浓度。根据管道埋深、管道周围介质类型、路面性质、示踪介质从漏点逸出至地表的时间等因素确定气体示踪法的最佳探测时段，通常要求在注入时间不少于 2 h 后开始进行氢气浓度测量，以保证在探测前逸出漏点的示踪气体到达地面。为提高气体示踪法的应用成效，当采用气体示踪法时，可先观察路面性质，主要查看地面材质和地面干湿程度。地面材质、干湿程度等因素，均会影响地面透气性，进而影响示踪气体逸出时间和探测气体浓度，不宜在风雨天气条件下采用气体示踪法。当待测供水管道上方存在多种地面材质时，应注意地面材质的变化，表 5-8 列出了不同路面介质的示踪气体探测要求。由于不同地面材质存在透气性差异，示踪气体优先从松软路面逸出，若贸然将漏点位置定于气体浓度较高的地方，可能会产生较大偏差。条件许可时，宜沿管道走向上方钻孔取样检测示踪介质浓度，钻孔时不得破坏待测供水管道。

表 5-8　不同路面介质的示踪气体探测要求

目标管道正上方路面介质	氢气浓度探测要求
泥土、草地等软质地面	以 1 m 间距沿着管道直接测量地面的氢气浓度
水泥、沥青等硬质路面	采用钻孔测量法，以 3～5 m 间距沿着管道钻孔，测量钻孔内的氢气浓度
	在管道两侧各 5 m 范围内的地面裂缝、窨井、软质路面等易于氢气逸散处测量氢气浓度

气体示踪法工作方法如图 5-29 所示。其操作流程相对烦琐，主要适用于漏水异常点的精确定位和新装供水管道的检漏，现场操作示意如图 5-30 所示。

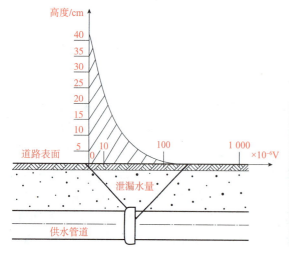

图 5-29　气体示踪法工作方法

图 5-30　气体示踪法现场操作示意

此外，针对小漏损水量漏水异常点、塑料管道漏水异常点等声波探测法技术难以解决的漏水异常现象，气体示踪法以其独到的作用机理，可以作为漏水探测的一项有力补充技术。

视频：
气体示踪法

5.7　卫星探漏法

卫星探漏法是近年来管网漏水探测的一种新方法，对供水区域用长波段雷达卫星进行拍摄，取得的卫星影像数据经滤波降噪处理后，采用专用算法提取出介电常数等信息来分析土壤中的水特征，从而解译出漏点的位置。采用这种方法依赖于以下三个关键技术。

（1）运用长波段雷达卫星对供水区域进行高空拍摄，获取卫星影像数据，长波段雷达卫星的雷达波具有很强的穿透性，可穿透云雾、植被，甚至硬质路面，获取地下漏点的特征信息，并形成特殊的卫星影像。

（2）卫星影像数据通过滤波与降噪处理，剔除干扰信息，提升数据质量。雷达图像灰度反映地物目标散射回波强度，其介电常数与含水率密切相关。

（3）依据水与其周围物质（如土壤、岩石或空气）介电常数的巨大差异进行介电常数解译分析，检测识别异常含水率。采用专业算法对处理后的数据进行深度挖掘，提取出关键信息如土壤介电常数等。这些参数直接反映了土壤中的水特性，如图 5-31 所示，从而检测识别出小范围的疑似漏水区域。

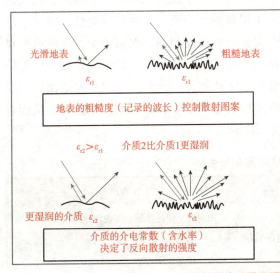

常用材料	介电常数
真空	1.0
金属	无穷
水	55.5（100 ℃）～87.9（0 ℃）
干沙	2～6
湿沙	10～30
油类	介电常数
烃类	2.1～2.4
PAO	2.1～2.4
PAG	6.6～7.3
多元醇酯PAG	4.6～4.8
二酯	3.4～4.3
磷酸酯	6.0～7.1

图 5-31　长波段雷达卫星可通过不同的介电常数找出漏点

介电常数

介电常数是物质对电场响应能力的度量，用于描述材料如何储存和传导电能。在遥感探漏技术中，这一特性被用来区分泄漏的水与周围环境之间的差异。

水的介电常数（在微波频段）非常高，约为 80（在常温下），相比之下，土壤、空气和岩石的介电常数通常为 2～10。

水的介电常数较高，在地表渗漏的水能够显著改变该区域的电磁波反射和吸收特性。这种变化可以通过卫星传感器［如合成孔径雷达（SAR）］检测到。周围材料（低介电常数）（如干燥土壤或岩石）相比水反射的电磁波信号较弱，因此，管道泄漏后水分积聚的区域会在雷达图像中显得异常清晰。当供水管道泄漏时，水分渗透到地表或地下，这种水区域的介电常数高于周围的土壤，导致反射回的 SAR 信号强度发生显著变化。土壤中的含水率越高，介电常数越大。因此，通过分析不同时间点的雷达数据变化，可以判断某一位置是否因供水管道漏水而导致土壤湿度异常升高。除 SAR 外，微波遥感也依赖介电常数的差异来检测管道渗漏。当供水管道发生泄漏，微波信号会在高介电常数的水区域发生强烈的反射或散射。

通过以上三项关键技术，卫星探漏法能够初步解译并标示出可能的漏点位置，通常定位精度可覆盖 100～150 m 半径的区域范围。值得注意的是，这一初步定位虽然已具备相当高的指导意义，但是在实际应用中，为了实现对漏点的精确锁定，往往还需要在这一划定的小范围内，结合 GIS 分析和环境筛选实现漏点检测，进一步采用更为精细化的地面探漏技术（如声波探测、管道内窥探测、气体示踪探测等），进行二次测量与精准定位（精准定位漏点在 1 m 以内）。这一过程体现了从宏观到微观、从粗放到精准的探测思路，有效结合了卫星遥感技术的广域覆盖能力与地面探漏技术的精确性，为城市供水系统的维护与管理提供了一种新思路和技术支持。

相比传统漏水探测方法，卫星探漏技术以其全面覆盖、精准定位的优势，能够一次性对整个供水管网区域进行探测，并将疑似漏水范围聚焦在半径为 150 m 的范围内，极大地缩小了传统探漏方法所需的核查面积，有助于提高漏水探测的效率和准确性，减少了因盲目排查而造成的不必要资源浪费。此外，卫星探漏重访周期短，仅需半个月即可再次对同一区域进行卫星成像，确保对管网状态的持续监控。结合每月一次的定期拍摄与详尽的探漏报告，以及地面巡检人员的辅助，整个管网系统能够在一个月内完成一次全面的漏水检测循环。这种高效的工作模式使漏点的发现速度远远超过了新漏点的产生速度，从而有效遏制管网漏损率的攀升。卫星探漏法的特点见表 5-9。

表 5-9　卫星探漏法的特点

	特点	具体说明	作用
优点	大范围	卫星拍摄 1 次的影像面积可达 2 000 km²	短时间、快速找漏，实现快速漏损普查
			缩小探漏范围，给出漏水"靶区"，方便地面核查，提高探漏效率

	特点	具体说明	作用
优点	环境适应性强	卫星成像不受天气、管材、地质环境的影响	雨季、PE 管材、5 m 深度均可探漏，在南方地下水浅的地区也可找漏
	普查周期短	卫星重访拍摄周期为 1～2 周（长波段雷达遥感卫星距地球 600 km，围绕地球一圈约 90 min）	①卫星拍摄一次就可做一期卫星探漏，卫星探漏可实现以周为单位的高频查漏；②找到很难查找的初始小漏和微小渗漏，识别早期漏点
劣势	需要与地面精准核查相结合	疑似漏水范围缩小在半径 <150 m 的范围内	针对靶区用声波法等手段进行地面精查，将地下漏点从 100 多米定位缩小到 1 m 误差范围内
	成像次数要求	拍摄 1 次并不能把所有的漏点都找出来，由于拍摄时有高楼、车辆等地上物体的遮挡，有些漏点会被遗漏	采用多期（如 1 年拍摄 2 次以上）、多角度（卫星升轨和降轨相结合）的拍摄方式可规避大部分的遮挡

卫星拍摄所生成的图像和数据，如同精密的地图，标记出了可能存在的漏点相对集中的"靶区"（图 5-32）。然而，这些疑似漏水范围在复杂的管网系统中可能会相互交织、重叠，形成复杂的漏水网络。凭借卫星影像解译分析结果，虽然能够锁定大致漏水范围，但是要精确到每个漏点的具体位置，还需要依赖地面核查人员的专业判断与实地探测。

图 5-32　卫星影像解译分析结果

目前，卫星探漏技术已在北京、天津、上海、广州等多个城市开展初步应用。卫星探漏的主要工作流程可分为天上作业和地面作业。天上作业包括卫星拍摄、卫星影像数据解译、制作管网核查图等作业；地面作业包括地面听漏核查及精准定位漏点作业。详细工作流程如下所述。

（1）卫星拍摄：根据探漏区域范围和时间要求，确定卫星拍摄的覆盖情况及采集时间，获取目标区域的全极化长波段雷达卫星影像。

（2）卫星影像数据解译：对卫星影像进行滤波降噪处理后，通过专用算法对其进行解译，提取出漏水区的中心点（Point of Interesting，POI）坐标，如图 5-33 所示。上述步骤都不需要管网核查图，以确保管网核查图的保密性。

图 5-33　卫星拍摄和解译出的漏水靶区 POI 分布

（3）本地化筛查与信息整合：将漏水区 POI 的坐标与管网 GIS 套合制作管网核查图，供下一步核查时参考使用（无管网 GIS 时可免去本步骤），该步骤可由水务人员在保密环境中实施。

（4）地面核查：探漏人员在漏点 POI 圈定的靶区范围内（一般为以 POI 坐标为圆心，100 ～ 150 m 半径的圆圈）采用听声杆、听漏仪等设备进行地面检漏核查，找出漏点并精准定位（1 m 误差范围内），该作业可使用管网核查图以提高地面核查效率。

复习思考

一、选择题

1.流量法通过监测供水管道中的（　　　　）设备来推断漏水异常区域。

　　A.压力表　　　　　　　　　　　　　　　B.水表或流量计

　　C.阀门　　　　　　　　　　　　　　　　D.流量计和阀门

2.在区域装表法中，计算结果显示进水量与同期用水量的差异超过（　　　　），可判断为有漏水异常。

　　A.3%　　　　　　　　B.5%　　　　　　　　C.10%　　　　　　　　D.15%

3. 压力法探测供水管道泄漏时，选择压力测试点的首要考虑因素是（　　　）。

A. 测试点的美观性　　　　　　　B. 测试点的交通便利性

C. 测试点能代表某区域的压力情况　D. 测试点的数量

4. 弹簧管式压力表的精度等级是以（　　　）来表示的。

A. 允许误差占压力表量程的百分率　B. 指针转动角度

C. 弹簧的弹性系数　　　　　　　　D. 介质的压力值

5. CCTV 管道内窥检测不适用于（　　　）情况。

A. 供水管网漏水普查　　　　　　　B. 供水管网漏水异常点精确定位

C. 探测非金属管道　　　　　　　　D. 探测大口径管道

6. 在管道内窥式带压检测中，当管道内无水流时，探视器通过（　　　）方式在管道内行进。

A. 水流驱动　　　　　　　　　　B. 自带动力

C. 地面遥控　　　　　　　　　　D. 人工推送

7. 探地雷达法在供水管网漏水探测中，其主要探测目标是（　　　）。

A. 直接探测漏点　　　　　　　　B. 探测管道周围的介质情况

C. 探测漏水形成的浸湿区域或脱空区域　D. 探测管道材质

8. 探地雷达法在选择天线频率时，考虑到国内供水管道埋深一般在 $1.0 \sim 2.0\,m$ 范围内，宜选用的天线频率范围是（　　　）MHz。

A. $50 \sim 100$　　　　　　　　　B. $100 \sim 200$

C. $200 \sim 300$　　　　　　　　　D. $300 \sim 400$

9. 气体示踪法在（　　　）情况下尤其有效。

A. 高水压管道漏水检测　　　　　B. 塑料管道漏水检测

C. 管道传声效果极好的环境　　　D. 阀门间距极近的环境

10. 在选择示踪介质时，（　　　）不是必须考虑的因素。

A. 示踪气体的稳定性　　　　　　B. 示踪气体在大气中的背景浓度

C. 示踪气体的可燃性　　　　　　D. 示踪气体的获取难度和成本

11. 卫星探漏使用（　　　）。

A. 长波雷达卫星　　　　　　　　B. 中波雷达卫星

C. 短波雷达卫星　　　　　　　　D. 以上均不对

12. 卫星探漏查出漏点数量最多的地面核查半径在（　　　）范围。

A. $50 \sim 100\,m$　　　　　　　　C. $125\,m$ 以内

B. $125 \sim 200\,m$　　　　　　　　D. 大于 $200\,m$

二、判断题

1. 流量法不仅用于确定经济控漏标准，还推动了企业管理现代化和精细化。（　　　）

2. 区域测流法中的直接测流法需要关闭所有进入探测区域的库闸门及用户水表前的进水闸门。（　　　）

3. 间接区域测流法通过数据分析间接推断漏水情况，不需要安装流量计。（　　　）

4. 在区域测流法中，单位管长流量大于 1.0 m³/（km·h）时，可判断为有漏水异常。

（　　）

5. 压力法可以判断供水管道是否发生漏水，并确定漏水发生的范围。　　（　　）

6. 当管网存在漏水时，管网压力在漏水区域一定会降低，且漏水量与管道压力呈线性关系。　　（　　）

7. 压力法探测供水管道泄漏时，应避开用水高峰期进行测试，以保证测试效果。（　　）

8. 弹簧管式压力表在压力消失后，指针会立即回到零位。　　（　　）

9. CCTV 管道内窥检测在带水作业时，管道内水位应不大于管道直径的 20%。（　　）

10. 管道内窥式带压检测只能用于管径不小于 400 mm 的供水管道。　（　　）

11. 气体示踪法属于漏水探测的直接方法，可以直接定位漏点，无须进一步确认。

（　　）

12. 在向待测供水管道内注入示踪气体前，应确保管道内无积水，并检测管道的密闭性。

（　　）

三、简答题

1. 简述区域装表法的基本原理及其在漏水检测中的应用。

2. 气体示踪法在进行漏水检测时，如何有效避免由于地面材质差异导致的探测误差？

3. 简述如何利用压力法探测供水管道中的漏点及其异常范围。

项目 6

供水管网压力调控

🎯 **思维导图**

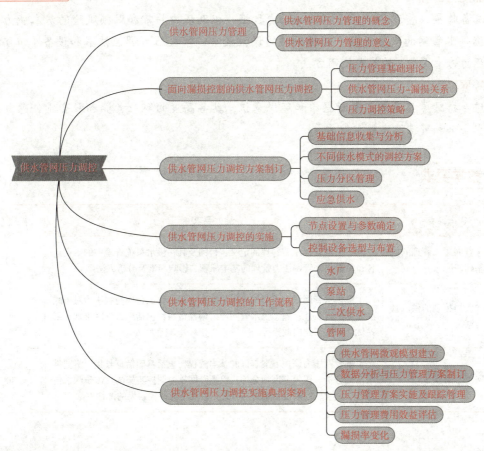

🎯 **学习目标**

供水管网压力调控是漏损控制的核心策略之一。通过安装高精度压力传感器和流量监测设备，实时采集管网中的压力和流量数据，为精准调控提供数据支持。基于这些数据，利用先进的算法模型进行数据分析与预测，识别出高漏损风险区域和时段，进而实施有针对性的压力调控措施。

压力调控不仅能有效减少因压力过大导致的管道破损和漏水现象，还能避免压力过低导致的用户用水不便，确保供水服务的质量与稳定性。通过监测压力波动和流量异常，可以迅速定位潜在的漏点，为维修人员提供准确的信息，从而缩短漏损修复时间，降低漏损水量。同时，压力调控还能优化管网水力工况，减少水锤等不利工况的发生，进一步保护管网设施的安全。

通过本项目的学习，达到以下目标。

1. 知识目标

掌握供水管网压力管理的核心概念、基础理论及压力 – 漏损关系；理解不同供水模式下的压力调控策略；熟悉管网压力调控方案制订的流程，以及实施与评估的方法，为优化供水系统、减少漏损奠定坚实的理论基础。

2. 能力目标

具备收集、整理和分析供水管网压力数据，识别压力异常和漏损风险的基本能力；能够根据供水管网的实际情况，选择科学的调控策略；掌握压力调控技术和设备（如智能阀门、压力传感器等）的基本使用方法。

3. 素养目标

培养持续学习意识、创新思维和环保意识，具备高度的职业素养和社会责任感，为城市供水安全和可持续发展贡献力量。

教学要求

知识要点	能力要求	权重 /%
供水管网压力管理的概念与基础理论	熟悉供水管网压力管理的定义、目的及其在供水系统管理中的重要地位；掌握供水管网压力管理的基本原理、影响因素及分析方法	20
面向漏损控制的供水管网压力调控	了解供水管网压力与漏损之间的复杂关系，认识合理控制压力对于减少漏损的重要性；熟悉供水管网压力调控策略，包括压力分区管理、泵站优化调度、阀门调控等	50
管网压力调控方案	了解管网压力调控方案制订的基本流程，包括基础信息收集、不同供水模式分析、压力分区划分等；熟悉管网压力调控实施的具体步骤，包括节点设置、控制设备选型与布置，以及压力调控效果的评估方法	30

情境引入

管网压力管理技术对漏损控制的作用

根据2001年澳大利亚供水协会的统计，澳大利亚全国平均水流失量为总供水量的9.6%。面对在输送管网的水源处要增加压力的需求，减少输送管网的水流失量已成为降低成本的一种管理方法。WideBay 供水公司针对澳大利亚黄金海岸的具体情况提交了一个"压力及泄漏管理的实施策略"计划案，计划的关键在于根据管理分区需求（DMZ）对网络系统进行重新设计，进行漏点检测并对漏水处进行维修，进而降低管网的输送压力。为了证明计划的可行性，市议会决定实施第一个 DMZ 计划案，验证该方案的可行性。试验初期（2003 年 9 月）平均消费水量为 2 798 m³/d，结束时（2004 年 2 月）消费水量降到 2 190 m³/d，水量大约减少了 22%。在整个城市应用压力与泄漏管理策略后约有 2 610 m³/d 的节水潜力。

英国伯恩茅斯在供水管网系统中采用压力调整控制器进行管网压力控制，达到并保持了管网经济漏损水平（Economic Leakage Level，ELL）的良好效果。当夜间管网用水量降低时，管道中压力就会下降，因此可以通过降低管网中已存在的漏点处的空洞中漏水的流速，达成降低漏损的目的。在一个区域管网试验中，使管网漏损流量从以前的 9.5 L/s 降至 5 L/s；漏损水量减少了将近一半。这个结果为在整个管网中安装压力调整控制器增添了信心，在整个城市推广压力与泄漏管理策略，明显降低了供水系统的漏损水量，提高了供水系统的运行效率。

资料来源：陶涛，尹大强，信昆仑．供水管网漏损控制关键技术及应用示范［M］.北京：中国建筑工业出版社，2022.

6.1　供水管网压力管理

6.1.1　供水管网压力管理的概念

供水系统要供给用户足够的生活用水或生产用水，需要保证一定的水压，才能满足生产、生活用水需求。各城镇应根据供水系统的特点，确定管网服务压力。依据《室外给水设计标准》（GB 50013—2018），给水管网水压按直接供水的建筑层数确定时，用户接管处的最小服务水头，一层应为 10 m，二层应为 12 m，二层以上每增加一层应增加 4 m。当二次供水设施较多、采用叠压供水模式时，给水管网水压直接供水用户接入管处的最小服务水头宜适当增加。对于管网压力不能满足的区域，通过二次增压方式满足服务需求。泵站、水塔或高地水池是给水系统中保证水压的构筑物，因此，需要明确水泵扬程和水塔（或高地水池）高度，以满足设计的水压要求。

管网压力控制是在保证用户正常用水的前提下，通过在管网中安装压力调节设备，根据管网用水量调节管网运行压力，达到降低管网漏损的目的。管网压力控制管理是管网运行调度的重要方式之一，也是管网漏损控制的重要技术手段。

6.1.2　供水管网压力管理的意义

城市供水管网漏损不仅对供水企业造成经济损失，还会引发一系列环境和社会问题。供水管网的暗漏较难被发现，日积月累造成水资源严重浪费，还会冲击土壤，带来路面沉降不均等问题。此外，管网漏损导致土壤中污染物质渗入管网，会带来水质二次污染等问题，使原本达标的出厂水在用户处不能满足国家规定的饮用水水质标准；而大规模的爆管会对电力、通信管道等地下管道，甚至是道路等基础设施造成严重破坏，影响公共安全。根据《城镇供水管网漏损控制及评定标准》（CJJ 92—2016），在满足供水服务压力标准的前提下，供水单位应根据水厂分布、管网特点和管理要求，通过压力调控控制管网漏失。对我国大部分城镇而言，居高不下的漏损率与不断提高的漏控要求使漏损控制成为一项艰巨的任务。根据《中国城乡建设统计年鉴（2010）》的数据，全国城市供水漏损水量为 57.16 亿 m³，国内的供水管网漏损率平均达到 27%，中小城镇的管网漏损率更是达到 35% ~ 42%。近年来，我国城市化进程加快，在长三角、珠三角等部分地区，已率先实行城乡一体化供水，以提升农村地区饮用水水质。但是由于乡村地区的管网基础设施水平普遍较低，在统一供水后城市水压普遍高于乡村原有的供水压力，导致乡镇区域的管网漏损继续加剧，从而进一步拉高了城市供水管网的漏损率，使部分城市的漏损控制指标不降反升。

　　管网破损数量、频率及破损点的漏失水量均与管网压力密切相关。管网长期高压运行会导致管道破损，漏损管道内压力越大，漏损流量也就越大。管网漏失水量与漏点压力存在指数关系，管网平均压力越大，所造成的漏失水量就越大，并且漏失发生的概率也越大。在确保供水管网满足用户压力需求的前提下，采取压力控制管理方法，尽可能降低管网供水的富余压力，可显著降低管网失水流量，尤其是常规检漏中难以发现的背景漏失。由前面内容可知，背景漏失是物理漏损重要构成之一，这种类型的漏损由管壁孔眼或管道接口渗漏等引起，难以用常规方法探测到。背景漏失主要存在于接入管、消火栓连接管等小口径管道上，除大规模更新输配水管网外，合理地控制管网压力是减小背景漏失的主要方法。

　　值得注意的是，除适度控制管网压力外，在许多实例中，尤其是在泵站加压系统中，压力管理还能预防压力急剧波动造成的影响，从而降低漏损。管网压力调控成了除管网更新改造以外最为有效的控制措施。图 6-1 显示了不同压力情况下管网漏损所需要的成本花费情况，可以发现，在满足用户要求的前提下，合理降低供水管网剩余压力，是减少供水管网漏损的一种经济有效的方法。

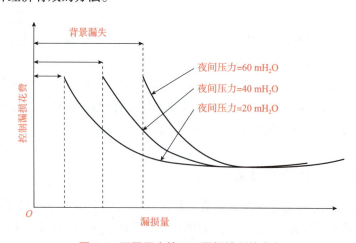

图 6-1　不同压力情况下漏损控制的成本

　　供水单位应根据泵站分布、管网特点，通过压力管理控制管网漏损。压力管理不但可以降低漏损水量（尤其是背景漏失），而且可以降低新漏点生成的概率。在国际水协（IWA）推荐的降低物理漏损的措施中，相比管道更新维护这种投资大、周期长、管道维修挖潜空间小的措施，压力管理可以全局、全方位地降低物理漏损，是国际上公认的经济、有效的漏损控制方法。压力管理实施时资金投入相对较少、漏损控制范围全局有效，优化调度压力不但不浪费能耗，还能有效降低供水能耗，在英国、美国、巴西、马来西亚、澳大利亚、新西兰等国家已有较多工程实例，我国北京、深圳、绍兴等多地区供水单位也有应用实例。

供水管网压力控制和管理并不只是对管网中的高压区域进行减压管理，同时，还包括对管网中的低压区域进行调节，提高压力、维持压力，控制超负荷运行和实施水位管理。压力管理采用降压、稳压、调压及调流技术，不仅要确保管网系统配水均衡、压力稳定，还要足量提供给所有用户所需的水量。

供水管网压力管理的意义具体体现在以下 6 个方面。

（1）满足用水需求，保障供水服务质量。自来水是维持生活生产、城镇运行的基本要素之一，无论是居民的日常生活、娱乐、卫生，还是生产经营、绿化、消防等，都需要用到自来水。供水单位应当确保供水管网的压力符合国家规定的标准，并符合当地相关规定，保持不间断供水；供水管网压力管理的实施应满足城镇供水管网正常供水的需求。例如，《上海市供水调度管理细则》要求：公共供水企业应当根据供水服务需求实时调整制水厂出厂压力和泵站出站压力，供水管网末梢压力不得低于 160 kPa，管网监测点月度压力合格率不得低于 97%。

通过控制管网中的水压，确保各类用户都能获得足够的水压，特别是在用水高峰或突发需求（如消防）的情况下，压力控制系统可以调节管网压力，确保关键时刻的供水需求得到满足，有效提高用户满意度。

（2）均衡管网供应。由于城镇中人口密度、经济活动、季节性变化等因素，用水需求存在一定的时空差异性。人口密度高的城镇通常需要更多的供水设施和供水管道，以满足大量的居民需求。不同类型的经济活动，如制造业、农业、商业和服务业，所需水质与用水量各不相同。在夏季，绿化浇灌、空调冷却和户外活动等会产生更多的用水需求；而在冬季，这些需求会相应地减少。

由于供水管网布局设计上的制约，如管道布局不合理、管道口径没有经过严格的水力核算，在实施压力管理时有可能出现压力不均衡等问题，从而引起管道破损或接口漏水，还可能增大漏点发生率，甚至引发爆管。在实际运行中，管网压力的时空分布较为复杂，如何高效开展压力管理工作是一个难点。

（3）调蓄管网设施。压力控制措施多集中于压力管理区域的水源管上，从而降低该区域的漏损，同时确保区域上游输水干管保持正常的运行压力。调蓄管网设施通常与大口径输水干管直接连接，如图 6-2 所示。因此，压力管理一般不会影响其正常补水。背景漏失通常发生在较小口径的管道上，以及引入管的连接处，因此，如果将控制区域内的输水干管排除在外，即采用"输配分离"的运行方式，并不会显著降低压力管理措施的效果。

完善的压力管理方案应充分发挥干管上的蓄水设施的调蓄作用，以均衡管网压力的时空分布，确保管网高位水池及水塔维持在合理水位，使输水管网中的供水压力更为接近用户的需要，又能在高峰用水时增加管网流量，在用水量减小时降低阀门下游管网的供水压力，实现削峰填谷，维持较低的管网水头损失，并确保调蓄设施不发生溢流，这在使用水泵增压的供水管网中尤其重要。

图 6-2　压力控制区与调蓄设施（水塔或水池）的位置关系示意

（4）管网中的水锤。由前述内容可知，在供水管网中，阀门突然启闭或水泵机组突然停机等，水流速度发生突然变化，从而引起管内压强大幅度波动的现象，称为水锤。

以管道末端阀门突然关闭为例说明水锤发生的原因。如图 6-3 所示，阀门关闭前水流流动恒定。当阀门突然关闭时，紧靠阀门的水层突然停止流动，流速变为零，造成阀门处水层的压强增加，其中的压强增量就称为水锤压强。增大后的水锤压强使停止流动的水层受到压缩，周围管壁膨胀。后续水层在进占前一层因体积压缩、管壁膨胀而余出的空间后停止流动，并发生与前一层完全相同的现象，这种现象逐层发生，以波的形式由阀门传向管道上游。

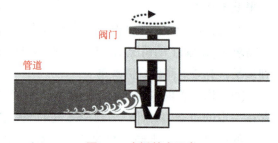

图 6-3　水锤效应示意

水锤破坏的主要表现形式如下所述。

1）压力过高引起水泵、阀门、止回阀和管道破坏，或水锤压力过低（管道内局部出现负压）导致管道因失稳而损坏。

2）水泵反转速过高（超过额定转速 1.2 倍以上），与水泵机组的临界转速相重合；以及突然停止反转过程（电动机再启动）引起电动机转子的永久变形、水泵机组的激烈振动和联轴节的断裂。

3）水泵倒流量过大，引起管网压力下降，使供水量减小而影响正常供水。

4）水锤可能导致管道中局部水流突然中断，或管道隆起点上因未安装补气装置引起局部管道空穴产生，使管内局部压力下降，甚至形成负压（真空）。这种空穴可使两侧水流的方向瞬时改变，以高速向空穴处冲击，致使管道空穴处压力骤增，最终造成破裂。

5）水锤可能引起管道内壁的附着物脱落，从而对供水水质产生不利影响。水锤是由管网状态的瞬间变化造成的。若管网系统中没有安装压力波动消除设备，瞬时水锤波就可能在管网系统中向上下游传播，从而导致结构薄弱部位的破坏；而减压阀或消能阀等设备可有效缓解这种情况的危害。合理管控满足服务需求的压力可有效地降低瞬时水锤波带来的负面影响。

（5）保障消防流量需求。消防供水主要用于火灾等紧急情况。当发生紧急情况时，需要保证足够的压力和流量，以及时扑灭火灾，保障人民生命、财产安全。管网压力控制必须注意不能对消防供水造成影响。根据《消防给水及消火栓系统技术规范》（GB 50974—2014）规定，设有市政消火栓的给水管网平时运行工作压力不应小于 0.14 MPa，消防时水力最不利消火栓的出口流量不应小于 15 L/s，且供水压力从地面算起不应小于 0.10 MPa。如果管网压力过低，导致消防用水的水压下降或流量不足，将会给消防工作带来极大的困难，甚至可能导致火灾的扩大和人员伤亡。

（6）提高能效和降低运行成本。持续的压力管理可以有效地延长管道的使用寿命，减少维修和运营成本，使供水公司的管网资产得以有效利用。同时，由于管网的压力主要来自水泵加压，合理的压力控制有助于降低泵站和其他加压设备的能耗，减少运行成本。

对于供水管网漏损控制而言，合理的压力管理有助于减少管道破损的风险，降低管网漏损，减少爆管，降低管道老化速度，延长管道寿命，提高管网稳定性。管网剩余压力过高、水压过高会加剧管网中潜在的漏点，压力管理与其他一些漏损控制策略相结合能大量减少漏损，特别是对背景漏失等不可避免的漏失有很好的效果；过高的水压会导致管道和相关设备（如阀门、接头等）承受过大的应力，增加爆管或泄漏的风险。适当的压力控制能够延长管网及其设备的使用寿命，管网的爆管事故可以降低 50% 以上，有效减少维修和更换成本。

科学有效的压力调控管理需要考虑多方面的实际因素，需要明确压力调控相关的规范与标准，掌握压力与漏损间的关系，以及明晰压力管理需要关注的实际问题。

6.2　面向漏损控制的供水管网压力调控

6.2.1　压力管理基础理论

供水管网设计通常以最高日最高时用水量时管网最不利点满足最小服务水头作为设计目标。管网最不利点一般是管网中高程最大点或距离水源最远的节点。鉴于大多数供水管网是以用水高峰时的最不利点满足最小服务水头进行设计的，用水低峰时段管网会产生过高的富余压力。而供水管网漏失水量与管网压力相关，服务压力越高，则漏失水量越大。除用水高峰时外，其余时段管网运行压力要高于最低需求值，漏损率会随着压力的升高而增大，通过降低管网富余压力可以达到有效控制漏失的目的。压力管理的主要目标就是使管网的富余压力最小化，以此来降低漏失和爆管率。

供水管网压力管理的基础理论涉及水力学、控制理论及系统优化等多方面的知识。使用减压阀调节压力是较为常见的压力管理措施。目前，城市供水管网减压阀优化压力漏失控制研究主要有以下三个技术要点。

（1）建立压力驱动节点流量的水力模型。

（2）对城市供水管网漏失模型进行压力分区。

（3）建立减压阀优化压力漏失控制数学模型。

传统供水管网水力模型采用以环路能量守恒方程和节点连续性方程为基础的供水管网水力分析数学模型，在水力分析时节点用水量作为一个已知确定值，但真实供水管网中节点用水量是变化的，而且无法计算供水管网的漏失水量，而是将漏失水量均分于所有的用户节点，作为用户用水量的一部分。但实际情况是城市管网的漏失是受到多方面因素影响的，并不能对其进行简单的平均处理。在对城市供水管网进行动态分析时，用户的用水量是不断变化的，同时节点的出流量随着管网压力不断变化，当节点压力不足时，节点需水量会相应下降。图6-4所示为节点需水量与压力的关系。节点压力在0至节点服务水压（满足节点额定需水量时的节点压力）之间时，节点需水量随着压力的增加而增加，当节点压力超出服务水压时，节点需水量为定需水量且与压力没有关系。近年来，压力驱动分析（Pressure-Driven Analysis，PDA）模型得到广泛的关注和研究，其认为用水量不仅随时间变化，还取决于管网系统的供水压力，更贴近管网实际状态。

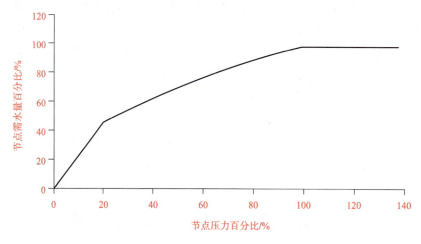

图6-4　节点需水量与压力的关系

压力驱动分析（Pressure-Driven Analysis，PDA）模型

管网水力模型大多根据假设已知或固定需水量的节点，计算节点的压力和管段中的流量，这种经典的方法称为需水量驱动分析（Demand-Driven Analysis，DDA）方法。理想情形下，供水管网系统有充足的水压能完全满足用户的用水需求，DDA分析结果是有效且较为准确的。

然而，在供水管网工作状态出现异常的情况下，需要将模型中的管段隔离，管网的实际压力远远达不到理想状态，DDA经常会出现负压的结果，显然不切实际。为了弥补 DDA 模型的局限性，近年来，压力驱动分析（Pressure-Driven Analysis，PDA）模型得到广泛的关注和研究。实际上，PDA 模型认为用水量不仅随时间变化，还取决于管网系统的供水压力。它除避免 DDA 模型可能出现的负压情况外，也更贴近实际管网状态。

节点需水量与节点压力的关系如下：

$$
\begin{cases}
Q_j^{\mathrm{avl}} = Q_j^{\mathrm{req}} & H_j > H_j^{\mathrm{req}} \\
Q_j^{\mathrm{avl}} = Q_j^{\mathrm{req}} \left(\dfrac{H_j - H_j^{\mathrm{min}}}{H_j^{\mathrm{req}} - H_j^{\mathrm{min}}} \right)^{\frac{1}{n}} & H_j^{\mathrm{min}} < H_j \leq H_j^{\mathrm{req}} \\
Q_j^{\mathrm{avl}} = 0 & H_j \leq H_j^{\mathrm{min}}
\end{cases}
\tag{6-1}
$$

式中　Q_j^{avl}，Q_j^{req}——节点实际需水量与节点分配需水量；

　　　H_j——节点压力；

　　　H_j^{min}——节点最小压力（当低于此压力时，节点实际需水量为 0）；

　　　H_j^{req}——节点需要压力（当高于此压力时，增加压力不会增加节点需水量）。

实践证明，压力驱动模型分析方法在管网压力不足时更加贴近实际情况。

6.2.2　供水管网压力 – 漏损关系

在供水管网中，压力和漏损之间的关系通过固定面积和可变面积漏损（Fixed and Variable Area Discharges，FAVAD）公式来表示：

$$
L_1 = L_0 \left(\frac{P_1}{P_0} \right)^{N_1}
\tag{6-2}
$$

式中　P_0——管网初始平均压力（MPa）；

　　　P_1——管网压力改变后的平均压力（MPa）；

　　　L_0——管网初始漏损水量（m³/h）；

　　　L_1——管网压力改变后的漏损水量（m³/h）；

　　　N_1——漏损指数，取决于管道材质。

漏损指数（幂指数）N_1 与管网基本属性密切相关，其取值范围一般为 0.5～2.5，平均值为 1.15，接近线性关系。N_1 根据不同地区的真实情况分别进行计算得出，如果有数据自动记录仪，则可以直接测定，或者利用压力和流量读数进行人工计算。为了正确地计算漏损指数 N_1，压力和流量应该在夜间用水量较为稳定时测量，此时压力较低，可以通过已有的减压阀来降低压力，或者关闭闸阀。通常，计算漏损指数 N_1 需要降低压力三次或更多次测量后取平均值。在英国、巴西和马来西亚进行的测试结果显示，N_1 值的范围为 0.5～1.5。当漏失水量较大（明漏或爆管）时，N_1 值一般取 0.5～1.0。需要指出的是，在管道接口、附件和软性管道上的裂痕所产生的微型漏水属于"可变区域"型漏水。这种类型的漏水对管网压力的变化非常敏感，N_1 值一般为 1.5 左右。在硬性管道上出现的可探测型漏水和爆管（"固定区域"型漏水）的 N_1 值接近 0.5。

在不同的漏损系数 N_1 条件下，压力和漏损水量变化的关系如图 6-5 所示。

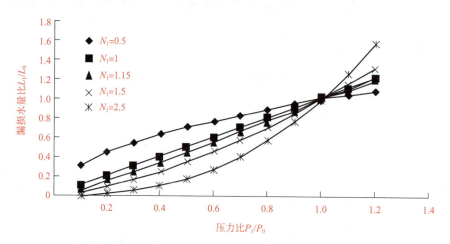

图 6-5　不同漏损系数与漏损水量变化关系

从图中可以看到，幂指数 N_1 值越大，漏损水量对压力的变化越敏感。下面是 N_1 的一些推荐值：

$N_1=1$——管材不详或是由多种材质混合建造的大型管网；

$N_1=0.5$——管网有固定面积的漏损，如在厚壁刚性管段钻孔；

$N_1=1.5$——取决于压力的可变面积漏损；

$N_1=2.5$——特殊情况。

根据式（6-2），将压力降低 25%，即 $P_1/P_0=0.75$，漏损水量比将会降低：

$N_1=0.5$　　$L_1/L_0=0.87$

$N_1=1$　　$L_1/L_0=0.75$

$N_1=1.5$　　$L_1/L_0=0.65$

$N_1=2$　　$L_1/L_0=0.56$

$N_1=2.5$　　$L_1/L_0=0.49$

由此可知，压力与管网漏损呈正相关性，压力越大，管网的漏损（指物理漏损）越大。

6.2.3　压力调控策略

1. 管理架构

供水单位通过实施管网压力管理进行漏损控制时，通常需要建立一套综合的管理体系，包括漏损管理、监测与检测、工程维护、自动化控制、数据管理与技术支持、培训与教育，设立相关部门成立团队对管网压力进行监督、调控、管理。

漏损管理团队负责制订、实施和监督漏损控制策略和计划，分析漏损数据，制作预测模型，提供决策支持。监测与检测团队负责定期巡检管道，使用漏损检测设备发现和定位管网中的漏损，操作漏损监测系统实时监测管网压力和漏损情况。工程维护团队负责设计和维护管道系统，确保其结构和材料符合标准，进行紧急维修和漏损修复，最小化停水时间和水资源浪费。自动化控制团队负责设计和维护自动化系统，实现对管网压力的精确控制和漏损监测，分析漏损数据，利用先进的技术提供预测性维护建议。数据管理与技术支持团队负责提供信息管理和技术支持，确保数据的安全性和有效性，管理地理信息数据，协助在地理空间上定位漏损。培训与教育团队负责提供员工培训，确保他们了解漏损控制的最佳实践，向公众提供有关漏损控制、节水和水资源管理的信息。

通过这样的管理体系，供水单位能够全面管理管网的压力调控和漏损控制，确保供水系统的高效运行，减少漏损对水资源和环境的影响。

2. 压力调控策略制定

（1）系统漏损建模。供水管网系统的水力学模型是对真实供水管网系统的近似数学模拟。供水管网建模工具的开发和应用已有多年的历史，通过建立水力模型，工程师可以借此开展各种工况的分析。在压力管理控制漏损方面，水力模型可用于诸多方面的分析。例如，可以建立基于压力调控的漏损水力模型，将大系统划分为若干个较小的子系统，如压力分区（PMA）和独立计量分区（DMA），通过对不同漏损控制方案的仿真、分析、设计和评估压力调控方案，如减压阀的位置及参数设置，分析管网的可靠性，并评估管道的更新和改造方案。

合理地开发和使用优化模型，可以更有效地管理压力和控制漏损，优化技术可以被应用于诸多方面，包括以下内容。

1）漏点的检测与初步定位。

2）优化减压阀的减压幅度，控制管网的富余水头。

3）通过优选管道口径，优化管道更新和改造的方案，使其更具有经济性。

供水单位可以在漏损水力模型的基础上，优化管网压力，从而制订特定条件的最优压力调控方案。

管网压力管理宜采取阀门协同泵站的调控方式来优化压力模型，目标是寻求最优的变频泵转速比和减压阀阀后压力设置值，在满足管网最小服务压力的前提下最大限度地减少管网负压。首先，在分区入口处设置减压阀；然后，以供水管网压力最小化为目标，以减压阀阀后压力、泵的组合及转速作为决策变量，以压力驱动节点流量模型、节点最小服务压力等为约束条件，建立阀门泵站协同调控的管网压力优化模型。选择变频泵的转速比和减压阀的阀后压力作为压力优化模型的决策变量，是因为这两个变量是阀门协同泵站调控压力主要的变量。

（2）方案优化与决策。在通过确定压力管理分区和现场测试，了解了区域内用水情况之后，即可进入方案优化与决策阶段。该阶段将在不间断供水的情况下确定压力控制的程度和收益，包括减少漏损水量、减少新漏损发生的频率、延缓新水源计划及节水而产生的收益。

信息管理和供水系统分析技术（如水力模型）已经在世界各地供水单位广泛应用。将成熟的IT技术与建模方法进行融合，能显著提高漏损控制的效率和有效性。漏损管理的四个基本组成部分包括管网和设备管理、参数识别与漏点检测、危害性分析与设计优化、漏损／压力管理水力模型。这四个基本组成部分都需要先进的信息管理和建模技术进行支撑，从而形成有效的漏损控制整体分析方法。

（3）计算压力控制的潜在投入与产出。压力调控的潜在产出可以采用静态模型进行计算。根据压力调控后的漏损效果，设定产出评价指标，用 Excel 做成图表，通过求解方程组、分析数据，形成一个简单的投入产出分析。也可以购买商业软件来建立模型。大部分商业化模型是比较灵活的，但是一定要保证购买的软件考虑了所讨论的供水系统的水力特性。例如，高位水池供水系统的水力特性与市政压力供水系统的水力特性有很大的不同。

将数据输入模型中并按照一定精度校核后，就可以利用该模型对要开展的工程进行投入分析和预期产出分析。影响投入的因素包括管道的材质、管径、旁通管的类型，以及管道井的类型、地质条件、需要实现控制的类型、安装后维护程序的类型等。除此之外，压力调控会导致用户用水量降低，从而导致市政压力用户收入的微弱减少。如果供水系统中不需要考虑节水，这种收入的减少应计入投入。如果供水单位鼓励节水，那么用水量的降低应被看作社会产出而非投入。

收益根据以下几项进行计算：减小漏损水量、降低维护费用、推迟建造新水源、减少不付费用户供水量及提高储水管理效率。

投入产出的计算是投入除以产出，通常表示一个比率，也可以表示为收回最初投资所需要的月数。大部分供水单位的压力控制案例中理想的投资回收期一般在 24 个月之内。很多案例中压力控制对漏损有巨大影响，硬件安装更为简单，使投资回收期小于 12 个月。投入产出分析模型的详细信息可以参考朱利安·桑顿（Julian Thornton）的《供水漏损控制手册》（*Water Loss Control Manual*）。

3. 监测指标

供水管网压力调控策略中的监测指标主要包括供水压力、流量、浊度（出厂水及管网水）、余氯（出厂水及管网水）。浊度和余氯则是保证水质安全的关键参数。供水压力和流量的监测是直接关系到供水管网运行效率与服务质量的重要指标，通过监测这两个指标，可以及时发现并解决供水管网的漏损问题，提高供水系统的可靠性和效率。

（1）压力监测。压力监测应该采用高精度的数据自动记录仪（±0.1% 量程）进行，数据自动记录仪在测试之前需要进行精确度校准。测量管网的水压，应在有代表性的测压点进行。测压点的选定既要真实反映水压情况，又要均匀合理布局，使每个测压点能代表附近地区的水压情况。测压点以设置在大中口径的地下管线为主，不宜设置在进户支管上或有大量用水的用户附近。测压时可将压力表安装在消火栓或供水龙头上，定时记录水压，若有自动记录压力仪，可以得出 24 小时的水压变化曲线。

选择压力仪表时，应注意生产商提供的使用说明。绝大多数的压力仪表只是简单地通过静态水体与监测点连接。这意味着，只要管网系统中有分接点可以与管道/软管连接，就可以对其进行压力测量。分布于整个管网中的消火栓通常可以用于测量管网压力。连接压力仪表时，需要确保连接管中的气体全部排出，因为气体的可压缩特性会影响压力仪表的测量结果。由于压力仪表安装高度对测量值有影响，为了真实了解该处压力，需要将仪表检测值加上仪表安装高度到地面的高程，得出该点地面高度的水压，即可绘制出等压线图，据此了解管网内是否存在低水压区。

测定水压有助于了解管网的工作情况和薄弱环节。根据测定的水压资料，按 0.5～1.0 m 的水压差，在管网平面图上绘制出等压线，由此反映各条管线的负荷。整个管网的水压线最好均匀分布，如果某一地区的等压线过密，表示该处管网的负荷过大、管径偏小。

等压线的密集程度可作为今后管线调整的依据。

（2）流量监测。通常应该对重要的供水点进行流量监测，供水点可能是水厂、泵站、储水设施等，或者向另一个系统或区域传输流量的节点。在水量分析时，用户水量尤其是大水量用户也是需要监测的。

流量监测设备可分为临时设备和固定设备。毕托管常在水力系统中用于临时测量流速数据，从而换算出管道流量。测定时将毕托管插入待测水管的测流孔。毕托管有两个管嘴，一个对着水流，另一个背着水流，由此产生的压差 h 可以在 U 形管压差计中读出。根据毕托管管嘴插入水管中的位置，可测定水管断面内任一测点的流速，并按下式计算流速：

$$v = k\sqrt{\rho_1 - \rho} \times \sqrt{zgh} \tag{6-3}$$

式中　v——水管断面内任一测点的流速（m/s）；

　　　h——压差计读数（m）；

　　　ρ_1——压差计中的液体密度（kg/L），通常用四氯化碳配成密度为 1.224 的溶液；

　　　ρ——水的密度（kg/L）；

　　　k——毕托管系数；

　　　g——重力加速度，取 9.81 m/s²。

设 k 值为 0.886，代入式（6-3）得到各测点的流速：

$$v = 0.866\sqrt{1.224 - 1} \times \sqrt{2 \times 9.8} \times \sqrt{h} = 1.81\sqrt{h} \tag{6-4}$$

实测时，须先测定水管的实际内径，然后将该管径分成上下等距离的 10 个测点（包括圆心共 11 个测点），用毕托管测定各测点的流速。因圆管断面各测点的流速为不均匀分布，可取各测点流速的平均值，再乘以水管断面即得流量。用毕托管测流量的误差一般为 3%～5%（图 6-6）。

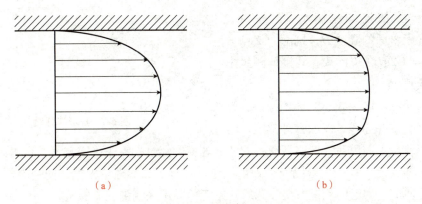

（a）　　　　　　　　　　　　　　（b）

图 6-6　管道内流速分布示意
（a）层流状态；（b）湍流状态

超声波测量仪是一种非常实用的临时选择，通常只需要将传感器贴在管道外壁上即可，无须截断管道进行安装。

常用的固定流量测量设备有螺旋式水表、涡轮流量计或电磁流量计。水表通常用于用户水量测量，管道流量测量通常使用电磁流量计。电磁流量计具有全口径、低水头损失及可使用电池供电的特点，因此比较受青睐。上述所有的设备均要求直接安装在管道上，通常是直接替换管道的一小段。根据一般经验，流量计安装位置的上游和下游笔直管道长度尽可能保证达到 10 倍管径，才能保证测量的准确性。但这在实际中很难实现。制造商通常会提供对于流量计安装最短长度的建议。流量计的选择取决于最大预期峰值流量和最小夜间流量的比率。最新的仪器可以达到大于 100∶1 的比率。流量监测应考虑季节性和用水需求的变化。近些年，出于管网设计和监控的目的，以及为了准确确定漏损水平，生产商已研发出高精度的流量仪。在正确选择了合适的流量仪，并严格执行了生产商提供的安装流程的前提下，市场上现在的流量仪的测量精度达到 0.1%（甚至达到 0.01%）。若存在双向流动的情况，则应选择能够测量反向流量的流量仪。若仪表的计量精度不够，即使对具有多出入口的单个分区进行水平衡量计算，其结果也会产生很大的误差。

评估漏损的测试工作最少要进行 24 h，最好进行 7 d 或以上，具体进行多长时间的测试通常视成本或测试结果而定。

🔍 知识拓展

毕托管

毕托管也称为"测速管"，俗称"风速管"（图 6-7），是一种借测量流体总压力与静压力的差值来计算流速的仪器。毕托管有两根细管，一根管孔口正对液流方向，90° 转弯后液流的动能转化为势能，液体在管内上升的高度是该处的总水头 $Z+P/pg+v^2/(2g)$；另一根管开口方向与液流方向垂直，只感应到液体的压力，液体在管内上升的高度是该处的测压管水头（就是相应于势能的那部分水头）$Z+P/(pg)$，两管液面的高差就是该处的流速水头 $v^2/(2g)$，测量出两管液面的高差 H，则 $v^2/(2g)=H$，即 $v=(2gH)^{1/2}$，从而间接地测量出该处的流速 v。

图 6-7　L 形毕托管

在科研、生产、教学、环境保护，以及净化室、矿井通风、能源管理部门，常用毕托管测量管道风速、炉窑烟道内的气流速度，经过换算来确定流量，也可以测量管道内的水流速度。用毕托管测速和确定流量，具有可靠的理论根据，使用方便、准确，是一种经典的、广泛的测量方法。此外，它还可以用来测量流体的压力。

4. 溢流控制

水池的水位管理在压力调控及其对漏损的影响机制中也是非常重要的。夜间需水量较少，使管网水头损失较小、压力较高，因此，由缺乏液位控制或液位控制故障引起的溢流一般发生在夜间。水池通常位于较为偏僻的位置，故其溢流导致的漏损通常不容易被发现。

液位控制可以通过人工调节区域增压水泵，或使用浮球阀来实现；或者也可以通过 SCADA 系统由相关软件进行自动控制。有时供水单位会使用精密、复杂的自控系统进行控制，但这种运行方式对于控制系统本身的运行韧性有较高的要求。有时，仅采用简单的水力浮球阀反而是既经济又有效的方法。

大部分水箱和水池设有溢流管，供水单位可监测溢流高发的点位，以控制漏损。若要判断设备是否发生过溢流的情况，可通过比较溢流液位与液位监测仪的历史数据进行分析。在不具备液位监测仪的情况下，也可以在溢流管内放置一个水位球，每天检查水位球的位置。如果水位球跳出了溢流管道，就表示已经发生过溢流。更理想的方式是，通过简单、有效且经济的方法可以确定一个新的控制系统是否有保障，对压力和水位进行监测，分析水量漏损水平。

为了有效地降低管网漏损，供水单位应依据相关法律法规、规范标准，基于压力与漏损之间的关系，在满足用水需求并保障消防流量的前提下，均衡考虑管网供应、调蓄管网设施、缓解水锤危害等问题，完善管网压力管理。进一步推进供水管网压力管理工程，需要根据管网的拓扑结构、管网压力分布等制订合理的压力调控方案，采取合适的调控措施，构建完善的管理监测机构，明确不同部门的工作流程。

6.3　供水管网压力调控方案制订

供水系统种类繁多、供水量差异巨大，对管网压力的要求也各不相同，制订管网压力调控方案时需要多方面慎重考虑，以确保方案的有效性和可持续性。供水单位对城镇供水管网压力的管理应遵循以下基本原则。

（1）因地制宜：结合城镇供水管网实际情况，科学分析需水量和压力的时空分布规律，科学制订压力管理方案。

（2）统筹协调：权衡水量、水压、水质要求，确保供水安全。

（3）分步实施：分步推进，逐步实施供水管网压力精细化管理。

管网压力调控可通过供水泵站出站压力控制、分区控压、泵站－减压阀联调联控等方式使管网压力达到合理水平。供水泵站可通过泵的组合或设置泵的调速装置来控制出站压力。当水厂为重力供水时，出水管道上应设置减压阀，以满足压力管理的需要。

6.3.1　基础信息收集与分析

供水单位应收集原水、水厂（外部馈水）、管网、泵站和用户分布等信息，评估现状供水系统压力分布情况和漏损率水平。根据《城镇供水管网运行、维护及安全技术规程》（CJJ 207—2013），供水单位应建立满足调度需求的数据采集系统，需要对下列参数和状态进行实时监测。

（1）水厂出水的压力、流量、水质，水泵的运行状态；重力供水系统调流阀的启闭度、阀门前后的压力和流量。

（2）管网系统中的泵站等设施运行的压力、流量、水质和水泵运行状态等。

（3）管网各监测点上的压力、流量和水质，调蓄设施的液位。

（4）大用户的用水量和供水压力数据。

供水单位应根据不同需要，实现管网系统的水力参数、管道水锤、设备运行等状态的采集、监测、处理与分析能力。

同时，供水管网压力调控还可结合水力模拟计算来预测管网压力分布，根据《城镇供水管网模型构建与应用技术规程》（T/CUWA 20059—2022），收集水力模型所需要的基本数据与参数如下。

（1）静态数据。静态数据包括水厂泵站、管网拓扑结构和属性信息等，宜通过管网GIS获取，并且应有审核和更新机制，并应记录、存储更新日志。

（2）动态数据。动态数据包括水厂泵站、中途增压泵站、高位水池、二次加压泵站、管道流量、管网水压、管网水质、小区总表、关键阀门开度等信息，宜通过SCADA（数据采集与监视控制）系统和相关监测系统获取。数据采集时间点和间隔应统一，间隔宜按5 ~ 15 min设定，应结合管网实际运行状况进行异常数据分析，对其中的错误数据予以筛除或修正。

6.3.2 不同供水模式的调控方案

不同供水模式下的压力管理方案应根据具体情况制订，综合考虑水源、管道布局、城镇地形等因素，关键是整合先进的监测技术和自动化系统，实现快速响应和高效调控。以下分别是针对单一水厂、多水厂和重力供水的压力调控方案。

1. 单一水厂

在单一水厂供水模式下，应建立数据采集与监视控制系统（SCADA系统），包括传感器和监测设备，持续监测水厂、管网（尤其是在供水管网的末梢、最不利点及高压区域）中的水压和流量，准确反映管网实时状态。通常情况下，对分区进行监测将涉及压力和流量数据的传感/采集、本地数据存储、手动下载或传输数据的通信系统。数据一旦被接收，应该在系统存档以供数据展示、处理和分析。

在实际运行中，可根据监测结果动态调整水泵的运行方式，维持稳定的供水压力。例如，利用自控系统、变频技术、调压设备，确保单一水厂的供水压力稳定在设定的目标压力范围内。

2. 多水厂

在多水厂供水模式下，供水单位应将不同水厂的供水系统整合到一个集中数据采集与监视控制系统，实现对多供水系统的集中调度，确保各水厂协同运行，提高系统的安全性、韧性和响应速度。

可根据各水厂的供水能力和城镇不同区域的需求，应用智能供水调度算法来动态调整具体水厂的供水优先级和水量，确保整体供水系统的平衡。

可将管网系统划分为不同的区域，实行分区压力管理，对每个区域实施独立的漏损监测和压力调控。发现漏损时，通过在不同区域间调整水压和供水量，降低漏损对整个系统的影响。

3. 重力供水

在重力供水模式下，可利用地理高程差异合理设计管网的平面布局、坡度和高差，调控重力供水系统的压力分布。根据地形特点，确保水流方向和速度，降低管道压力损失。

在适当的位置设置调蓄设施，双向调节管网水量和压力。这有助于平衡重力供水系统的压力，并在高峰时段保持稳定的水压。

在关键节点设置阀门和调压设备，根据管道坡度和水流速度调整阀门的开度，以维持各个区域的合理水压。可以引入智能控制系统，通过实时监测管网的水压和流量，调整阀门的状态，以适应不同用水时段和需求变化，确保在整个系统中维持稳定的供水压力。

6.3.3　压力分区管理

管网水压调控的实施一般建立在管网分区的基础上，无论是环状管网还是枝状管网，水压调控必须针对相对独立的管网单元进行，因此管网水压调控的第一步应该是管网的分区管理，在此基础上对小区域管网压力调控的必要性与可行性进行考察。

压力分区是在供水管网中根据压力需求对管网进行分区，每个压力区内的水压保持在一个合理的范围内，以便更好地管理和控制供水压力。其目的是优化供水系统的运行效率、降低运行成本、减少漏损，以及提高供水服务的可靠性和稳定性。根据《城镇供水管网漏损控制及评定标准》（CJJ 92—2016）规定，压力分布差异较大的供水管网，宜采用分区调度、区域控压、独立计量区域控压和局部调控等手段，使区域管网压力达到合理水平。

1. 压力分区

压力分区的目的是在满足最低的供水压力和消防压力要求的前提下，保证管网能够安全、经济地运行。重力供水系统通常根据地形高程进行分区，如图 6-8 所示。压力供水系统通常根据市政管网的压力坡降进行分区，在压力坡降较缓的多水源、多水厂、多泵站供水区域，可以通过将管段截断或关闭阀门，将整个供水系统分成若干区域，每个区域有独立的泵站和管网等。压力分区后，各区域之间相对独立，每个分区设置有限的水源管及连通管道，读取流量和压力，实现区域化的压力控制和流量管理，分区管理范围应由大到小逐级划分，形成完整的压力调控体系，使配水管网压力保持在管道可承受的范围以内，避免过高水压对管道和配件造成损坏，还可通过降低过高的富余压力来降低管网漏损。

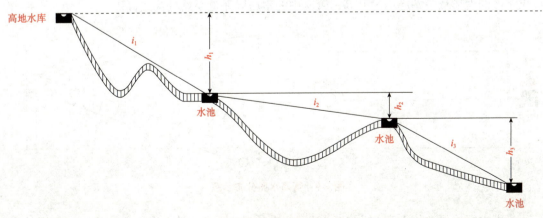

图 6-8　重力输水管分区

i—分区的水力坡降；h—分区的水头损失

2. 阀门调控

在实际工程施工中，对压力过高的管网单元通过在管网入口处安装降压阀门的方法进行降压操作是目前管网水压调控的主要手段。降压阀门安装后，可通过对区域内用户的用水模式和最不利点服务水压要求的调查，借助于管网水力计算软件，计算阀门的开度，并通过计算机控制实现阀门开度的自动控制，这样便可以在满足最低要求的前提下将区域内的水压控制在一个比较低的水平，并减少区域内管网水压随时间的波动，最终达到降低管网漏损的目的。

最简单的区域控压可以运用管网上原有的闸阀、蝶阀等传统阀门进行压力控制，而不必使用价格高的自动控制阀或控制器。但这种区域控压方法对漏损控制的效果并不明显，因为常规阀门无法实现动态调节，其控压降漏的效果仅在每天的用水高峰时段才能显现。因此，使用入口压力动态调节的区域控压虽然建设成本较高，但是其成效更好。动态分区控压应在分区入口处设置减压阀，逐步调减水压；也可根据需要选择恒压控制、按时段控制、按流量控制和按最不利点压力控制等方式。但是，一个区域内降压阀门安装与否，安装位置及数量的确定需要通过科学的方法进行权衡。压力降低自然会减少管网漏损，但降压阀门的安装和维护本身会产生一定的成本，如果减少管网漏损所带来的效益不能弥补降压阀门安装和维护所产生的成本，则该区域不适合安装降压阀门。

对独立的分区进行压力管理的关键是，对分区的边界阀门的启闭状态进行严格控制，确保其开启度符合压力管理的要求。随着物联网终端的大规模普及和应用，如今阀门每次启闭的状态参数已可被实时传输到远程监控平台上。监控人员可以就此对整个分区的压力管理进行调度，确保因管道维修或其他紧急事件进行阀门操作后，阀门仍能按压力管理的要求复位。需要注意的是，在这个过程中供水单位应重点做好远程操控阀门的网络安全防护。

3. 管网中压力分布

管网中的最高水压等于地形高差加上管网要求的最小服务水头和最高用水时的水头损失。

图 6-9 给出了管网水压分布示意。具体来说，当水由泵站经输水管供水到管网时，假设供水区的地形从泵站起均匀升高，管网中的水压以靠近泵站处为最高。

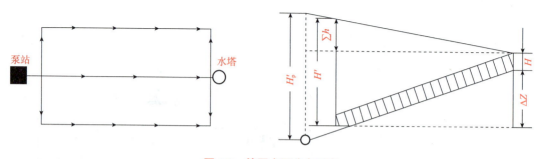

图 6-9　管网水压分布示意

设供水区地形总体上高差为 ΔZ，管网要求的最小服务水头为 H，最高用水时管网的水头损失为 Σh，则管网中最高水压的计算公式为

$$H' = \Delta Z + H + \Sigma h \qquad (6\text{-}5)$$

式中　　H'——管网能承受的最高水压（m）；

　　　　ΔZ——给水区的地形高差（m）；

　　　　H——管网要求的最小服务水头（m）；

　　　　Σh——最高用水时管网的水头损失（m）。

由于输水管中的水头在输水过程中会发生损失，泵站扬程 H'_p 应大于管网能承受的最高水压 H'，以确保供水压力足够。

城镇管网所能承受的最高水压 H'，取决于水管的材料和接口形式。例如，铸铁管的水压不宜超过 $490 \sim 590$ kPa（$50 \sim 60$ mH$_2$O）。最小服务水头 H 由房屋层数决定。管网的水头损失 Σh 是根据管网水力计算确定的。对于管网延伸很远的情况，例如，上海多数水厂的供水距离为 $15 \sim 20$ km，该情况下即使地形比较平坦，也因管网水头损失过大，需要在管网中途设置水库泵站或加压泵站，形成分区供水系统。因此，根据供水区的地形高差 ΔZ，即可利用式（6-6）在地形图上初步定出各分区的分界线。

4. 能耗控制

以上是从技术上控制管网的水压所采取的分区供水系统。多数情况下，分区方案除考虑技术上的因素外，还会考虑经济因素，目的是降低供水所需的动力费用。水厂、泵站的扬程由控制点所需要的最小服务水头和管网中的水头损失决定。除控制点附近区域外，大部分供水区的管网运行水压会超过实际所需要的水压。这部分富余的水压消耗在用户水龙头的局部水头损失上，产生能量空耗。因此，有必要对供水管网进行能量分析，找出哪些能量是属于空耗的，分区方案中应考虑如何减少这部分能量，并以此作为制订分区方案的依据。一般来说，供水所需的动力费用在供水总成本中占有较高的比例。所以，从供水能量利用率的角度评价分区供水系统，对于节约供水管网运行成本有着重要的实际意义。

（1）输水能耗分析。对于相同规模的供水系统，采用分区供水相较于集中供水通常可以减小泵站的总功率，降低输水能量费用。

泵站供水能量 E 由三部分组成，即保证最小服务水头所需要的能量 E_1、克服水管摩阻所需要的能量 E_2、未利用的能量 E_3。E_3 是因各用水点的水压过剩而浪费的能量，单位时间内水泵消耗的总能量等于以上三部分能量之和。总能量中得到有效利用的部分只有 E_1。因为在供水系统设计中，泵站流量和控制点水头 $Z_i + H_i$ 是固定的，所以这部分能量不能减小。E_2 是输水过程中消耗的水管摩阻，这是不可避免的。为了降低这部分能量，可以采取的措施是适当放大管径，这不是一种经济的解决办法。E_3 在供水系统中未能有效利用、浪费的能量，因为泵站必须将全部流量按照最远或最高位置的用户所需的水压来输送，所以这部分能量消耗在集中供水系统是无法避免的。因此，为提高输水能量利用率，需要设法降低 E_3 值，这是管网分区考虑经济因素的关键。

但是，当一条输水管的管径和流量相同时，沿线无流量分出，分区并不能降低能量费用，反而会增加基建和设备等项费用，而且使管网系统的管理更加复杂。这种情况下，只有在输水距离远、管道内水压过高时，才考虑压力分区管理，针对是否分区及分区后设置的泵站数量等问题，通过比较不同方案的技术与经济指标来决策。

（2）管网供水能耗分析。管网压力分区可分为串联压力分区和并联压力分区。在串联压力分区中，各个压力区依次排列，前一个压力区的出水端成为下一个压力区的进水端。这种配置方式通常应用于地形高差较大的供水区域，或者需要通过多个泵站逐步提升水压的情况。其特点是逐级控制，高差供水、逐步减压，每个压力区的水压相互依赖，前一个区的水压影响后一个区的水压。在并联压力分区中，多个压力区通过独立的供水管道或泵站供水，各个压力区之间相互独立，不存在直接的串联关系。这种配置方式适用于地形变化不大或需要为不同区域提供独立控制的情况。其主要应用于平坦地形的不同需求区，特点是独立运行、灵活性强。

从经济角度来讲，串联压力分区与并联压力分区节省的供水能量相同，但分区所增加的基建投资和管理复杂程度是不同的，并联压力分区增加了输水管长度，串联压力分区增加了泵站，因此两种布置方式的造价和管理费用并不同。由于管网、泵站和水池的造价受分界线位置变动的影响较小，一般按节约能量的多少来划定分区界线。管网压力分区管理将增加管网系统的造价，并联压力分区会增加输水管造价，串联压力分区将增加泵站的造价和管理费用，考虑是否分区及选择哪种分区形式，需要综合技术和经济因素，根据地形、水源位置、用水量分布等具体条件，拟订若干方案，进行比选。

6.3.4 应急供水

在供水管网压力分区中，应急供水是确保在突发事件或系统故障时，仍能为用户提供稳定且安全的供水的重要措施。例如，在紧急情况下（如管道破裂、泵站故障、自然灾害等），应急供水系统应能够确保各分区内的居民、医院、消防系统等关键设施的基本供水需求。

在需要保障消防流量的区域，应实现环状管网供水，采用带有流量调节功能的减压阀控制，使系统在应急状态下能够维持规定的压力和流量。如果系统未带有流量调节功能的调节阀，入口处常规阀门之外应加设旁通阀门，以提供应急状态下所需要的压力。通过有效的应急供水措施，防止压力分区内水压大幅波动，保障系统的稳定运行，避免次生灾害。

6.4 供水管网压力调控的实施

6.4.1 节点设置与参数确定

1. 监测点布置

供水系统包括水处理、储备和输配设施，通过水泵、阀门等联合控制和运行。为了高效运行，这些系统可分解为多层级结构，实行分级管理。每个层级设计为相对独立的区域，一般是永久性的，在每个分区通常至少设置一个节点，安装压力监测仪表，对该区域最低压力进行监测预警。这些分区的流量和压力数据为系统运行和管理提供了有效信息。通常情况下，对分区进行监测将涉及压力和流量数据的传感／采集、本地数据存储、手动下载或传输数据的通信系统。数据一旦被接收，应该在系统存档用以进行数据展示、处理和分析。

除固定压力监测点外，还有为短期研究而进行的压力监测。例如，为调查和分析事故、校准水力模型和定位漏点而布置的临时压力监测点，这些监测点应设置在便于仪表安装的合适位置。临时的短期数据采集的目的一般是充分利用设备资源，提高空间覆盖率。

管网中不同位置所反映的信息差异很大，需要进行详细分析来了解供水管网中不同位置获取信息的灵敏度和差异，因此，监测点的选择复杂且有一定难度。压力数据应在低压区、控制设备周边、用户投诉高发的区域，以及对建模／校正具有不确定性的区域等关键位置收集。

选择监测点的位置时，供水企业可以根据管网结构、供水面积、供水量及对压力控制的需求，合理设置管网测压点的密度，一般遵循以下原则。

（1）管理压力监测点应根据管网供水服务面积设置，每 10 km² 不应少于一个测压点，管网系统测压点总数不应少于 3 个，在用水量强度或用户分布密度较高的区域可适当增加测压点数量。

（2）测压点应覆盖监测范围内具有代表性的管道，如供水主干管、区域干管、管道交叉口等。

（3）应在水厂主供水方向、管网用水集中区域、敏感区域及管网末梢设置测压点。

（4）测压点不应设置在太小的管道上，根据供水管网的规模，一般应设置在 DN300、DN500 及以上的管道上。

除利用压力数据分析漏损外，还可以通过流量数据获取漏损信息，尤其是漏点检测技术。提供连续时间序列数据的流量仪表一般安装在水厂的出水干管上、调蓄设施和泵房的进出口处、沿干管布置、在分区和一些子区域的主进出口及主要用户处。相关学者提出了一种优化流量监测点布置和监测时间步长的方法，建议监测的分区应小于基于分区准则划分的分区规模，单独计算不同的供水管网。

2. 运用水力模型确定监测点

通常，水力模型是基于供水设施设备信息和用户信息建立的。所建立的水力模型将协助供水单位建立分区、合理布置流量和压力监测点，提出合理的压力管理策略来降低供水管网系统的压力，达到降低管网漏损的目的。水力模型使用现场监测的数据进行校正之后，能够更准确地模拟相应的管网运行工况。使用水力模型优化分析方法可以识别潜在的漏损，指导现场定位漏点，加速发现漏损位置，进而可以及时维修和更换管道，以减少管网漏损。

确定了压力管理的分区，并且通过理论计算或计算机模拟出来的控制点被确定后，到工地现场确认调流阀的精确安装位置是非常重要的。在有坡度的路面下安装调流阀要确保阀门入口压力总是高于阀门出口所需要的最大压力值。为了保证调流阀正常工作，在设定阀门参数时，应考虑额外的水头损失。

6.4.2　控制设备选型与布置

按照控制要求，压力控制装置有多种形状、式样和尺寸。本节介绍在压力控制中阀门和控制器等设施的应用选型要求。

1. 监测点设备安装

对于一个简单的压力管理工程来说，监测点的布置至少包括供水节点、储水节点、临界节点、代表性节点。代表性节点是指能反映出管网或分区中的某一方面运行特性的节点，如地面高程、压力或水头损失等。

供水节点是向一个系统供水的节点或者向一个系统的子区供水的节点，也可能是一个区域往另一个区域的出口节点。有时，也需要监测双向流节点。

储水节点包括任何水池、水箱、水塔或储水的位置。

控制节点可能是供水管网中供水最为困难的一个位置，或可称为最不利点。例如，系统中的地势较高的点或供水到此处的水头损失较高的点，或控制节点也可能是一个不能间断供水的用户，如 24 h 连续运行的工厂或医院。

安装前应对设备和安装位置进行检查，检查清单如下。

（1）确保使用的阀门能够维修和有当地技术支持。

（2）确定控制区域的类型。

（3）进行详细的需求分析。

（4）选择合适类型的控制器，满足区域要求。

（5）如果使用无线收发器或移动电话交流，确定装置是按照授权的波长运行的。

（6）如果使用压力控制器，确保安装尺寸能够提供大小适合的脉冲，并且脉冲发生器容易掌控。

2. 多水源供水区域

由于消防需求、用水高峰时段的高水头损失，或者其他诸如水质要求等，有些地区可能有不止一个供水水源，但这并不是说这些区域的管网压力不可控制。

在控制多水源供水管网的压力时，可以选取一个阀门作为主要控制阀门，并按照阀门的重要性进行排序。但此时一定要确保设置的监测点能准确反映对应控制阀门运行状态。例如，有些阀门只有在高水头损失阶段、用水高峰期和紧急情况下才需要开启，而在其他绝大多数时段是关闭的。

通常，为了使输水量大的阀门对系统需求的变化作出迅速反应，可以将其响应速度设定得更快；而对其他控制阀门，则设定稍长的响应时间。

3. 阀门类型

阀门能承受的工作压力应大于或等于管道的最大实际压力值。城镇供水管网的压力通常为 0.2 ～ 0.6 MPa，个别城镇会超过 1.0 MPa。因此，要求阀门能承受的工作压力可按 0.6 ～ 1.0 MPa 考虑，均属于低压阀门的范畴。

在供水管网中，控制阀门选型原则如下。

（1）由于管网是环状的，阀门关闭状况下的任何一侧应能承受 1.1 倍工作压力值而不渗漏，阀门开启状态下，阀体应能承受 2 倍工作压力值。

（2）为了控制管道的埋设深度，阀门的垂直高度应尽量缩小。

（3）为了便于阀门与管道的连接，通常采用法兰连接。

（4）阀体内外应有良好的防腐措施，内防腐措施符合卫生要求。

（5）闸阀、蝶阀不宜长期作为控制阀使用，而且阀门两侧压力差不宜超过 0.1 MPa。

减压阀是一种自动控制阀，在分区入口安装减压阀可以直接降低该处入口的流量，保持阀后水压在可控范围内。减压阀按压力控制方式主要可分为恒压控制、按时段控制、按流量控制和智能控制等方式，通过自动调节实现压力控制，将阀门下游的压力维持在设定值。

以同一个高位水池向配水系统的不同地势区域供水为例，在不使用减压阀的情况下，低地势区压力总是比高地势区的压力高（图 6-10）。这就可能导致低地势区出现漏损增加或爆管现象，同时，也会影响高地势区用户的用水体验。为解决这一问题，供水单位可以在高地势区和低地势区之间的适当位置安装减压阀，用来将低地势区水压降低到合理的范围，实现两区域的供水压力均衡。减压阀既降低了管网漏损及爆管频率，又延长了管道的运行寿命。

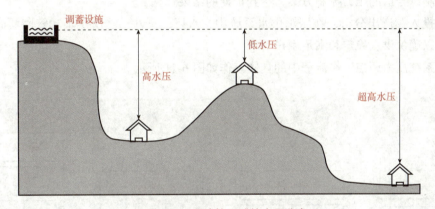

图 6-10　不同地势区域的水压分布

若分区内的管网水头损失或用水量较低，固定出口的阀门控制方法是控制分区压力的有效措施。对于此类管网，也可选择调流阀作为入口控制阀门。调流阀过水流量大、气蚀较轻，而且其关阀密封圈上只承压、无磨损，因此使用寿命较长，可适用于这种高流速、高压差的工况。

但对其他区域来说，为了满足高峰大量用水时的最低服务压力，控制阀后的压力必须保持在较高水平。然而，当分区所需水量降低时（通常在夜间），分区管网的水头损失也会随之降低，分区管网的压力甚至会逐渐趋近静态压力。此时的压力通常会大大高于区域供水服务所需压力及消防灭火所需压力。在这种情况下，固定出口的阀门控制方法对于控制分区内管网压力的效果不佳。只有能自动调节入口流量的阀门，才能完全体现压力管理的效果。

除减压阀与调流阀，关闭部分闸阀或蝶阀会产生水头损失，从而降低系统压力。有的供水单位会利用闸阀、蝶阀等产生的水头损失来降低压力。然而，由于所产生的水头损失会随着系统水量的变化而变化，这种控制方法效率很低，而且其流量系数与开启度的相关性是非线性的，不适合精确控制。在夜间，当供水管网需要的水量较低时，压力反而会较高；在白天，当供水管网需要的水量较高以满足用户需求时，管网压力反而变小了，这就产生了典型的压力颠倒的情形。除此之外，阀门的频繁动作、阀板边缘的气蚀也会造成阀体和阀板的振动与损坏。因此，并不提倡这种方法。

6.5 供水管网压力调控的工作流程

供水管网压力调控实施路径如下。

（1）通过初步分析，确定潜在的控制区域、监测设备安装地点及用户服务要求。

（2）建立水力模型，并利用实测数据进行校核。

（3）借助水力模型分析，确定压力管理分区方案。

（4）利用相关模型模拟计算潜在的产出。

（5）选择合适的控制阀门和控制设备。

（6）制订合适的压力控制方案，达到预期的结果。

（7）投入和产出分析，在城镇供水系统中，水厂、泵站、二次供水和管网共同参与压力调控，以确保供水稳定和满足用户需求。

供水系统压力调控工作流程中的具体工作如图 6-11 所示。

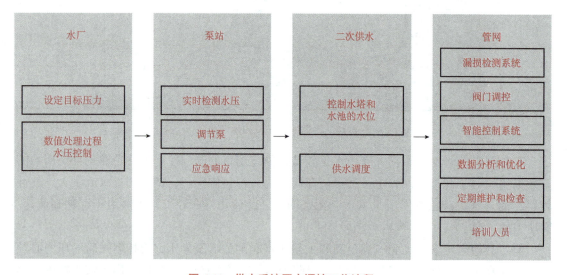

图 6-11 供水系统压力调控工作流程

6.5.1 水厂

（1）目标压力设定。水厂首先根据城镇的用水需求和供水系统的设计，设定合适的目标压力。目标压力的设定通常需要考虑水源、管道容量和用户需求等因素，能够在满足用户需求的同时，使管网漏损水量最小化。

（2）水处理与净化。水处理过程中在确保水质符合卫生和安全标准的前提下，需要满足服务水压。一些水处理工艺可能需要一定的水压来维持流动性，工艺调整中保持平衡，确保水压不会降低到影响供水的程度。

6.5.2 泵站

（1）实时监测。泵站通过使用传感器和监测设备实时监测管网压力，这有助于泵站了解当前系统运行状态，及时发现异常压力情况，排查管道漏损位置。

（2）调节泵。根据监测到的水压情况，泵站可以调整泵的运行状态，包括调整泵的转速、启动或停止泵，以维持系统的目标压力，并减少漏损可能带来的影响。

（3）应急响应。当系统出现紧急情况，如管道破裂或其他故障时，泵站需要迅速响应，调整泵的运行状态以维持稳定的水压，并在可能的情况下隔离故障区域。

6.5.3 二次供水

（1）蓄水设施。二次供水系统中蓄水设施（如水塔、水箱、水池等）可以用于储备水量，在需要时释放储水以维持系统的压力。蓄水设施的液位高度可以产生一定的水压，通过控制蓄水设施的液位，可以调整二次供水系统的水压，有助于平衡管网压力。监测和调整液位通常利用自动化系统来实现，以确保系统保持适当的压力，减少管网漏损。

（2）供水调度。根据漏损检测的结果，可以对二次供水系统进行调度调整，以满足漏损修复和维护的需要，确保漏损问题得到及时解决。

6.5.4 管网

（1）漏损监测系统。管网中宜安装漏损监测系统，通过监测管段的压力变化、噪声来识别潜在的漏点。这些系统能够提供实时的漏损信息，帮助运维人员及时作出调整。

（2）阀门调控。管网中的阀门起到重要作用，根据漏损监测系统的反馈，操作员可以通过阀门调控来调整水流的方向、控制管道的通断，从而调整管网的分压，减缓漏损的影响。

（3）智能控制系统。管网可配备智能控制系统，自动调整阀门和控制设备，以实现对水流和压力的精确控制。

（4）数据分析和优化。供水单位可以定期对供水系统的数据进行分析，评估调控效果，并根据实际运行情况进行优化。这有助于管网压力调控策略的不断改进。

（5）定期维护和检查。供水单位应对供水系统中的关键设备、阀门和传感器进行定期维护和检查，确保其正常运行和准确监测。

（6）培训人员。供水单位应对运维人员进行培训，使其能够熟练操作压力调控系统，及时处理可能出现的问题。

6.6 供水管网压力调控实施典型案例

某开发区，半岛形山丘地势，中南部最高，四周略低，最高处黄海高程 30 m，最低处黄海高程 5 m，高低落差大。水厂设置在西北方高程 14 m 处的唯一水源。区域以工业开发区、文教区、农村地区组成，其中工业开发区、文教区为新建管道，采用球墨管材、PE 管材，最大管径为 $DN1\,200$，管道呈环状；农村地区管道为较早建设的塑料、镀锌管材，以支状分布。平均供水量约为 8 万 m³，$DN100$ 及以上管道长度为 320 km，水表数量约为 3 万只，区域主要由农业示范区、工业区、文教区、居民区组成。

6.6.1 供水管网微观模型建立

利用管节点流量、管道管径、管道摩擦系数、地理高程数据建立夜间最小流量时的等压线如图 6-12（a）所示，图中带箭头的线为简化后的管道；箭头表示水流方向；不规则的曲线为等压线，线上的数值为相对水压；带数字的点为节点；1#、2#、3#、4# 区域为高压区，等压线间隙小，坡度较大；5#、6#、7#、8# 区域为低压区，等压线间隙大，坡度平缓。等压线三维视图如图 6-12（b）所示。图中呈"凸"起的区域为高压区。

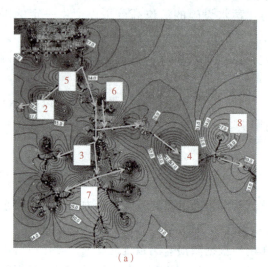

（a） （b）

图 6-12 供水管网等压线（夜间最小流量时）

(a) 管网等压线；(b) 管网三维等压线

6.6.2 数据分析与压力管理方案制订

将等压线图与管理分区图合并，并将该区域分为 8 个区域，如图 6-13 所示。

从图中可以发现，在夜间最小流量时，A、B、C、F 区域的压力偏高，造成一定的压力浪费，增加管网漏失的概率，建议采用压力调控措施；D、E、G、H 区域夜间最小水压较合理，暂时不考虑减压方案。A、B、C、F 区域压力调控方案如下。

（1）A 区的西边区域（1#）。该区域的用水仅为绿化、施工用水，用户少，基本为白天用水，用水量小，可以降低压力供水。而且工业用户多为进水池用水二次供水，可以通过阀门调整，减少高压区的范围，保证最不利点（中部、东北角）的最低压力在 0.28 MPa 左右即可。

（2）B 区的中部局部区域（2#）。该区域为农村，村庄内地势较为平坦，多为 3 层楼房，无大型的用水企业，压力偏高，可降低压力供水。

（3）C 区东部有一段支管供水区域（3#）。该区域为农村，村庄内地势较为平坦，多为 3 层楼房，无大型的用水企业，压力偏高，可降低压力供水。

（4）F 区中间区域（4#）。地势起伏大，中间低，末端高，为保证末端的供水压力，供水压力偏高，对用水点加装减压阀，降低压力供水。

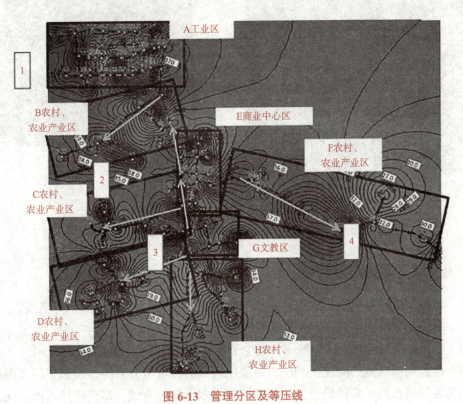

图 6-13　管理分区及等压线

6.6.3　压力管理方案实施及跟踪管理

（1）首先，调整 A 区主管阀门 2 个，B 区进村支管阀门 1 个；其次，C 区安装减压阀 1 个，F 区安装减压阀 1 个；最后，普查工业区内进二次供水进水池的阀门及减压阀的工作状态，尽量保证减压阀的阀后压力为 0.1 MPa，如无减压阀，通过调整进水阀门达到减压效果。要求前期设计所有进二次供水进水池（生活、生产、消防水池）的管段上安装减压阀，阀后压力为 0.1 MPa。

（2）跟踪管理。

1）2#、4# 区域村民反映水压较之前小，但不影响生活。

2）无水质投诉反映。

3）局部原压力较低的区域，压力有所升高，用水困难改善（如 B 区西部高点）。

4）工业区厂房二次供水水池进水正常。

5）绿化用水，因压力变小，浇灌时间增长，用水量略有增加。

6）等压线如图 6-14（a）所示，图中 1#、2#、3#、4# 区域为原高压区，等压线间隙变大，坡度渐缓。三维图如图 6-14（b）所示，图中呈"凸"起区域的面积变小。

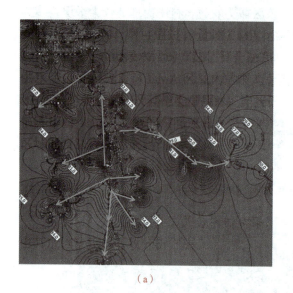

（a）　　　　　　　　　　　　　　　　　　　（b）

图 6-14　供水管网等压线

（a）压力管理方案实施后的等压线；（b）压力管理方案实施后的三维等压线

6.6.4　压力管理费用效益评估

（1）通过调整现有阀门，尽量减少安装减压阀，可将压力管理的成本降至最低。

（2）减少管道系统的高压力区域范围，延长管道的使用年限。

（3）稳压、减压带来的压力稳定，减少了管道因压力波动引起的水锤。

（4）进行局部区域的降压、调压，使原压力低的区域压力升高，缓解了用水困难的问题，不需要管网改造、新铺设管道、建设二次供水设施等方式，即可使用水困难问题得以解决，带来的效益可观。

（5）整体压力较未调整前降低了 10%，漏水量为未调整前的 88.6%（N 取 1.15）。

（6）压力调整后，居民用户的水龙头用水量变化不明显，与个人用水习惯有关。大规模的绿化用水、清洗用水，用水量略有增加。

（7）减压后，管网及用户端的跑冒滴漏现象明显减少，减少了计量损失。

6.6.5　漏损率变化

漏损率计算以年度为计算周期。

$$漏损率（100\%）=\frac{供水量-注册用户用水量}{供水总量}\times100\%$$

通过计算核定，压力管理实施后一个年度周期（2016 年 1 月—12 月）的漏损率较压力管理实施前一个年度周期（2015 年 1 月—12 月）的漏损率下降近 7%，降幅显著。通过实例，充分验证压力管理在漏损控制中的成效明显。

$$漏损率_{前}（\%）=\frac{7\,110\,669-6\,239\,765}{7\,110\,669}\times100\%=12.25\%$$

$$漏损率_{后}（\%）=\frac{7\,466\,202-7\,047\,544}{7\,466\,202}\times100\%=5.61\%$$

结论：该区域通过常年的压力管理控制，爆管频率较低，管网维护管理费用节省，投入的人员、设备资源较少，漏损率长期保持在5%左右［资料来源：邵志明.分区压力管理降低供水管网漏损率的应用［J］.给水排水，2017，43（10）：116-119］。

复习思考

一、选择题

1. 在满足（　　）压力标准的前提下，供水单位应根据水厂分布、管网特点和管理要求，通过压力调控控制管网漏失。

　A. 使用　　　　　B. 设计　　　　　C. 供水服务　　　　　D. 规划

2. 在实施压力调控时，应对管网（　　）进行监测分析，发现问题应及时采取相应处置措施，保障管网水质安全。

　A. 水压　　　　　B. 水量　　　　　C. 材质　　　　　D. 水质

3. （　　）不是管网压力调控的实现方式。

　A. 出厂泵站调节　　　　　　　　　B. 局部增/减压

　C. 二次供水设施调节　　　　　　　D. 用户用水约束

4. 根据《室外给水设计标准》（GB 50013—2018），当供水管网水压按直接供水的建筑层数确定时，用户接管处的最小服务水头，二层应为（　　）m。

　A. 8　　　　　　　B. 10　　　　　　C. 12　　　　　　D. 16

5. （　　）措施是国际上公认的经济有效的漏损控制方法。

　A. 大规模更新输配水管网　　　　　B. 频繁进行管网维修

　C. 实行严格的用水限制　　　　　　D. 压力管理

6. 在供水管网的压力调控策略中，压力监测应采用（　　）以确保高精度。

　A. 低精度数据记录仪

　B. 常规压力表

　C. 高精度数据自动记录仪（±0.1%量程）

　D. 任何类型的压力测量设备

二、判断题

1. 供水管网压力管理的主要目标是降低管网漏损，而不考虑用户用水的实际需求。（　　）

2. 水锤现象是由于管网中水流速度突然变化引起的压强波动，不会对供水设施造成损害。

（　　）

3. 合理选择管网运行压力，有助于节约能耗、降低漏水、降低管道强度要求和减少爆管概率。（　　）

4. 压力法不可以判断供水管道是否发生漏水及确定漏水发生的范围。（　　）

5. 区域管理的范围应根据水量计量、压力调控和考核的需要合理划分。（　　）

6. 在计算漏损指数 N_1 时，压力和流量应在用水量高峰时段测量，以确保数据准确性。（　　）

7. 漏损指数 N_1 越大，漏损水量对管网压力的变化越不敏感。（　　）

8. 供水管网压力调控策略中的监测指标主要包括供水压力、流量、浊度和余氯。（　　）

三、简答题

1. 简述供水管网中漏损指数 N_1 的作用及其在实际应用中的意义。

2. 简述管网压力分区管理在提高能效和降低运行成本方面的作用。

3. 简述管网压力调控的基本工作流程。

项目 7

供水管网分区计量管理

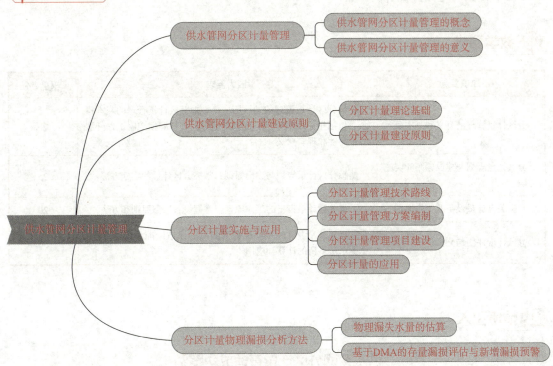

供水管网分区计量管理
- 供水管网分区计量管理
  - 供水管网分区计量管理的概念
  - 供水管网分区计量管理的意义
- 供水管网分区计量建设原则
  - 分区计量理论基础
  - 分区计量建设原则
- 分区计量实施与应用
  - 分区计量管理技术路线
  - 分区计量管理方案编制
  - 分区计量管理项目建设
  - 分区计量的应用
- 分区计量物理漏损分析方法
  - 物理漏失水量的估算
  - 基于DMA的存量漏损评估与新增漏损预警

学习目标

　　供水管网分区计量管理是一种先进的管理模式，它将整个供水管网划分为若干个区域，并在关键位置安装计量设备，通过实时采集和分析各分区的关键数据，可以更加精准地掌握各分区的供水情况，旨在提升供水效率、降低漏损率。供水管网分区计量管理不仅有助于提升供水效率，还能显著降低漏损率，优化管网运行。更重要的是，它推动了节水型社会建设的进程，并促进了供水管理向智能化、精细化方向的转型，对于提升城市水资源管理水平具有重要的意义。

通过本项目的学习，达到以下目标。

1. 知识目标

理解并掌握分区计量管理的基本概念、原则和方法；熟悉分区计量规划与建设的原则；了解分区计量管理的实施方法；掌握关键计量设备的工作原理，以及分区计量数据分析的方法。

2. 能力目标

具备根据供水需求和管理现状规划供水管网分区的能力；掌握分区计量的建设、调试、运行和维护的技能；掌握关键计量设备的使用方法，能够利用分区计量数据进行漏损评估和控制，降低供水管网的漏损率。

3. 素养目标

培养节约水资源、提高供水效率的意识和责任感，提升问题分析与解决的能力，学会从数据中发现问题并提出解决方案。

教学要求

知识要点	能力要求	权重/%
分区计量管理的意义和基本概念	了解分区计量管理的发展历史；掌握分区计量管理的基本概念，包括相关政策导向、行业规定等；理解漏损控制工作开展的重要性和现实意义	25
分区计量规划与建设原则和实施方法	熟悉分区计量规划与建设原则；掌握分区计量的实施方法	25
掌握关键计量设备的工作原理	了解关键计量设备的工作原理；掌握设备选型原则和方法	20
分区计量评估与分析	掌握供水管网 DMA 项目管网漏损的评估标准和评估方法；掌握水量平衡的计算和应用	30

情境引入

供水管网分区计量管理成功案例

宁波市东钱湖区域由于供水设施陈旧、管理工具落后，在并网初期，日最高供水量突破 5 万吨，管网漏损率近 45%。高漏损率不仅影响了区域供水安全，还严重浪费了水资源。因此，快速降低管网漏损率成为城乡供水一体化后的迫切任务。为了有效降低管网漏损率，宁波市自来水有限公司从以下四个方面采取了措施。

1. 基础数据收集与分析

管网现状调研：对东钱湖区域的供水管网进行了全面的现状调研，包括管网的布局、材质、使用年限、漏损情况等信息。这一步骤是制订分区计量规划的基础，有助于了解管网的实际状况和问题所在。

基于收集到的管网现状数据，公司进行了深入的数据分析和评估。通过分析管网的供水规模、用户分布、压力变化、漏损率等指标，识别出管网运行中的关键问题和潜在风险点，为后续的分区规划提供依据。

2. 分区计量规划制定

（1）宏观规划：在确定了分区原则后，公司从宏观层面出发，制订了整个东钱湖区域的分区计量规划。这一规划综合考虑了区域的地形地貌、城市发展规划、供水需求及管网现状等因素，旨在确保分区的合理性和科学性。

（2）具体分区设置与监控设备安装：根据宏观规划，公司在东钱湖区域设立了A、B、C、D、E、F六个二级分区。随后从具体实施着手安装各类流量监控96个，其中一级监控1个、二级监控22个、三级监控74个，小区和村等三级流量监控覆盖率达到100%。

3. 分区计量管理的实施

在制订好分区计量规划后，公司按照既定计划逐步实施。这包括监控设备的采购与安装、数据采集的建立与调试、管理人员的培训与配置、数据分析与评估小组的建立、快速检漏修漏等工作。通过逐步实施，确保分区计量规划能够顺利落地并取得实效。案例相关单位对压力、流量等各类监控站点实行动态监测，及时分析DMA中的各项实时数据，第一时间锁定压力、流量突变区域，通过夜间最小流量监测，快速锁定流量异常区域，及时组织人员检漏、修漏，实现检漏、修漏快速化。

4. 分区计量管理成效

宁波市东钱湖区域在完成分区计量管理建设后的3年时间内，累计检出各类漏点708个，累计减少水量漏失700万吨，相当于半个西湖的水量，可供4万户普通家庭用一年。

资料来源：《节水在行动》，宁波市自来水有限公司：供水分区计量助力东钱湖漏损控制（2022年）。

7.1 供水管网分区计量管理

7.1.1 供水管网分区计量管理的概念

分区计量管理是指将整个城镇公共供水管网划分成若干个供水区域，进行流量、压力、水质和漏点监测，实现供水管网漏损分区量化及有效控制的精细化管理模式。分区计量（District Metering Area，DMA，也称为独立计量区域）管理是一种先进的供水管网管理模式，其核心在于通过科学的方法和技术手段，按照一定的原则，将庞大的供水管网划分为若干个具有特定边界且相对独立可管理的区域（子管网），即DMA区域。每个DMA区域都相当于一个独立的"水岛"，其进水管和出水管都安装有流量计和压力计，能够实时监测和计量该区域的入流量与出流量。其内涵是将供水管网划分为逐级嵌套的多级分区，形成涵盖出厂计量—各级分区计量—用户计量的管网流量计量传递体系。通过监测和分析各分区的流量变化规律，评价管网漏损并及时反馈，将管网漏损监测、控制工作和其管理责任分解到各分区，实现供水的网格化、精细化管理。这种管理方式有效降低了管理难度，提高了管理效率，使供水企业和运营维护企业能够更加准确地掌握各区域的用水情况与漏损状况。

分区计量管理的概念起源于20世纪80年代的英国，其诞生有着深刻的历史背景。当时，随着英国城市化进程的加速推进，供水需求急剧增长，而供水管网的规模也随之不断扩大。然而由于管网老化和维护管理不善，供水管网漏损问题日益严重，给城市供水带来了巨大的挑战。传统的被动检漏方式已经无法满足实际需求，供水企业面临着巨大的经济压力和资源浪费。因此，英国水务联合会首次提出了分区计量管理的理念。此外，分区计量管理的发展还受到20世纪80年代和90年代计算机技术、传感器技术及数据分析技术快速发展的影响。这些技术的进步为分区计量管理提供了有力的技术支持，使实时监测、数据采集和分析变得更加准确和高效。当前，随着全球水资源短缺问题的日益严重，人们开始更加关注水资源的可持续利用和管理。随着物联网、大数据、人工智能等新技术的不断融入，以及高精度传感器、远程监控设备、智能数据分析平台等的应用，极大地提高了DMA的监测精度和响应速度。同时，国内外供水企业还积极探索DMA与其他供水管理的集成应用，如地理信息、监控与数据采集等，以实现供水的全面优化。

 知识拓展

独立计量区域和区域管理

《城镇供水管网漏损控制及评定标准》（CJJ 92—2016）中介绍了供水管网分区管理，可采用独立计量区域或区域管理两种分区方式。区域管理是指将供水管网划分为若干供水区域，对每个供水区域的水量、水压进行监测控制，实现漏损量化管理的方式；独立计量区域是将供水管网分割成单独计量的供水区域，规模一般小于区域管理的范围。可通过在管径较小的住宅小区，或者灰口铸铁管和镀锌管较多的区域进行独立计量区域管理，提高暗漏检测效率，降低漏损。

7.1.2 供水管网分区计量管理的意义

在传统的供水系统管理模式下，控制漏损过程的各相关部门均不直接负责总体目标，业务层面的漏损控制工作缺乏明确的责任主体，在区域上整体供水管网又过大，不能充分利用供水企业的管理格局。基于分区计量技术建立起来的供水管网分区计量管理体系在管理上会使漏损控制的责任更加明确，在技术上能实现基于标准化的工作流程，作为供水管网管理的重要手段，在提升供水效率、降低漏损率、提前预警风险、保障供水安全和促进技术创新等方面具有重要的意义。当前，DMA已经成为国内外提升供水效率、降低漏损率的重要手段。

1. 提高漏损检测的效率

（1）精准定位漏损：通过对每个分区的供水量和用水量进行计量对比，分区计量管理可以快速发现哪个区域存在异常漏损。这样，可以避免对整个城市的供水系统进行大范围检查，有效缩小检测范围。

（2）实时监控漏损：分区计量管理可以实时监控各个区域的水量变化，从而快速发现突发性的漏损问题，减少水资源的浪费。

2. 提高供水系统的运行效率

（1）优化供水调度：通过分区计量的数据，供水管理部门可以更清晰地了解不同区域的用水需求，更加科学合理地调度供水量，优化供水资源的分配，减少因供水过剩或不足带来的问题。

（2）减少供水压力波动：合理划分和监控供水分区可以帮助保持管网的水压稳定，避免过高或过低的水压导致的管道损坏或供水不足。

3. 节约水资源和降低运营维护成本

（1）减少水资源浪费：通过精确监控各个区域的用水量，供水企业可以及时发现异常高耗水的区域，从而采取措施减少无效用水或漏损，提升整体水资源的利用效率。

（2）降低运营维护成本：通过分区管理、自动化监测和数据分析，供水公司能够显著减少人工巡检需求，更加精准地计划管网的维护和检修，减少不必要的大面积维修，降低维护成本；通过优化调度和降低漏损率，有效降低运营成本。

4. 提高供水服务的可靠性和安全性

（1）保障供水质量：分区计量管理可以监控不同区域的水压和供水流量，确保供水管网稳定运行，减少因水压不稳或管网老化带来的水质问题；同时，可以通过安装水质传感器，实时监控水质参数，发现潜在水质问题，提升用户的用水体验。

（2）应对紧急事件：当某个区域的管道出现故障时，分区计量系统可以迅速反应，隔离问题区域，减少对其他区域供水的影响，从而提高供水系统应对突发事件的能力。

5. 支持数据分析和政策制定

（1）用水量分析：分区计量系统可以提供详尽的用水量数据，供水企业可以根据这些数据分析用户的用水习惯，预测未来的用水需求，帮助制订科学的供水规划。

（2）政策制定支持：通过长期监控各区域的用水情况，供水管理部门可以根据实际情况制定节水政策、优化供水价格和管理措施，以促进更有效的水资源管理。

6. 推动技术创新与产业升级

（1）技术创新：在分区计量管理中，智能水表和远程监控、物联网与数据分析等技术的应用，有效推动了高精度、低功耗传感器的研发、数据传输技术的创新和广泛应用、智能决策系统和自动化检测技术的发展，以及数据集成和可视化技术的创新。此外，极大促进了智能压力管理设备和算法的创新、云计算和边缘计算的应用、与管网相对应的数字孪生技术和智能泵站控制技术的发展。

（2）产业升级：分区计量管理有效推动了供水行业的数字化转型进程，以此为基础，供水管理单位和运维企业可以进一步构建智慧水务，朝着更加智能化、自动化、节能环保的方向发展，为供水行业的可持续发展奠定坚实基础。

7.2 供水管网分区计量建设原则

7.2.1 分区计量理论基础

图论是研究图的各种性质及其应用的学科，也是数学的一个分支。城市供水管网系统主要是由埋设在路面下的管道和各种附属构筑物构成的，包括出厂干管、给水干管、给水支管、用户接入管等组成部分，为保证城市管网的供水可靠性，管道连接成环状。用顶点代表供水管网的每个用水用户（包括常规用水用户、水塔、水池等），用弧（边）代表连接各顶点的管段，从图论的角度看，供水管网就是一个大而复杂的图模型。这个图模型包含了实际管网的拓扑属性和水力学属性。基于质量守恒和能量守恒的水力计算是管网建模、优化的核心，准确的管网拓扑结构是 DMA 分区的基础。

在主干管安装流量计，将供水管网划分为若干个单独的计量单元，利用区域考核表、支管考核表、单元考核表、用户水表等建立起一个分区分级水量分析体系，在供水企业的广泛探索实践中逐步形成了科学合理的分区计量建设标准。

 知识拓展

供水管网拓扑结构

城市供水管网具有网络状的拓扑结构性质，可利用图论的原理和方法对其进行分析。供水管网主要由管道、节点、泵站、水塔、水池等设施组成。其中，管道是输送水的通道，节点则是管道的连接点或附属设施（如水源、水池、泵站、消火栓等）的位置。这些元素通过一定的方式相互连接，形成了复杂的拓扑结构。图 7-1 所示为供水管网两种典型的拓扑结构，即树状管网和环状管网。

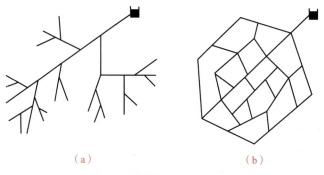

（a）　　　　　　　　　　（b）

图 7-1　树状管网和环状管网

(a) 树状管网；(b) 环状管网

7.2.2　分区计量建设原则

分区计量应按照独立区域计量原则，结合具体实际工作，主要基于供水区域现状的管网拓扑结构、用户分布［大用户、小区泵站分布（中途增压站）］、水力条件（流速、压力）和管理需求（行政分界）等因素，制订分区方案。考虑国内供水行业的管网管理现状，通过三级的分区建设，可以较快达到主动监测管网漏损、及时发现问题、有效控制产销差的目的。

根据《城镇供水管网漏损控制及评定标准》（CJJ 92—2016）的规定，DMA 分区范围应由大到小逐级划分，形成完整的水量计量传递体系和压力调控体系。住房和城乡建设部 2017 年印发的《城镇供水管网分区计量管理工作指南——供水管网漏损管控体系构建》指出，DMA 分区划分应综合考虑行政区划、自然条件、管网运行特征、供水管理需求等多方面因素，并尽量降低对管网正常运行的干扰。其中，自然条件包括河道、铁路、湖泊等物理边界、地形地势等；管网运行特征包括水厂分布及其供水范围、压力分布、用户用水特征等；供水管理需求包括营销管理、二次供水管理、老旧管网改造等。分区级别应根据供水单位的管理层级及范围确定。分区级别越多，管网管理越精细，但成本也越高。一般情况下，最高一级分区宜为各供水营业或管网分公司管理区域，中间级分区宜为营业管理区内分区，一级和中间级分区为区域计量区，最低一级分区宜为独立计量区域（DMA）。DMA 的数目由当地管网规模和 DMA 的大小共同确定。

独立计量区域一般以住宅小区、工业园区或自然村等区域为单元建立，用户数一般不超过 5 000 户，进水口数量一般不超过 2 个，DMA 内的大用户和二次供水设施应装表计量。鼓励在二次供水设施加装水质监测设备。图 7-2 所示为采用了三级分区计量管理模式的管网管理示意，其中包含了 2 个一级分区、5 个二级分区、若干个三级分区，三级分区为 DMA。

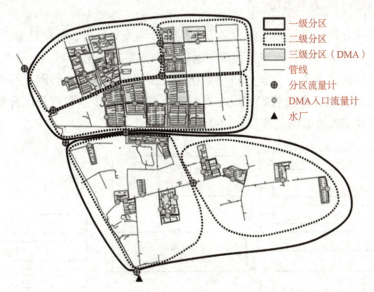

图 7-2　一级、二级、三级分区示意

7.3　分区计量实施与应用

分区计量实施与应用流程如图 7-3 所示。

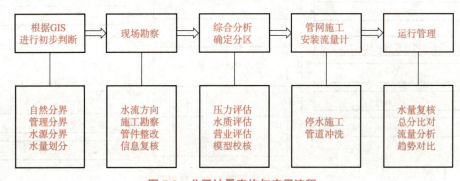

图 7-3　分区计量实施与应用流程

7.3.1　分区计量管理技术路线

分区计量有以下两种基本实施路线。

（1）由最高一级分区到最低一级分区（或 DMA）逐级细化的实施路线，即自上而下的分区路线。

（2）由最低一级分区（或 DMA）到最高一级分区逐级外扩的实施路线，即自下而上的分区路线。

自上而下和自下而上的分区路线各有优势，互为补充。供水单位可根据供水格局、供水管网特征、运行状态、漏损控制现状、管理机制等实际情况合理选择，也可以根据具体情况采用两者相结合的路线，即上下结合的分区路线。

7.3.2　分区计量管理方案编制

城镇供水管网分区计量管理实施方案应包括现状调查与分析、分区计量管理实施路线、总体设计方案、工程量与投资预测、管理与运行维护方案和效果预测。

通过供水管网现状调查，综合分析供水格局、供水管网特征、管网运行状态、漏损控制现状等基础信息，综合考虑管理、成本等因素，编制城镇供水管网分区计量管理实施方案。分区计量管理实施方案编制流程如图 7-4 所示。

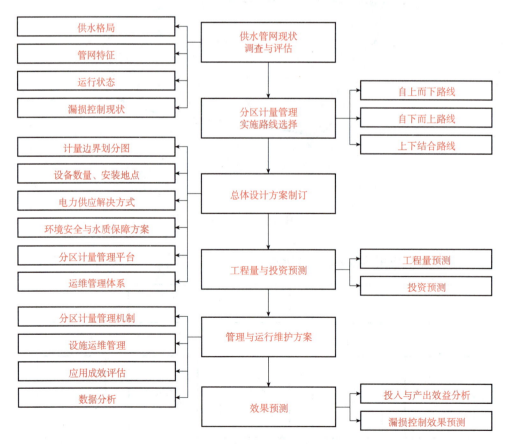

图 7-4　分区计量管理实施方案编制流程

1. 供水管网现状调查与评估

供水管网现状调查与评估是确定分区计量管理实施路线、制订实施方案的工作基础，主要包括供水格局、管网特征、运行状态、漏损现状等评估内容。供水格局主要包括水厂位置、供水方式、供水范围、供水规模、二次供水、地形地势等。管网特征主要包括管网拓扑结构、管网材质、铺设年代、管径和空间分布及管网地理信息系统（GIS）等。管网运行状态主要包括流速、流向、水压和用户用水量空间分布等。漏损现状主要包括管网漏损率、管道漏点监测、漏损控制技术应用现状和相应管理措施等。

2. 实施路线选择

供水单位应按照分区计量管理的基本原则，在供水管网现状调查与评估的基础上，结合供水管理机制，选择技术可行、经济合理的分区计量管理实施路线。一般情况下，基础资料较完善的管网、拓扑关系简单的管网、以输配水干线漏损为主的管网，宜优先采用自上而下的分区路线。基础资料不完善的管网、拓扑关系复杂的管网、以配水支线漏损为主的管网，宜优先采用自下而上的分区路线。各地也可以根据实际情况综合采用上述两种分区路线。

📝 典型案例

天津市供水管网分区计量管理案例

（1）实施路线。自上而下。

（2）实施路线选择。结合天津市供水管网现状和地理条件，利用供水管网途经的河流、铁路等物理屏障，参考行政管理区划确定分区边界，确定了自上而下的进行分区的实施路线。

（3）建设一级分区。沿海河、北运河过河管加装9个流量计，将市区供水一分为二，形成了市南与市北两大区域。

（4）建设二级分区。在一级分区的基础上，对市南及市北区域继续实施区域划分，共计加装了98具流量计，划分了13个二级分区，按照营管合一模式组建10个营销分公司。

（5）建立三级分区。在13个二级区域内加装76具流量计，划分27个三级计量区，在漏损率、漏损水量分析上更加精细。

（6）建设DMA试点。选择6个居民小区，将考核水表更换为流量计，同时安装压力传感器，开展独立计量区域（DMA）试点运行管理。

---

3. 总体设计方案制订

总体设计方案内容包括供水分区级别确定、边界划分、计量与确定其他监测设备数量及安装地点、寻找电力供应解决方式帮环境安全与水质保障方案、设计分区计量管理平台，以及构建运维管理体系等。

总体设计方案原则上宜以供水管网GIS和管网水力模型为依托，结合旧城改造、老旧小区改造、棚户区改造、二次供水设施改造等，因地制宜、科学制订。对于新建管网，应在城镇供水设施建设相关规划和管网施工设计中，统一按分区计量管理模式进行规划设计和建设；对于现状运行管网，应根据分区计量管理实施路线，突出漏损管控重点，工程措施与管理措施相结合，分步推进。方案中分区的划分应尽量减少关闭阀门的数量，减小对管网正常运行的干扰和对局部管网水质的影响。

4. 工程量与投资预测

分区计量管理项目实施方案应对工程量、实施周期、项目投资进行预测。项目工程量预测包括道路开挖、监测设备加装、配套管网设施完善、分区计量管理平台建设等。项目投资预测包括流量计量设备、压力与水质监测设备、压力调控设备、数据采集与远传设备、必要的管网附属设施等硬件费用；分区计量管理平台开发等软件费用；道路开挖、设备安装、相关管线工程等施工费用；监测设备维修维护费用、井室维护费用、电力和通信费用、运行维护费用等日常运行费用。

5. 管理与运行维护方案

分区计量管理与运行维护方案应当包括的内容有分区计量管理机制、设施运维管理、分区计量应用、应用成效评估和数据分析上报。

6. 效果预测

根据管网现状漏损水平和分区计量管网总体设计方案，预测分区计量项目实施后的漏损控制成效，开展投入与产出效益分析。

7.3.3 分区计量管理项目建设

分区计量管理项目建设可划分为三个阶段，分别是项目设计、项目施工、项目验收。分区计量管理项目设计内容包括分区边界划定、监测设备选型、工程施工设计、管理平台设计等。项目施工时，供水单位应加强施工过程质量监管，确保分区计量项目建设质量，同时应采取必要的保障措施，尽量减少对正常供水的影响。分区计量管理项目施工完成后，供水单位应依法组织工程质量验收、管理平台验收和数据质量验收。本节将对项目设计部分进行详细介绍。

1. 分区边界划定

（1）分区边界宜以安装流量计量设备为主、以关闭阀门为辅的方式划定。根据需要可以在分区边界处设置水质、水压、漏点及高频压力等其他监测项目。鼓励在二次供水设施加装流量计量设备的同时，加装水质监测设备。对于采取关闭阀门形成分区边界的区域，应加密设置水质、水压监测点、管网冲洗点和排气阀等，保障管网水质和水压安全。

（2）为保障分区划分质量，提高供水企业的精细化管理、网格化管理水平。首先，分区划分后应有利于产水和售水分离，满足供水企业管网产销差、漏损率统计，相关指标分解及目标考核；有利于明晰责任边界，为厂网分离运营及进一步划分供水营业管理区域提供条件。其次，尽可能在原有管网结构基础上划分分区，减少工程改造量，并能从水厂至管网至小区终端用户逐级实现全覆盖，形成完整计量传递体系和数据链。再次，在管网新建、改造设计时，应充分考虑分区计量边界的调整、移建及增补，便于供水主干管网及不同压力区域的流量、流向、压力等水力参数的在线监控，以指导供水调度及运行决策。最后，针对漏损高发区域、管道材质薄弱区域，可单独分区或缩小分区范围。

（3）确定分区规模时，需要考虑用户数、用水量空间分布、供水面积、管线长度、支管数量、水力条件、经济因素及漏损反馈灵敏度等因素；需要满足管理需求，减少计量设备，结合地势高程、压力分布设置分区，实行分区计量、分区控压，以保障控制区内压力合理。应尽量减少对管网运行的影响，对用水规律性强、夜间最小流量稳定，以居民、行政、办公类用户为主的区域，分区范围可适当加大。表 7-1 所示为某供水企业在广泛探索实践中逐步形成的分区计量建设体系。

表 7-1 某供水企业的分区计量体系

分区级别	层级关系	划分依据	划分方式
一级分区	总公司、营业分公司	以行政区域地理分布为主，综合兼顾供水安全和用户服务质效	以安装流量计＋远传为主，关闭连通阀门为辅
二级分区	营业分公司、子公司	以区域内供水管网拓扑结构分布为主，综合兼顾子片区净水量大小（一般以不大于 200 m³/h 为宜）	
三级分区	子片区小区、农村、支线考核及终端用户	以片区内供水管道同用户接水管道连接关系为主	以安装机械水表＋远传为主，关闭连通阀门为辅
四级分区	住宅小区总表、单元表	以住宅小区内总管道同单元楼道立管连接关系为主，建立总分表关系	以安装机械水表为主
五级分区	单元（楼道）表、终端用户	以单元楼道立管同用户表连接关系为主，建立总分表关系	

2. 监测与计量设备选型

流量计量设备应具备双向计量功能，设备量程、准确度应与管道实际流量相匹配，并结合供水单位实际情况进行设备选型。水压、水质、漏点监测宜选用高可靠性的设备。监测设备应具备可靠的数据远传功能，并应附带接地、抗干扰和防雷击等装置。在有市电情况下，宜优先采用市电，不具备市电条件的，可采用电池供电。

供水企业计量设备选择过程中的常用方法如下。

（1）结构适配方法。供水管道能够停水安装的情况下，建议选用管段式电磁流量计；供水管道不能够停水安装的情况下，建议选用插入式电磁流量计或插入式超声波流量计。

（2）流态适配方法。流态稳定、流速较高且确保满管、无气泡、无外界电磁干扰的情况下，建议选择标准管段式电磁流量计或插入式电磁流量计；流态不稳定、流速不稳定（时高时低），又不能确保满管、有气泡现象；同时，又存在外界电磁干扰的情况下，建议选择高性能的垂直螺翼式水表。

（3）管线适配方法。市政配水干线一般口径范围为 $DN300 \sim DN3\,000$，通常选用管段式电磁流量计配备远传装置，流速为 $0.5 \sim 12$ m/s，准确度等级要求为 0.5%。如果实际流速低于 0.3 m/s，需要根据实际使用流速范围标定。

小区管线一般口径范围为 $DN100 \sim DN200$，建议选择宽量程的电磁或超声波水表，满足采集夜间最小流量的性能需求，小区考核表井工况条件相对复杂，需要具备 IP68 防水性能，并实现数据远传。

入户管线覆盖口径范围为 $DN15 \sim DN400$，需按口径和月度水量情况综合考虑选择表型，根据《城镇供水管网分区计量管理工作指南》的参考数据，$DN50 \sim DN200$ 的大水量用户建议选择宽量程的电磁或超声波水表，$DN300$、$DN400$ 口径建议选择电磁流量计或电磁水表。

3. 工程施工设计

分区计量管理工程施工设计内容包括流量计量、阀门、水质水压监测、数据采集与传输装置等设备，设备安装井室，以及其他水质保障和漏损控制措施等施工设计等，并符合设备安装要求。

分区计量管理工程施工设计应与旧城改造、老旧小区改造、棚户区改造、二次供水设施改造相结合，管网新建与改造相结合，同时满足管网分区计量监测和供水安全保障要求。

4. 管理平台设计

分区计量管理平台一般应基于管网 GIS（地理信息系统）设计，应具备用户数量、用水量、分区进（出）水量、夜间最小流量、水压、水质等数据的存储、统计分析及决策支持功能。分区计量管理平台应加强与调度、收费、表务、二次供水设施管理等其他管网管理系统的数据融合，促进管网运行管理与收费管理相结合。分区计量管理平台应增强数据保密性，保障数据安全可靠，抵御网络攻击。

7.3.4　分区计量的应用

基于 DMA 可以实现基于水量平衡分析的漏损现状评估、物理漏损研判，以及基于 DMA 和噪声监测的渗漏预警、基于 DMA 和智能调度的分区控压。

运用 DMA 分区计量进行漏损管理已经日益成为行业共识。其实时监测管网可持久、稳定地进行漏损控制管理，让产销差一目了然，有效协助水司规划控漏目标。同时，DMA（分区管理）是智慧水务中的一种重要应用。DMA 系统由于技术壁垒不高，成为庞杂完整的智慧水务系统施行的敲门砖和试金石。具体而言，主要体现在下述几个方面。

（1）存量漏损控制。通过对供水管网分区内流量、压力、大用户水量等重要参数进行分析，合理评估各分区漏损水平，确定漏损严重区域。依据《城镇供水管网漏损控制及评定标准》（CJJ 92—2016）规定，开展漏损水量分析，确定漏损构成。根据分析结果，有针对性地采取压力控制、管线探漏、维修维护、管网改造、营业稽查、计量管理等控漏措施。

（2）新增漏损控制。通过分区计量流量实时监测，掌握各个分区的水量变化规律，依据实时监测数据和夜间最小流量的变化，判断是否出现新增漏损，有效指导人工检漏，提高检漏工作效率，缩短漏点的检出时间。

（3）突发性管网事件预警。通过分区计量系统能够及时发现并处置水量异常事件，有效减少水量损失和社会负面影响。

（4）利用分区计量管理平台监测相关数据，供水单位可建立漏损管理体系，不断提升管网管理和漏损控制水平，充分发挥分区计量系统的应用成效。

7.4　分区计量物理漏损分析方法

7.4.1　物理漏失水量的估算

DMA 分区的物理漏失水量实际上是指该分区内干管和用户支管的管道漏损水量。由于 DMA 区域的管网规模相对较小，大多数 DMA 分区内不含有任何水库或主干管，尤其是三级 DMA 分区，其服务用户甚至可能仅为一个小区。因此，在分析 DMA 区域内的物理漏损时，主要考虑区域内干管和用户支管的管道漏损水量。若 DMA 区域内干管发生漏水，则该漏点在检出前，其一天内的持续时间应为 24 h。若用户支管发生漏水，则该漏点在检出前，其一天内的漏失水量应与用户全天需水量的变化趋势相吻合，即早晚用水高峰时段，漏失水量较多，夜间用水低峰时段，漏失水量较少。基于上述两种漏损情况的特性，可以通过分析夜间最小流量的变化判断该 DMA 区域是否存在流量异常。

为了估算 DMA 的漏失水平，通常需要计算出 DMA 分区的净夜间流量，其值是用最小夜间流量减去夜间用水流量得到的。图 7-5 所示为典型居民生活用水的 DMA 区域流量变化曲线。

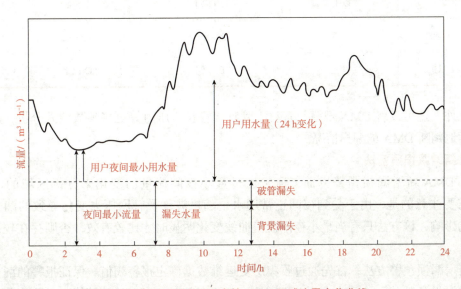

图 7-5　典型居民生活用水的 DMA 区域流量变化曲线

最小夜间流量是指一个周期（以 24 h 为一个周期）内的最小流量，通常发生在大多用户不用水的夜间。尽管在夜间用户需水量是最小的，但是分析过程中仍然需要考虑少量的合理夜间流量，也就是夜间用户的用水量，如冲厕所、洗衣机用水等。

计算漏失水量时，可以使用水量平衡分析或最小夜间流量方法。若 DMA 区域内水表安装率达 100%，则可通过计量该 DMA 区域内每小时所有非住宅的夜间流量和部分（如 10%）住宅水表记录水量的方法估算合法夜间流量。若 DMA 区域内水表安装率未达 100%，供水企业需要先对该 DMA 区域内的所有住宅和非住宅用户进行调查，确定每个用户类型（住宅、商业、工业及其他类型用水）连接的支管总数量，然后结合其他 DMA 区域的数据，估算出每个用户类型的夜间流量系数，再乘以每个类型的支管数量，即可估算出该 DMA 区域的合法夜间流量。

7.4.2 基于 DMA 的存量漏损评估与新增漏损预警

对 DMA 分区物理漏失的分析通常采用存量漏失和新增漏失两种分析方法实现，这是由其成因决定的有效分析方法。

1. 存量漏损评估

存量漏损评估是指对当前存在的漏损进行诊断，判断其合理性。目前常采用最小夜间流量 / 日平均流量、单位管长夜间净流量、单位服务连接夜间净流量、管网漏失指数（ILI）四种指标对 DMA 的存量漏损进行评价，可根据评估结果进行分类，一些经验数值见表 7-2。

表 7-2　DMA 存量漏损指标

最小夜间流量 / 日平均流量	单位管长夜间净流量 / [$m^3 \cdot (km \cdot h)^{-1}$]	单位服务连接夜间净流量 / [$m^3 \cdot$ (服务连接 $\cdot h)^{-1}$]	管网漏失指数 (ILI)	所处类别
30% 以下	1 以下	30 以下	1～8	A（较好）
30%～40%	1～3	30～60	8～32	B（一般）
40% 以上	3 以上	60 以上	32 以上	C（较差）

此外，还可以将 DMA 规模、管材、管龄、管长、压力等更多参数纳入分析，从而更加科学地判断 DMA 的漏损情况。

2. 新增漏损预警法

在 DMA 新增漏损预警方面，通常通过最小夜间流量的变化来分析区域的流量异常。需要注意的是，由于受到夜间正常用水量随机波动及管网压力变化导致的漏失水量变化的影响，该方法只有当最小夜间流量曲线变化明显时才比较有效，否则存在较高的误报率。

新增漏损预警方法，首先通过收集历史运维数据确定报警阈值，保证报警的漏点在现有的检漏设备基础上均可检查到。不同地区需要有其对应合理的预警值，以防止漏报及误报。为了保证预警值可以通过目前检漏方法探测出，需要收集管网漏损历史数据，分析管网漏损预警阈值。其次分析每日最小夜间流量和日均流量的 7 日移动均值，以及加权移动均值（从第一个数据到当日数据的所有数据的平均值），当两者的上升幅度均超过设定的阈值时，可及时对管网新增漏点进行预警，最大化减少管网漏失水量。实施流程如图 7-6 所示。基于夜间最小流量的 DMA 分区流量分析结果，利用其趋势的变化能比较容易地判断流量是否异常，给出近期流量的变化幅度，这样可以设置不同的预警值，给出报警，同时给出处置意见。

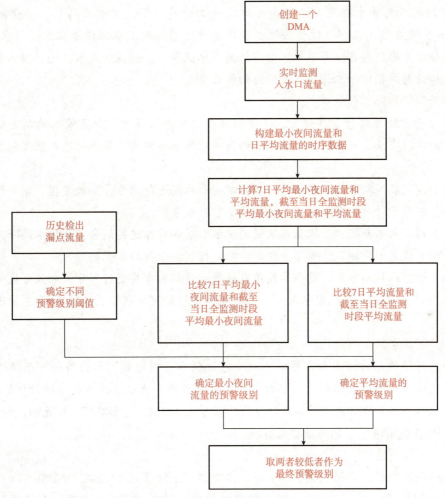

图 7-6　漏损预警实施流程

上述的两种分析方法虽然是采用 DMA 分区进行物理漏失控制的基本方法，但是两者的作用与效果有所不同，新增漏损预警方法能有效、快速地发现新出现的漏失情况和管网老化的趋势，但对于整体供水管网的物理漏失水量来说只是做到抑制上升的趋势，很难产生降低的效果。若要对整体供水管网的物理漏失水量进行降低，则需要依据存量漏失分析得出的 DMA 分区的具有针对性的改善方法和优先级进行考虑与实施，并同时有效抑制新增漏失水量才能综合实现物理漏失水平的整体下降。

案例引入

某高校校园 DMA 实施策略

1. 学校供水管网现状分析

学院是一个山水生态校园，拥有大小湖泊 5 个，山水面积占总占地面积的 65%。学院占地面积为 2 067 亩[①]，校舍建筑面积为 32.83 万 m²，图书馆面积为 2.84 万 m²，现有全日制在校生 13 000 人。学校一年内用水高峰期日均水量在 4 000 m³ 左右，即使是暑假期间，无学生在校、学院内无建筑施工的情况下，学校日均用水量仍然超过 2 000 m³，存在较大漏损。学院的供水管网虽然能够满足基本的供水需求，但在计量、监控和管理方面仍存在诸多不足。为了提高供水效率、降低运营成本，进行供水管网分区计量建设与漏损评估工作显得尤为迫切和必要。

2. 分区策略及划分依据

在进行学校分区计量建设时，研究制定合理的分区策略。分区策略的制定综合考虑学院的建筑布局、用水特点、管网结构及管理需求等因素。具体的划分依据包括以下 3 点。

（1）建筑类型与功能。根据建筑物的类型和功能进行划分，如教学楼、宿舍楼、图书馆等，以便于针对不同类型建筑进行用水管理和分析。

（2）用水需求与规律。根据各区域的用水需求和规律进行划分，如用水高峰期的区域、用水量较大的区域等，以便于更加精准地控制和管理用水量。

（3）管网结构与布局。结合学校现有的管网结构和布局进行划分，确保分区的合理性和可行性。同时，还应考虑未来管网扩建和改造的可能性，为未来的供水管理预留空间。

3. 分区计量规划方案

分区计量规划方案本着以尽量不改变学院供水管网结构、水力条件、确保供水保障、水质安全为原则，依据管网拓扑关系、基础数据、地理条件等因素进行规划设计，结合学院内用水实际情况，将学校划分为三级分区（DMA1、DMA2、DMA3，如图 7-7 所示。图中 DMA4 为实训基地建设区域）。

4. 分区计量建设

经过现场勘察，学院现有 2 路水源，分别位于东门进门 20 m 处 *DN*200 管及西门门外山体一侧 *DN*300 管。通过求证，2 路水源为独立供水，中间未连通。分区规划方案中在东西区进水口各加装 1 块监控总表（图 7-8）。

5. 分区计量管理平台搭建

为了方便对分区计量系统进行管理和维护，需要搭建一个功能完善的分区计量管理平台（图 7-9），该平台应具备以下功能。

---

① 1 亩 ≈ 667 m²。

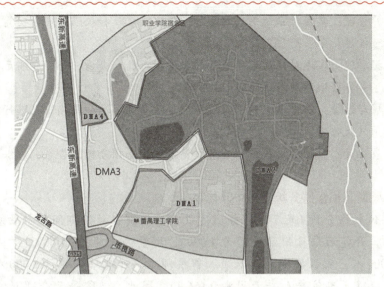

图 7-7　三级分区示意

图 7-8　计量仪表现场施工安装

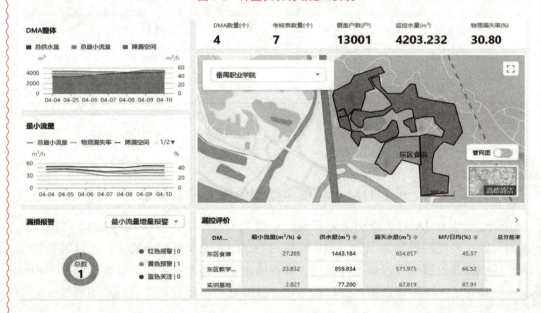

图 7-9　分区计量管理平台

（1）用户管理：实现对系统用户的添加、删除、修改和权限管理等功能，确保系统的安全性和可控性。

（2）数据管理：实现对采集到的流量数据进行存储、查询、分析和展示的功能，方便用户随时了解各区域的用水情况。

（3）报警与预警：根据设定的阈值或规则，对异常用水和漏损情况进行报警或预警提示，帮助用户及时发现和处理问题。

（4）报表生成：自动生成各区域的用水量报表、漏损分析报告等，为供水管理提供决策依据。

6. 供水管网漏损数据分析

通过整体数据分析（表7-3），分区建设前后学院在放假期间用水量基本维持在2 000 t左右，开学后每日用水量约为4 000 t，增量部分约为2 000 t。学院师生总计人数为13 000人，放假期间施工人员、留校师生、外来培训等计1 000人，增量用水/在校人口得出单位每人每天用水0.166 7 t。因此，学院每天合理正常用水量为13 000×0.166 7＝2 167（t），综合降漏空间为4 000－2 167＝1 833（t/d）。根据DMA监测水表瞬时漏损流量62.5 m³/h（计量器具误差取国家允许的合理误差值2%进行折算）估算，实际降漏空间不低于1 500 t/d（62.5 m³/h×24 h＝1 500 t/d），每年可降低漏损预计达54.75万 t（1 500 t/d×365 d＝547 500 t）。

表7-3 漏损数据分析统计

序号	区域	日用水量 /m³		日漏损水量估算 /m³	漏损占比 /%	年降漏空间 / 万 t
		寒假期间	开学后			
1	整体	2 119	3 942	1 500	38.08	54.75
2	东区食宿	544	1 302	431	33.18	15.73
3	东区教学楼	517	861	389	45.18	14.20
4	西区宿舍	1 058	1 779	680	38.22	24.82

 知识拓展

基于DMA和噪声监测的渗漏预警技术

通过基于DMA的水量平衡分析或最小夜间流量方法，可以评估DMA区域内的漏损现状，发现漏损异常现象，缩短发现时间，但无法实现漏点的定位。分区预警以噪声监测设备的管网噪声数据为基础，应用供水管网漏水噪声的大数据识别技术和相关定位技术，实现对管道漏点的准确定位，并结合工单流程，实现漏点的高效响应和处置。

同时，通过结合分区计量的管理应用，可有效检测出 DMA 区域内难以发现的小背景漏失和采用人工方式难以听到的疑难漏点，推动人工检漏与科技检漏的无缝衔接，实现对管网漏水噪声、管道流量、管网压力的全方位综合监测，建立精细化的主动控漏工作机制，构建完整的供水管网渗漏预警体系，及时发现并处置漏点隐患，提升管网安全预警能力和信息化管理水平，降低漏损水量，预防爆管，对保障城市安全供水发挥积极作用。

复习思考

一、填空题

1. 根据《城镇供水管网分区计量管理工作指南》的建议，分区计量管理是指将整个城镇公共供水管网划分成若干个供水区域，进行流量、压力、＿＿＿＿＿＿和漏点监测，实现供水管网漏损分区量化及有效控制的精细化管理模式。

2. 分区边界宜以 ＿＿＿＿＿＿ 为主、以 ＿＿＿＿＿＿ 的方式划定。

3. DMA 应用成效评估指标分为一级评估指标和二级评估指标。一级评估指标包含＿＿＿＿＿＿、管网压力合格率、＿＿＿＿＿＿、用户服务综合满意度等。

二、选择题

1. 计量分区的实质在于，将被动的漏损统计变为（　　　　）的漏损控制。

　　A. 常规　　　　　　　　　　　　　B. 地面

　　C. 主动　　　　　　　　　　　　　D. 简易

2. 独立计量区域（DMA）内的用户一般不超过（　　　　）户，进水口不超过 2 个。

　　A. 5 000　　　　　　　　　　　　B. 100

　　C. 10 000　　　　　　　　　　　D. 1 000

3. 分区计量的日常维护中，应加强阀门密闭检查，可采取零压测试，关阀放水等措施，定期检查，确认关闭阀门的（　　　　）。

　　A. 密闭性　　　　　　　　　　　　B. 口径

　　C. 工具　　　　　　　　　　　　　D. 品牌

4. 分区计量管理体系建设完成后，应积极发挥其在漏损控制上的应用水平，主要包括合理评估漏损现状、有效控制存量漏损和及时发现（　　　　）漏损。

　　A. 地面　　　　　　　　　　　　　B. 增量

　　C. 阀门　　　　　　　　　　　　　D. 夜间

5. 作为供水系统实现漏损量化管理的方式之一，可以将供水管网划分为若干供水区域，对每个供水区域的水量、水压进行监测控制。根据管网系统的大小和数据分析方法的不同，可以采用区域管理和（　　　　）两种分区方式。

　　A. 营销区　　　　　　　　　　　　B. 调度区

C. 独立计量区域   D. 行政区

三、判断题

1. 分区计量管理可以帮助管理者制订更为合理的管网设施维修和更换计划。（   ）

2. 在制订分区计量管理总体设计方案前，不用到现场勘察并进行相关记录。（   ）

3. 通过对 DMA 分区的流量、压力、非居用户、二次供水等重要参数的监控分析，可以对 DMA 片区漏损水平进行合理评估。   （   ）

4. 供水管网分区计量（DMA）是控制城市供水系统水量漏失的有效方法之一。（   ）

四、简答题

针对不同分区规模、分区级别、DMA 区域的实际情况，如何选择相应的计量封闭性检验方法？

项目 8

供水管网漏损智能监测

思维导图

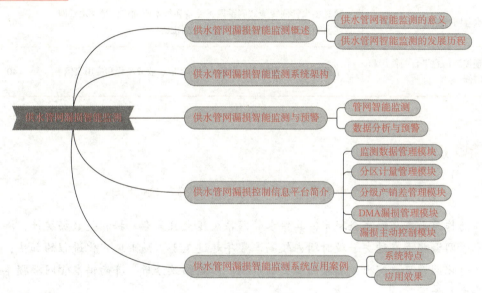

学习目标

在当前信息化、智能化技术蓬勃发展的背景下，供水管网漏损智能监测成为提升供水管理效率和降低漏损率的关键手段。通过引入先进的智能监测技术，可以实现对供水管网状态的实时感知、预警和精确定位，从而大幅度提升漏损控制的效率和准确性。

为了更好地推进供水管网漏损智能监测工作，从事漏损控制相关工作的人员需要深入理解智能监测技术的原理和应用，掌握智能监测系统的构建和运维方法，熟悉如何通过智能监测数据分析管网漏损特点，优化漏损控制策略。

通过本项目的学习，达到以下目标。

1. 知识目标

了解智能监测技术在供水管网漏损控制中的起源、应用现状和发展趋势；掌握智能监测系统的硬件设备、软件系统和基本原理；熟悉智能监测技术的数据分析方法和预警系统；了解如何通过智能监测数据优化漏损控制策略。

2. 能力目标

能够构建和维护供水管网智能监测系统；能够利用智能监测数据进行漏损原因分析和定位；能够基于智能监测数据优化漏损控制策略，提升漏损控制效率。

3. 素养目标

认识到智能监测技术在供水管网漏损控制中的重要作用，树立科学、精准、高效的漏损控制理念；具备创新精神和探索意识，能够不断推动智能监测技术的创新和应用；具备团队合作精神和良好的沟通能力，能够与多方协同推进漏损控制工作。

教学要求

知识要点	能力要求	权重 /%
供水管网智能监测与预警	熟悉供水管网智能监测手段、设备和技术原理；熟悉供水管网智能监测数据分析与预警的方法和技术原理	60
漏损控制信息平台的使用和应用实例	了解供水管网漏损控制信息平台的构成、业务流程和应用实例	40

情境引入

济南水务集团供水管网漏损智能监测项目

济南作为山东省的省会城市，其供水管网系统庞大且复杂。据相关数据统计，济南城区供水管网漏损率在过去一段时间内较高，常年超过12%。随着城市化进程的加快，供水管网的老化问题日益突出，漏损问题更加严峻。经过细致分析，济南供水管网漏损率较高的主要原因如下。

（1）仍过于依赖传统漏损检测手段，包括人工巡检和被动报修，这种低效、被动的检漏手段难以及时发现隐蔽的漏点，导致漏损问题长期存在。

（2）济南城市供水管网发布错综复杂，缺少清楚、准确的管线图纸，导致漏点难以精准定位，无法及时修复。

针对以上问题，济南水务集团大力引进先进的供水管网漏损智能监测项目，通过加装各类监测设备（如压力传感器、智能流量计、噪声记录仪等），建立了一套可以实时监测流量、压力、噪声等数据的智能分析体系，实现了对供水管网各项基础数据的可视化反馈。该系统还采用地理信息系统（GIS）技术，将各级分区的监测设备分布情况投放至地图上，实现了一图感知。结合地图分布，分区整体建设情况一目了然，便于调度和管理。当数据出现异常时，系统会自动进行预警，为控漏降差提供精准化导向。其中，集团创新性引入100台先进型号噪声记录仪，对主城区的一级和二级管网进行流动式布控。通过密集布点，有效发现不易被常规手段检测的漏水问题。

2023年某日，济南水务集团在供水管网漏损智能监测系统上监测到主城区第四分区七贤加压站区域供水量出现异常。工作人员结合压力传感器和噪声记录仪的实时监测数据展开评估和分析，初步判断济微路片区可能存在管网漏水问题。地面检漏人员结合GIS地图技术，很快在山凹庄路发现一处DN300开口的管网破损，并迅速进行了定点修复。修复后，夜间最小流量从原来的930 m³/h降至590 m³/h，每小时节约340 m³水量，日节约供水量达到约8 160 m³。

随着济南城区供水管网漏损智能监测系统的稳定运行和进一步升级，济南2023年供水管网漏损率已大幅降至9.16%，并计划进一步降低。济南市已设定了雄心勃勃的控漏目标，即到2025年将城镇供水管网漏损率降至7.8%以内。

资料来源：《齐鲁壹点》关于济南水务集团供水管网漏损智能监测项目的报道（2023年）。

8.1 供水管网漏损智能监测概述

供水管网信息化管理是实现供水管网科学、高效管理与优化运行的有效方式。供水管网漏损智能监测是指利用物联网、大数据、AI等新一代信息技术，对供水管网中的流量、压力、声波等关键参数进行实时监测与分析，及时发现管网供水异常，准确测算出区域的漏损情况，并精准查找到漏点，为供水企业提供有效决策支持的一种智能化监测系统。这种系统通过集成传感器网络、数据传输网络、数据中心和应用平台等多个组成部分，实现了对供水管网漏损情况的全方位、智能化监控。

8.1.1 供水管网智能监测的意义

城市供水管网的复杂性和广泛性使传统被动式的人工巡检方式难以做到全面覆盖和及时发现漏损。如果供水管网漏损未得到妥善处理，可能会对环境造成严重影响。这些漏损的水可能渗入地下，导致土壤污染；也可能流入河流、湖泊等自然水体，造成水体富营养化等环境问题。同时，传统的人工巡检和漏损处理方式不仅效率低下，还成本高昂。这主要体现在人工巡检的劳动强度大、风险高，以及漏损修复过程中的材料消耗和维修工作量等方面。

供水管网信息化管理系统是智慧城市建设的重要组成部分。管网漏损控制信息化管理又是供水管网信息化管理的重要组成部分。2022年1月，住房和城乡建设部办公厅、国家发展和改革委办公厅印发《关于加强公共供水管网漏损控制的通知》，明确指出要开展供水管网智能化建设工程：推动供水企业在完成供水管网信息化基础上，实施智能化改造，供水管网建设、改造过程中同步铺设有关传感器，建立基于物联网的供水智能化管理平台。对供水设施运行状态和水量、水压、水质等信息进行实时监测，精准识别管网漏损点位，进行管网压力区域智能调节，逐步提高城市供水管网漏损的信息化、智慧化管理水平。

供水管网智能监测系统的引入，如同为供水管网安装了一套高精度的"听诊器"，通过

249

自动化、智能化的手段，实现了对管网的全面、实时监测。基于管网实时监测的信息采集与管理，能够有效支持对管网的实时优化调度、压力管理、管网系统检修与维护，其应用不仅降低了人工巡检的成本和风险，还降低了环境污染的风险，减少了不必要的开挖工作量和材料消耗，还能够实时捕捉到管网中的微小异常信号，化被动堵漏为主动控漏，实现对漏点的精准定位，做到高效响应和处置，有效避免了水资源的持续浪费。特别是对漏损高风险区域的关键供水指标进行实时监测和预警，可以提前发现并处理潜在问题，确保供水的连续稳定，提高供水服务质量。

此外，供水管网漏损智能监测系统的广泛应用，也为水务行业的数字化转型和产业升级提供了技术支撑和数据基础。通过引入智能监测技术，水务企业能够实现更加精细化的管理和运营，降低运营成本，提升经济效益，增强可持续发展能力。如果集成到城市综合管理平台中，还可以实现与其他市政设施数据共享、协同工作，提升城市管理的智能化水平。

 **知识拓展**

供水管网漏损智能监测应用

1. 精准定位、快速响应

广州市作为中国南方的大都市，供水管网系统庞大且复杂。为了应对管网漏损问题，广州市自来水公司引入智能监测系统，结合高精度传感器和物联网技术，对供水管网进行全面监控和管理。该系统利用物联网技术实时采集各区域的水量数据，通过水量平衡分析表将漏损分类处理，针对性地采取控漏措施。广州市自来水公司针对老旧管网和重点漏损区域，部署噪声监测仪等智能设备，实现对微小漏点的精准定位。一旦智能监测系统发现异常信号（如夜间最小流量突增、总分表水量不平衡等），立即触发报警机制。系统将准确的位置信息和漏损情况发送给维修人员，维修人员通过手机 App 等终端即时接收信息。维修人员迅速响应，携带专业设备前往现场进行核查和修复，大大缩短了响应时间。

2. 企业降本增效

上海自来水公司作为一家大型供水企业，近年来面临着供水管网漏损带来的挑战。为了降低运营成本并提升经济效益，该公司决定引入供水管网漏损智能监测系统。该智能监测系统实现了水量、流速、水压、声波的实时监测，还帮助上海自来水公司大幅减少了人工巡检的频率和劳动强度。据统计，相比传统巡检方式，智能监测系统使得人工巡检成本降低了约30%；该系统能够精准定位漏点，避免了不必要的开挖工作，从而减少了维修材料消耗和开挖成本。据估算，通过精准定位，每次漏损修复的平均成本降低了约25%；智能监测系统通过数据分析和深度学习，为上海自来水公司提供了科学的供水调度方案。这使公司能够更加合理地分配水资源，提高了供水效率，从而增加了企业的收入。据初步估算，通过优化供水调度，企业的年收入增加了约5%。

3. 供水策略调整

广东某沿海城市在夏季经常遭遇台风影响，导致供水管网受损，居民用水困难。为应对这一问题，该城市引入智能监测系统，并结合气象预警信息，提前调整供水策略。一次台风来临前，系统监测到气压急剧下降，预测可能引发管道爆裂，立即启动应急响应机制。通过远程调控，系统关闭了部分高风险区域的供水阀门，减少了台风期间因管道爆裂导致的停水面积。同时，系统实时监测水质变化，确保灾后供水安全。这一系列措施有效保障了居民在极端天气下的基本生活需求，提升了供水服务的可靠性和满意度。

4. 流量压力监测

铜陵市作为安徽省的一个重要城市，近年来在供水管网管理上取得了显著进步。通过引入供水管网漏损智能监测系统，铜陵市不仅提高了供水效率，还在环境保护方面取得了实质性成果。铜陵市通过 DMA（分区计量管理）和 NMA（噪声分区）的融合技术，实现了对供水管网的全面监测。当系统检测到异常流量或压力变化时，会自动触发报警机制。维修人员根据系统的精准定位，迅速找到漏点并进行修复，从而减少了水资源的浪费，防止了因漏损造成的土壤和水体污染。供水管网漏损智能监测系统不仅监测流量和压力，还实时监测水质参数，如浊度、余氯、大肠杆菌总数等，确保供水水质符合国家标准。一旦发现水质异常，系统会立即报警，通知相关人员及时处理，从而保障居民饮水安全，同时，也防止了污染物质进入自然环境。

5. 技术创新与产业升级

深圳市在近年来大力推进供水管网漏损智能监测系统的建设，通过这一举措，不仅有效解决了供水管网漏损问题，还推动了相关领域的技术创新和产业升级。深圳市在供水管网智能监测系统中广泛应用了先进的传感器技术，为了更精确地监测水流、水压和水质，该市引入了新型的高精度传感器，这些传感器能够实时监测并传输数据，为供水管网的稳定运行提供了有力保障。通过与科研机构和技术公司的合作，深圳市不断推动传感器技术的创新，研发出更加灵敏、准确的传感器设备，进一步提高了供水管网监测的精度和效率。深圳市供水管网相关管理企业利用大数据分析和人工智能技术，构建了深度学习模型，用于预测和识别供水管网的漏损情况。这些模型能够通过对历史数据的分析，发现漏损的规律和趋势，从而提前采取措施进行预防和控制，推动了相关大数据分析技术在水务领域的创新。通过智能监测系统的建设，深圳市推动了水务行业的数字化转型和产业升级。传统的水务管理方式正在被智能化的管理系统所取代，提高了整个行业的竞争力和可持续发展能力。

8.1.2　供水管网智能监测的发展历程

供水管网漏损智能监测起源于 20 世纪 60 年代至 70 年代，由于检测方式和设备的限制，这一阶段对供水管网漏损的检测还停留在人工被动检测的阶段，无法进行实时的监测。20 世纪 80 年代至 90 年代，随着计算机技术和通信技术的飞速发展，供水管网漏损检测技术的自动化进程显著加速。例如，开始运用泄漏噪声自动记录仪等设备，能够长时间自动监测并记录漏水声波特征，然后通过比对和分析这些特征来判断设备附近是否存在泄漏情况。监测供水管网流量、水压、声波等的传感器设备开始出现，但数据的记录仍然只能存储在设备上，需要人工进行读取。21世纪初至今，进入智能化发展阶段。传感器、大数据分析和人工智能技术的爆发式发展，使供水管网漏损智能监测系统开始得到广泛应用。尤其是2020年以来，欧美大型城市的供水管网开始安装更加精密的传感器，实时收集各种数据（如流量、压力、声波、水质等），并利用4G/5G网络、NB-IoT（窄带物联网）或Wi-Fi等技术进行数据传输，实时发送到数据中心或云服务器。此外，有线通信方式，如光纤传输，也可以用于数据的实时传输，特别是在需要高速率和大数据量传输的情况下。随着技术的不断创新和优化，现代的供水管网漏损智能监测系统已经具备了更高的准确性、时效性和智能化水平。例如，以色列、美国的一些城市开始采用无人机、卫星遥感等先进技术进行漏损监测并自动进行漏损分析，进一步提高了监测系统的效率和准确性。同时，随着物联网技术的不断发展，未来的智能监测系统有望实现更加全面和精细化的管网管理。

随着国内供水行业对漏损问题的重视，20世纪80年代中后期开始，国内一些大城市率先引进国外的先进漏损监测技术和设备，在此基础上，国内供水行业和研究机构开始结合国情进行技术研发和创新，分区计量检漏技术也在这一阶段得到了广泛推广和应用。信息技术的发展、政策的推动和行业的支持，有力推动漏损智能监测技术的研发和应用。近年来，国内在传感器技术方面取得了显著进步，高精度传感器被广泛应用于供水管网漏损监测中。这些传感器具备更高的测量精度和稳定性，能够准确捕捉管网的微小变化，为漏损监测提供更为可靠的数据支持。最新的应用显示，供水管网装配的智能传感器开始与边缘计算技术相结合，通过在传感器端进行初步的数据处理和分析，能够减少数据传输的延迟和带宽需求，提高响应速度。这种融合使供水管网漏损监测系统能够更快速地作出决策并采取相应的控制措施。

此外，漏损智能监测与大数据技术的融合也被视作目前漏损智能监测发展的标志。大数据技术可以整合来自各个监测点的海量数据，进行深度分析和挖掘。通过对历史数据和实时数据的对比、关联分析，可以发现漏损的规律和趋势，为供水企业提供科学的决策依据。基于大数据技术，供水企业还可以构建预测模型，预测未来的用水需求和漏损风险。同时，结合优化算法，可以实现水资源的合理调度和配置，提高供水系统的整体运行效率。

供水管网漏损智能监测系统结合先进的GIS技术，实现漏损的精准定位和快速响应。通过安装在管网中的传感器实时采集数据，并与GIS中的管网信息进行比对分析，能够迅速发现异常并定位漏点。这在很大程度上提高了漏损处理的效率和准确性。GIS还被广泛应用于供水管网的分区管理。通过将管网划分为若干个独立的水力区域，并对每个区域进行单独的计量和监测，可以更有效地识别和管理漏损。

8.2　供水管网漏损智能监测系统架构

供水管网漏损控制智慧管理平台整体架构如图8-1所示。其由物联感知层、数据计算分析层和数据应用层三个核心层次组成，它们之间相互关联、相互依赖，构成了漏损控制智慧管理系统的基本架构。物联感知层的作用是将现实世界中的各种信息转换为数字化的数据流，为后续的数据处理提供原始数据。数据计算分析层的作用是通过数据处理和分析，为数据应用层提供有价值的数据服务和支撑。数据应用层的作用是通过各种数字化、智能化、智慧化应用，实现对物联感知层的信息感知、业务管理、控制指令下达等，进而实现对整个物联网系统的全面管理和控制。

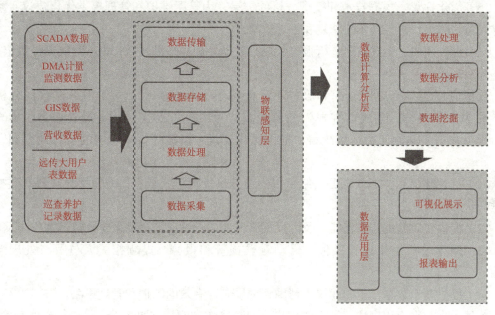

图 8-1　供水管网漏损控制智慧管理平台整理架构

1. 物联感知层

数据作为管网漏损控制的基础，其传输、处理及储存至关重要。物联感知层包括在线监测和网络通信，主要实现数据的采集、存储和传输，确保系统能够实时获取管网的各类信息，是实现数据资源化的重要保障。

（1）数据采集。通过传感器和监测设备实时收集供水管网的各种数据，包括 SCADA 数据、DMA 计量监测系统获取的压力、流量数据，GIS 所获取的地形坐标、管段结构等空间数据，营收系统的收费统计数据，以及巡检养护系统的巡检记录数据等。

（2）数据存储。对采集到的数据进行有效存储，以便后续的分析和查询。

（3）数据传输。通过网络将数据传输到计算分析系统，确保数据及时更新和共享。

此外，在物联感知层需要对采集的数据进行整合和备份，确保数据的完整性和可靠性；还需要保护数据不受外部攻击或损失，确保系统的稳定性和安全性。

2. 数据计算分析层

数据计算分析层汇聚所有监测数据，对采集的数据进行计算和分析，构建数据资源体系，帮助识别漏点，评估漏损状况，并提供相应的管理措施和建议。

（1）数据处理。对原始数据进行清洗、转换和整理，去除噪声和异常值，以保证数据质量。

（2）漏损检测。利用统计分析和算法模型识别潜在的漏点，分析流量和压力变化的异常情况。

（3）模式识别。通过机器学习或数据挖掘技术，发现供水系统运行中的规律和趋势，帮助识别常见的漏损模式。

（4）预测分析。基于历史数据和当前数据，进行趋势预测，评估未来的供水需求和可能的漏损风险。

（5）优化建议。根据技术和模型分析的结果，为管网维护和管理提供优化建议，帮助理解问题和趋势，指导具体的修复和管理策略。

（6）报告生成。生成数据分析报告，进行数据处理和结果展示，为后续决策提供依据。

3. 数据应用层

数据应用层包括应用支撑和服务、业务应用及终端展示。其作用是将数据分析结果转化为实际应用，生成运维报告和监控报告，通过可视化展示、报表输出、实时监控、预警和报警功能支持运维决策，提供优化建议，以提高供水管网的运行效率和管理水平。

（1）可视化展示。将数据分析结果以图表和仪表盘形式展示，方便用户理解和监控管网运行状态。

（2）提供实时数据监控功能，及时反馈管网的运行情况，帮助运维人员迅速作出反应。

（3）基于分析结果设置阈值，自动触发预警和报警，提醒相关人员及时处理潜在问题。

（4）提供基于数据分析的建议，帮助管理层制定有效的维护和管理策略。

此外，在数据应用模块，还提供用户界面和操作功能，方便运维人员进行操作和管理。定期生成的运维报告和分析报告，将为管理层的决策提供帮助。

数据中心、数据计算与分析及数据应用之间循环迭代。数据中心首先收集和存储原始数据，然后定期或实时将这些数据传输至数据计算与分析部分，即数据的流转；在数据计算与分析部分，数据经过处理和分析后，生成的结果和报告将反馈回数据中心，以便更新和存档，即进行数据的处理与反馈；数据应用模块接收分析结果，进行可视化展示和实时监控，同时向数据计算与分析部分反馈用户的操作和新需求，以优化分析模型。各部分之间形成循环，数据应用的反馈和新数据会促进数据计算与分析的持续优化，而数据中心保障数据的完整性和安全性。

8.3　供水管网漏损智能监测与预警

8.3.1　管网智能监测

管网漏损监测是漏损控制的前提。供水管网漏损智能监测数据包括流量数据、压力数据、噪声数据、水质数据、温度数据、环境数据、设备状态数据等。通过监测不同节点和管道的流量，可识别异常变化；监测管网内的压力变化，帮助发现可能的漏损或堵塞问题；通过监测噪声变化，可辅助漏损检测和设备故障识别；监测水的化学和生物指标，有助于确保水质安全，同时识别潜在的泄漏源；监测泵、阀门和其他设备的运行状态，目的是确保系统的整体健康；温度数据可用来监测管道内水温变化，评估管网的运行状况；环境数据包括降雨量、温度和湿度等，可用于评估外部环境对管网的影响。下面简单介绍压力监测、流量监测和噪声监测。

1. 压力监测

压力监测是保障供水管网高效、安全运行的关键环节。在供水管网关键节点安装的高精度压力传感器，可实现对不同节点压力的实时监测。压力监测中常用的监测设备大致可分为高频压力传感器、智能压力仪表、压力变送器三类。其特点与功能见表8-1。

表8-1　压力监测设备特点与功能

类型	特点	功能
高频压力传感器	高精度、快速响应，能够实时、高频地监测管网中的压力变化	能够捕捉到管网中的细微压力波动，从而帮助系统及时发现潜在的漏损风险
智能压力仪表	自动记录、存储和传输压力数据	具有多种报警功能，如超压报警、欠压报警等，在压力异常时及时发出警告
压力变送器	将管网中的压力信号转换为标准电信号输出，供监测系统使用	具有较高的测量精度和稳定性，能够确保压力数据的准确性

在选择压力监测设备时，需要根据实际需求和管网特点进行综合考虑，确保设备的适用性、可靠性和经济性。此外，定期对设备进行维护和校准也是确保监测数据准确性与可靠性的重要措施。

在供水管网压力监测中通过压力传感器收集的水压信息包括瞬时压力、压力变化趋势、区域压力分布、压力峰值和谷值等，统称为压力数据。监测一定时间内压力的波动，有助于识别潜在的问题。例如，持续的压力下降可能指示漏损或管道堵塞，根据正常运行范围设定压力阈值，可以自动触发警报以应对异常情况。总之，压力监测在及时发现管网漏损问题，迅速定位漏损位置方面不可或缺。同时，通过对压力数据的长期分析和处理，不仅为制订合理的调度计划、优化管网压力调控策略和预测未来供水需求的变化趋势提供了数据支持；还有助于及时发现并处理潜在的安全隐患，提高管网的供水安全性和稳定性。

知识拓展

高精度压力传感器的原理与应用

高精度压力传感器作为现代工业、各领域科研及日常生活中不可或缺的重要设备，其凭借卓越的测量精度和广泛的适用性，在多个领域发挥着关键作用。下面介绍高精度压力传感器的工作原理、精度范围和应用领域。

2. 流量监测

保障供水安全、优化供水效率、降低运营成本、及时发现漏损是流量监测重要性的主要体现。在管网的关键节点和易发生漏损的位置安装流量计，可以实现多点监测，实时掌握管网流量的动态变化。

在供水管网中，通过流量传感器或计量装置对管网流量进行持续监测，收集到的水流量信息称为流量数据。流量数据反映了水在管网中的流动情况，是供水管理重要的信息基础。流量数据具体包括瞬时流量、累计流量、流量变化趋势、流量分布等。瞬时流量是指在特定时间点测量的水流速，通常以立方米每秒（m³/s）或升每分钟（L/min）表示；累计流量是指在一定时间段内通过管道的总水量，通常用于计算日或月的供水总量；流量分布是指在不同管道和节点的流量分布情况，用来评估供水系统的运行效率和均匀性。通过流量数据的变化趋势，可以识别流量的异常波动，如突然的流量增加或减少，可能指示漏损或其他问题。通过收集到的流量数据变化，结合水量平衡分析，可以对供水系统中的漏水异常进行诊断评估。

常用于流量监测的设备类型、原理及特点见表8-2。

表 8-2　流量监测的设备类型、原理及特点

类型	原理	特点
电磁流量计	利用法拉第电磁感应原理测量流体在管道中的流量	一种常用的流量监测设备，具有精度高、稳定性好、响应速度快等特点，适用于各种口径的管道
超声波流量计	利用超声波在流体中传播的速度与流体流速之间的关系来测量流量	不受流体电导率、压力、外部磁场等因素的影响，测量范围广泛，适用于多种流体介质

知识拓展

远传电磁流量计的工作原理与应用

1. 远传电磁流量计工作原理

智能远传电磁流量计的工作原理主要基于法拉第电磁感应定律和洛伦兹力原理。在电磁流量计中，测量管内的导电介质相当于法拉第试验中的导电金属杆，上下两端的两个电磁线圈产生恒定磁场。当有导电介质流过时，就会产生感应电动势。感应电动势的大小与导体在磁场中的有效长度及导体在磁场中作垂直于磁场方向运动的速度成正比。

2. 远传电磁流量计实时传输数据的过程

远传电磁流量计实时传输数据的过程涉及多个关键步骤和技术。

（1）数据采集：当导电液体在磁场中作切割磁感线运动时会产生感应电动势，远传电磁流量计的传感器捕捉到感应电动势，并将其转换为可处理的电信号。

（2）信号预处理：转换后的电信号会经过一系列预处理步骤，如滤波、放大和线性化，以确保信号的准确性和稳定性。预处理电路会对信号进行调理，以去除噪声和其他干扰因素，从而提取出反映真实流量的有用信息。

（3）数据转换与编码：经过预处理的信号进一步被转换为数字信号，这通常通过模数转换器（ADC）实现。数字信号更便于远程传输和处理，因为它们具有更好的抗干扰能力和更高的精度。在转换过程中，数据还可能被编码，以增加传输过程中的安全性和可靠性。

（4）通信模块传输：远传电磁流量计配备有通信模块，该模块负责将编码后的数字信号传输到远程位置。根据应用需求和环境条件，通信模块可以采用多种通信技术，如有线通信（如电缆、光纤等）或无线通信（如 GPRS、3G、4G、LoRa、NB-IoT 等）。

（5）远程接收与处理：在控制室或数据中心，设有专门的接收设备来接收传输过来的数据。这些数据被解码并还原为反映流量的原始信息，这些信息通过各种软件平台进行实时显示、分析和存储。通过对这些实时数据的处理和分析，用户可以及时了解流体的流量情况，进而作出相应的控制和管理决策。

3. 远传电磁流量计应用原则

（1）合适的安装位置：为确保测量精度和稳定性，电磁流量计应安装在直管段上，并远离泵、阀门等可能产生湍流或涡流的设备。同时，应避免将电磁流量计安装在有强烈振动或温度变化剧烈的场所。

（2）正确的选型：根据供水管道的实际情况选择合适的电磁流量计型号和规格。考虑因素包括管径、流量范围、介质性质（如电导率、温度、压力等）及环境条件（如湿度、腐蚀性气体等）。

（3）定期维护与校准：定期对电磁流量计进行维护和校准是确保其长期、稳定运行的关键。维护工作包括清理传感器表面的污垢和杂质、检查电缆连接是否良好等；而校准工作是通过标准设备对流量计进行比对和调整，以确保其测量精度符合要求。

（4）数据的安全与可靠性：智能远传电磁流量计通常配备有数据传输和存储功能。因此，在应用过程中应确保数据的安全性和可靠性，防止数据被篡改或丢失。同时，应建立完善的数据备份和恢复机制，以应对可能出现的意外情况。

（5）与现有系统的兼容性：在选择和应用智能远传电磁流量计时，还应考虑其与现有供水管道监测系统的兼容性。确保新设备能够顺利接入现有系统并与其他设备协同工作，从而实现整体监测效率的提升。

3. 噪声监测

噪声监测是管网漏损监测的重要工具。在管网关键节点和容易发生漏损的区域安装噪声传感器，实时收集噪声数据，进行噪声数据监测，其核心应用是通过噪声监测技术实现漏点的精准定位和及时预警，提高漏损治理的效率和准确性。

常用的噪声监测设备如图 8-2 所示。各类型设备的特点、功能见表 8-3。

（a）　　　　　　　　　　　（b）　　　　　　　　　　　（c）

图 8-2　常用噪声监测设备

（a）水下噪声监测仪；（b）声波探视器；（c）振动传感器

表 8-3　噪声监测设备分类、特点及功能

类型	特点	功能
水下噪声监测仪	通过水听器捕捉水中的声波信号，专注于识别由漏水引起的声波异常。灵敏度高、抗干扰能力强。能够检测到微弱的水下声波，适合高频噪声检测。设计用于水下环境，具备防水、防腐蚀和耐压特性，适合恶劣的水下条件	具备实时数据采集与存储功能，并支持噪声信号的频谱分析。可以无损安装在供水管道壁上，部署灵活。通过收集、记录管道内最低噪声值自动识别管道漏损情况，还可以通过算法对信号进行分析和处理，识别出潜在漏点

类型	特点	功能
声波探视器	用于捕捉水流或漏水时产生的声波，尤其是在漏损点附近的声音异常变化，通过声波信号分析漏损。灵敏度高、可以检测广泛的频率范围，但通常对高频声波的响应较好。适合捕捉漏水的细微声波。适用于检测多种不同类型的漏损和管道内部声学异常。适合长期在水下或潮湿环境中使用。声波信号容易受外界环境噪声影响，如交通声、机械运作声等，可能需要进行噪声过滤	设计轻便，易于安装在管道表面或地下空间的接触点，但通常不需要直接接触管道。能够实时采集和分析声波数据，具有集成较强的数据处理能力，可以对捕获的声波进行声波信号的快速分析和报警，识别不同类型的噪声，包括漏水声和设备异常声，及时反馈漏损情况
振动传感器	主要用于捕捉管道内水流或漏损产生的物理振动，通过物理接触检测管道振动，对低频振动敏感，特别敏感于机械振动。设计简单、能耗低，具备良好的抗电磁干扰能力，确保数据的可靠性。通常用于地面或管道表面，耐用性较强，但可能不具备防水功能	通过检测物理接触的振动来感知管道状态。直接安装在管道外壁或地面，监测管道振动情况。常用于较低频率的振动检测，能够捕捉漏水导致的管道振动信号。通过简单的振动信号检测，可能需要外部设备进行复杂的信号处理和分析

在选择噪声监测设备时，需要考虑管网的实际情况、噪声信号的特点、设备性能等因素，以确保设备的适用性和可靠性。此外，定期对设备进行维护和校准也是确保监测数据准确性和可靠性的重要措施。

除即时漏损检测外，噪声监测的还有十分广泛的应用。通过长期噪声监测数据分析，人们能够深入了解管网的整体运行状态和潜在问题。例如，某些特定的噪声模式可能预示着管道老化、连接处松动等潜在问题。

 **知识拓展**

噪声传感器的工作原理

（1）声波检测：当供水管道内部出现泄漏、水流冲击或其他异常情况时，会产生特定的噪声信号。这些噪声信号以声波的形式在管道内部传播，并可以被噪声传感器所捕捉。

（2）声波转换：噪声传感器内部通常配备有高灵敏度的声学传感器，如电容式驻极体话筒。当声波作用于话筒的驻极体膜片时，会引起膜片的振动，从而导致电容的变化。这个变化进而被转换为与之对应的微小电压信号，实现了从声波到电信号的转换。

（3）信号放大与处理：转换后的电信号通常较为微弱，需要经过放大电路进行放大，以提高信号的强度和稳定性。随后，这些信号被送入处理单元进行进一步的处理和分析，如滤波、频谱分析等，以提取出有用的噪声特征信息。

（4）输出与显示：经过处理后的噪声信号最终会以数字或模拟信号的形式输出，供用户或后续系统进行分析和判断。同时，一些高级的噪声传感器还配备有显示屏或接口，可以直接显示噪声水平或以图形化方式展示噪声谱图。

8.3.2　数据分析与预警

智能监测技术的核心是对收集到的各类数据进行深入分析和处理，从而实现对管网状态的精准预测和及时预警。

1. 数据分析

数据分析是供水管网漏损智能监测的核心，贯穿监测、定位、预防和优化的每个环节。智能监测系统不仅依赖单一数据源，而是通过分析多个传感器的数据（如流量、噪声、压力等），构建综合性的数据模型。数据分析原理包括统计原理、机器学习原理、数据挖掘原理。在数据分析过程中，通过统计分析、时序分析、多变量相关性分析、聚类分析、模糊聚类分析、水指纹识别技术和机器学习与人工智能技术，以及信号处理技术、数据融合与集成分析、地理信息系统（GIS）分析、仿真与建模技术、可视化分析等，完成对物联感知层提供的海量压力、流量、噪声等数据的分析与深入挖掘。

统计分析用来总结监测数据的主要特征，如平均值、标准差、最大值、最小值等，帮助了解管网运行的总体状况。通过设定统计阈值，检测出流量、压力或噪声信号中的异常数据点，识别潜在的漏损问题。通过时间序列数据的分析，识别管网运行中的长期变化趋势，如压力下降或流量波动，帮助预防性维护。时序分析是指利用时序数据模型（如 ARIMA 模型）分析流量、压力等数据随时间的变化规律，识别不同季节或时段内管网数据的波动模式，预测未来的漏损风险或管网性能变化趋势，预判可能的季节性漏损风险，优化水资源管理策略。流量和压力数据分析是供水管网漏损监测的核心技术，相关性分析用于评估供水管网中不同点之间的相关性，帮助识别漏损模式和潜在漏点。多变量相关性分析是指通过分析不同数据变量（如流量、压力、噪声信号等）之间的相关性，发现异常事件与漏损的可能关联，以提高检测准确性。聚类分析则用于将供水管网中的数据分组，以便更好地理解漏损模式和漏损源。模糊聚类分析是一种用于优化布置压力监测点的方法，通过模糊聚类分析可以更科学地布置监测点，提高监测数据的代表性和准确性。水指纹识别技术是一种基于供水管道中水流特性的独特标识，通过实时计算、大数据和人工智能技术，可以主动预警漏损事件，并精准定位漏点。机器学习技术是通过标注的历史数据，训练模型（如支持向量机、随机森林）来分类或预测漏损事件，自动识别异常数据模式并标记潜在漏点，结合深度学习，利用神经网络（如 LSTM、CNN）对复杂的数据进行建模，处理大规模的时序数据，识别复杂的漏损模式，预测未来趋势，提高漏损检测的准确性和效率。信号处理技术包括频谱分析和滤波技术，即通过傅里叶变换（FFT）或小波变换，将振动、声波等传感器数据从时域转换到频域，识别漏损产生的特定频率信号，帮助定位漏损位置；利用低通、高通或带通滤波器去除噪声，提取有效信号，增强数据的可用性。例如，过滤掉环境噪声，提取漏损产生的声波特征。数据融合与集成分析是指将来自不同类型传感器（如流量、压力、振动、声波等）的数据整合在一起，通过数据融合算法（如卡尔曼滤波器、贝叶斯估计）提高漏损检测的精度。同时，将传感器监测数据与外部数据（如气象数据、历史维护数据等）结合，形成综合性数据分析平台，以增强漏损预测和管网优化的能力。利用地理信息系统（GIS）分析，可将管网的地理位置与漏损数据相结合，进行空间分布分析，帮助精确定位漏点，并通过监测数据生成地理热图，直观展示管网漏损的高风险区域。可视化分析是指利用图表、仪表盘等方式将数据可视化，通过直观展示，帮助运维人员快速理解数据，识别问题，如流量与压力的时间曲线、空间分布图等。

数据分析的这些具体技术涵盖了从数据采集、处理到分析和可视化的各个环节，为智能监测系统提供了强大的支撑，提升了漏损检测、预测和决策支持的精度与效率。

数据分析是智能监测的基石。从分析方式上看，数据分析主要可分为实时监测数据分析、历史数据分析和比较与趋势分析三大类。

2. 漏损监测预警

预警系统是智能监测的重要组成部分，它基于数据分析的结果，结合管网的实际运行状况，构建出精准的预警模型。预警模型是该系统的核心，它通过对历史数据的学习和分析，能够预测管网未来的运行状态，及时发现并预警潜在的漏损风险。一旦发现管网内出现异常情况，立即发出预警信号，并实现异常点精确定位，提醒相关人员采取应对措施。例如，当检测到某区域的压力突然下降时，预警系统可以立即发出警报，通知维修人员前往检查，从而及时发现并处理潜在的问题。

从预警模型的角度，供水管网漏损预警系统可分为以下三类。

（1）基于统计模型的预警系统。基于统计模型的预警系统利用统计学原理，对管网运行数据进行统计分析，建立预测模型。通过实时监测数据与预测模型的对比，实现对漏损风险的预警。

（2）基于机器学习模型的预警系统。基于机器学习模型的预警系统运用机器学习算法，如神经网络、支持向量机等，对管网运行数据进行深度学习和处理。通过训练模型，使其能够自动识别和预警潜在的漏损风险。

（3）基于物理模型的预警系统。基于物理模型的预警系统根据流体力学、水文学等原理，建立管网的物理模型。通过模拟管网的运行状态，预测并预警潜在的漏损风险。

供水管网漏损预警模型的技术原理主要包括数据采集、预处理、特征提取、模型训练与优化等步骤。其中，数据采集是预警系统的第一步，通过安装在管网各关键节点的传感器，实时采集流量、压力、温度等运行数据。然后进行预处理，即对采集到的数据进行清洗、去噪和标准化处理，提高数据质量。特征提取是指从预处理后的数据中提取与漏损风险相关的特征，如流量变化率、压力波动等。最后一步是模型训练与优化，即利用提取的特征训练预警模型，通过不断调整模型参数和结构，优化模型的预警性能。

供水管网智能监测技术通过集成各类先进传感器和智能化采集技术实时获取海量管网相关数据，然后对数据进行深入分析，构建漏损预警模型，实现对供水管网漏损的智能化监测和控制。它不仅提高了管网管理的效率和安全性，还揭示了管网的潜在问题，帮助我们作出更科学的决策。随着技术的不断进步和应用范围的扩大，供水管网智能监测技术将在未来发挥更加重要的作用，为城市基础设施的安全、稳定运行提供坚实保障。同时，也需要不断探索和创新，进一步完善智能监测技术，提高其在管网管理中的应用效果，为城市的可持续发展作出更大的贡献。

8.4　供水管网漏损控制信息平台简介

漏损控制信息平台的主要功能模块包括监测数据管理模块、分区计量管理模块、分级产销差管理模块、DMA漏损管理模块、漏损主动控制模块。下面将对这五个模块的功能做简单介绍。

8.4.1　监测数据管理模块

监测数据管理模块负责全面、精确地收集、存储和处理来自各类传感器的实时监测数据，包括流量、压力、水质及漏水噪声等关键指标。该模块采用先进、高效的数据存储和检索技术，确保数据的完整性和准确性。同时，通过数据可视化工具，管理人员可以轻松地浏览和分析这些数据，将它们转化为直观易懂的图表和报告，从而更加清晰地了解供水系统的运行状态。监测数据管理模块界面如图8-3、图8-4所示。

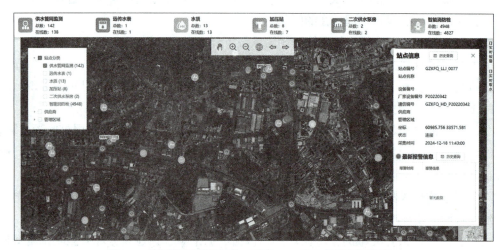

图 8-3　监测数据管理模块（基于 GIS 表达的数据可视化）

图 8-4　监测数据管理模块（监测点单点分析图）

8.4.2　分区计量管理模块

分区计量管理模块会根据供水系统的实际情况，综合考虑地形、地貌、人口分布等因素，进行科学合理的区域划分。为了确保分区策略能够适应供水系统的变化，分区计量管理模块应采用定期的监测和评估机制。在各分区的计量数据中，最小夜间流量数据被视作评估供水管网漏损情况的关键指标。分区计量管理模块界面如图 8-5、图 8-6 所示。

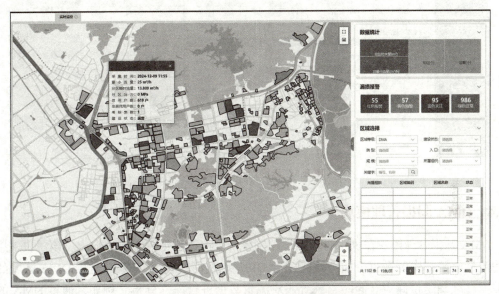

图 8-5　分区计量管理模块（分区数据可视化）

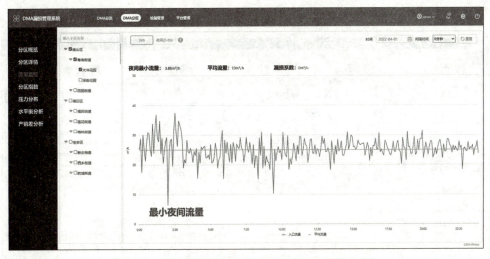

图 8-6　分区计量管理模块（最小夜间流量基准值）

8.4.3　分级产销差管理模块

分级产销差管理模块通过对供水系统的各级分区的供水量和售水量进行对比分析，计算出产销差率，进而评估供水系统的漏损水平和效率。产销差管理模块还具备强大的数据挖掘能力，以及实时监控和预警功能。分级产销差管理模块界面如图 8-7 所示。

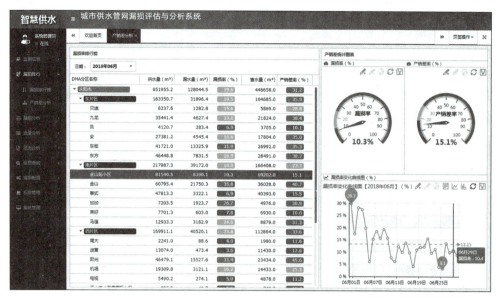

图 8-7　分级产销差管理模块

8.4.4　DMA 漏损管理模块

DMA 漏损管理模块在供水管网漏损控制系统中占据着至关重要的地位。该模块采用先进的流量监测技术和数据分析方法，结合 GIS（地理信息系统），实时监测 DMA 区域的流量数据，准确定位漏点。同时，系统还对流量数据进行深入分析。例如，通过 DMA 的夜间最小流量来评估漏损程度，为后续的漏损主动控制提供准确的目标和解决方案。DMA 漏损管理模块界面如图 8-8 所示。

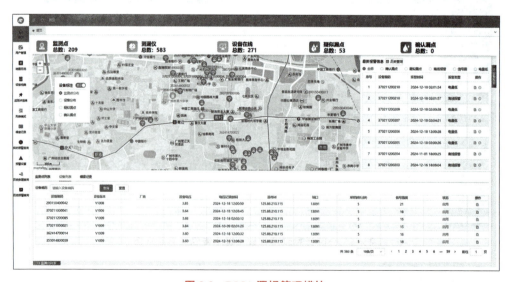

图 8-8　DMA 漏损管理模块

8.4.5　漏损主动控制模块

漏损主动控制模块集成了监测数据、分区计量、产销差、售水量、回收率等多个模块的信息，通过运用先进的控制算法和决策支持系统，对海量的不同维度数据进行整合，包括流量、压力、漏水噪声等关键指标，实现对供水系统的主动优化和控制。此外，智能控制阀门也是漏损主动控制模块的重要组成部分。漏损主动控制模块界面如图8-9所示。

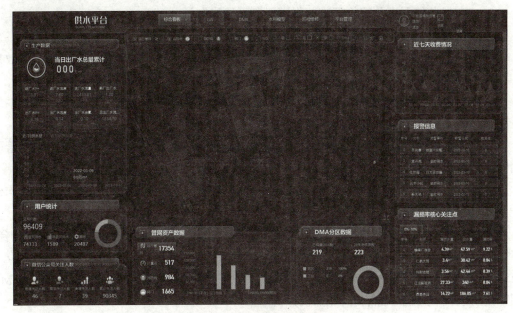

图8-9　漏损主动控制模块

8.5　供水管网漏损智能监测系统应用案例

本节介绍一个典型的供水管网漏损智能监测系统。其系统画面如图8-10所示。

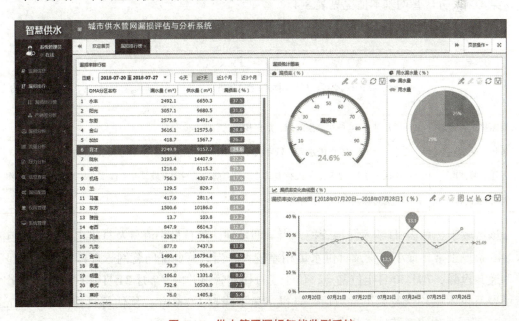

图8-10　供水管网漏损智能监测系统

8.5.1 系统特点

某监测区域存在下列问题。

（1）无法参考管网信息，准确构建 DMA 难度大。

（2）DMA 整体漏点预警管理难，报警机制无法定制。

（3）数据异常没有警示，无法通过异常数据进一步分析。

（4）漏控运营整体信息整合难，无法将最小流量、总分差等指标结合分析，降漏效果不直观。

为进一步降低管网漏损率，针对以上情况，构建了漏损智能监测与管理系统。该系统具有以下特点。

（1）监控总览：全局监控 DMA、分区运营情况，支持 App 远程监控，随时掌控管网漏损运营情况，及时跟进处理。

（2）管网赋能：结合管网数据建模和管网空间算法，精准创建 DMA、分区，快速构建总分关系。

（3）数据分析：结合大数据算法，实现问题数据分析，异常数据治理，关联数据整合，最终形成数据分析报告。

（4）多维指标：自动生成水平衡、最小流量、产销差、降漏空间等指标，结合 DMA 特性辅助定位物理漏失地点和商业漏损分析。

（5）多元报警：通过大数据智能算法，实现异常数据的快速分析及最小流量 / 总分差 / 产销差等控漏关键指标的精准报警。

8.5.2 应用效果

1. 存量漏损监测

某 DMA 分区管网基本情况见表 8-4。

表 8-4　DMA 分区基础资料

园区名	×× 城 6 区
管道信息	该小区为封闭式小区，居民用水为无负压供水，主管网材质为球磨铸铁管，主管网长度约为 2 km
表册拓扑逻辑关系	小区总计由 14 栋小高层组成，居民用户总数为 840 余户
考核终端信息	安装一台 DN150 电磁水表进行考核（待加装压力采集器），给水号为 K420037
零压试验情况	该小区于 7 月 27 日上午进行调研、测试，确定了封闭区域，并完成了考核表数据对接工作
特殊情况备注	园区无特殊大用户用水情况

该区域于 7 月 28 日纳入漏损管控，当日即发现此处日最小流量及日供水量较高，与园区 840 余户正常日最小流量及日供水量相差较大。当天营业部向管网管理部检漏科发起工单，通知检漏。7 月 30 日定位漏点，位于 5 号楼北管道井内。7 月 31 日修复完成，日最小流量及日供水量均恢复到正常数值，日供水量下降近 1 000 m³，预估每月控漏量 3 万 m³。图 8-11 所示为水表安装施工及水量智能监测情况。

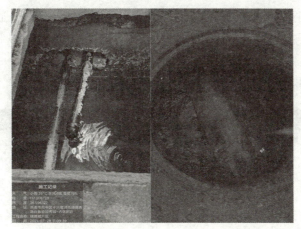

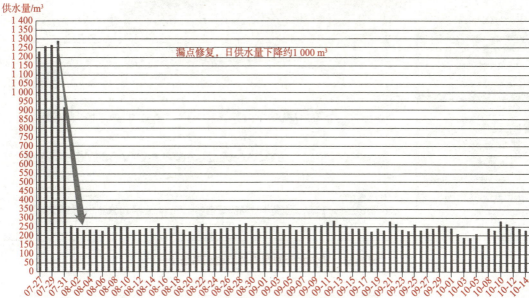

图 8-11　某供水管网漏损智能监测系统

2. 增量漏损监测案例

某 DMA 分区管网基本情况见表 8-5。

表 8-5　DMA 分区基础资料

园区名	×××小区
管道信息	市政管网直接供水，小区主要管线为 PE 管，主管道长度约为 1 km
表册拓扑逻辑关系	小区总计由 7 栋楼房组成，其中 6 栋居民楼，1 栋物业楼，居民用户总数为 290 余户
考核终端信息	安装一台 DN150 流量压力一体式电磁水表进行考核，给水号为 K420015
零压试验情况	该小区于 9 月 22 日上午进行调研、测试，确定了封闭区域，并完成了考核表加装工作
特殊情况备注	园区无特殊大用户用水情况

该区域建设初期没有漏损，中间 9 月 27 日通过管控报警发现，×××小区日最小流量

及日供水量突增，当天营业部向管网管理部检漏科发起业务传递表，通知检漏。9月28日定位一处漏点，位于小区北门大门口阀门井内。立即转维修。9月29日漏点修复完成，数据恢复到正常值，日供水量下降近 600 m³，预估每月控漏量 1.8 万 m³。图 8-12、图 8-13 所示为该区域水量智能监测情况。

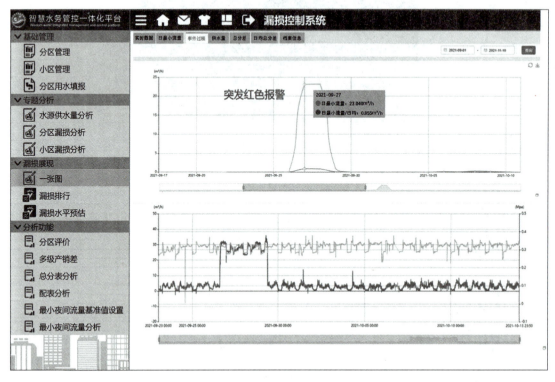

图 8-12　某供水管网漏损智能监测系统（一）

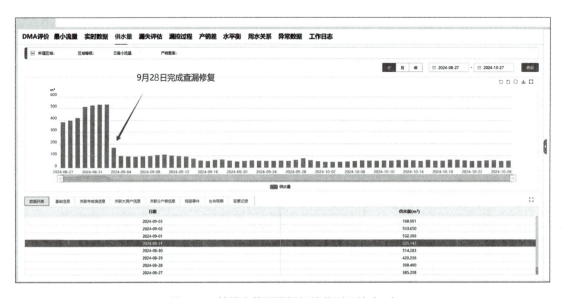

图 8-13　某供水管网漏损智能监测系统（二）

一、填空题

1. 供水管网漏损智能监测系统中，常用的流量监测设备包括电磁流量计和 _____ 等。

2. 在供水管网漏损智能监测中，_____ 设备能够捕捉管网中因漏损而产生的异常噪声信号，为漏点的定位和识别提供重要依据。

3. 为了提升供水管网漏损智能监测的准确性和效率，系统通常会采用 _____ 算法对收集到的数据进行处理和分析，以识别出漏点并预测漏损趋势。

二、论述题

请详细论述供水管网漏损智能监测在现代供水系统中的作用，包括其实现原理、技术特点、应用场景及未来发展趋势。

参考文献

［1］ 中华人民共和国住房和城乡建设部．CJJ 92—2016．城镇供水管网漏损控制及评定标准［S］．北京：中国建筑工业出版社，2017．

［2］ 中华人民共和国住房和城乡建设部．CJJ 159—2011．城镇供水管网漏水探测技术规程［S］．北京：中国建筑工业出版社，2011．

［3］ 中华人民共和国住房和城乡建设部．CJJ 207—2013．城镇供水管网运行、维护及安全技术规程［S］．北京：中国建筑工业出版社，2014．

［4］ 陶涛，尹大强，信昆仑．供水管网漏损控制关键技术及应用示范［M］．北京：中国建筑工业出版社，2022．

［5］ 李爽，徐强．城镇供水管网漏损控制技术应用手册［M］．北京：中国建筑工业出版社，2022．

［6］ 广东粤海水务股份有限公司．城镇供水管网漏损控制技术［M］．北京：清华大学出版社，2017．

［7］ 沈建鑫，李智勇．供水管网漏损控制与检漏技术指南［M］．北京：中国建筑工业出版社，2022．

［8］ 单长练，代毅，陈增兵，等．供水漏损管理专业知识与实务［M］．北京：中国建筑工业出版社，2024．

［9］ 陈国扬，陶涛，沈建鑫．供水管网漏损控制［M］．北京：中国建筑工业出版社，2017．

［10］ 周质炎，夏连宁．给水排水工程管道技术［M］．北京：中国建筑工业出版社，2023．

［11］ 南京水务集团有限公司．供水管道工基础知识与专业实务［M］．北京：中国建筑工业出版社，2019．

［12］ ［英］斯图尔特·汉密尔顿，［南非］罗尼·麦肯齐．供水管理与漏损控制［M］．国际水协会中国漏损控制专家委员会，译．北京：中国建筑工业出版社，2017．

［13］ 郑飞飞，张土乔．城市供水管网漏损监控技术与实践［M］．北京：中国建筑工业出版社，2021．

［14］ 中国城镇供水排水协会．中国城镇水务行业年度发展报告（2022）［M］．北京：中国建筑工业出版社，2023．

［15］ 中国城镇供水排水协会．城镇智慧水务技术指南［M］．北京：中国建筑工业出版社，2023．